淮河流域防洪排涝工程环境影响研究

潘轶敏　黄玉芳　徐　帅　何智娟　刘海涛　等著

U0234827

黄河水利出版社
·郑州·

内 容 提 要

淮河流域防洪排涝工程是一项利用世界银行贷款的流域治理工程,对淮河流域低洼易涝地区进行治理,对于提高淮河流域内受洪涝灾害影响最严重的低洼地区的防洪排涝能力,减少内涝灾害意义重大。但本工程范围大,涉及河南、安徽、江苏、山东 4 省共计 20 片平原洼地,治理总面积 9 742.9 km²,工程施工、占地将对区域水环境、生态环境等产生一定的不利影响。本书在区域环境现状调查和工程情况分析的基础上,对淮河流域防洪排涝工程项目建设运行可能造成的水环境影响、生态环境影响、河道疏浚底泥环境影响、区域累积性影响开展了深入研究,并提出了减缓不利影响的对策措施。另外,本书以淮河流域防洪排涝工程项目为实例,对世界银行贷款环境影响评价的特点进行了研究。

本书可供水利部门、环境保护部门从事环境影响评价的专业技术人员、环境管理人员以及环境科学相关专业的大专院校师生阅读参考。

图书在版编目(CIP)数据

淮河流域防洪排涝工程环境影响研究 / 潘轶敏等著.
郑州:黄河水利出版社,2011.12
ISBN 978-7-5509-0157-5

Ⅰ.①淮… Ⅱ.①潘… Ⅲ.①淮河–流域–防洪工程–环境影响–研究 Ⅳ.①TV882.3②X820.3

中国版本图书馆 CIP 数据核字(2011)第 254877 号

组稿编辑:王路平 电话:0371–66022212 E-mail:hhslwlp@126.com

出 版 社:黄河水利出版社
　　　　　地址:河南省郑州市顺河路黄委会综合楼 14 层　　　邮政编码:450003
发行单位:黄河水利出版社
　　　　　发行部电话:0371–66026940、66020550、66028024、66022620(传真)
　　　　　E-mail:hhslcbs@126.com
承印单位:河南省瑞光印务股份有限公司
开本:787 mm×1 092 mm　1 / 16
印张:12.75
字数:300 千字　　　　　　　　　印数:1—1 000
版次:2011 年 12 月第 1 版　　　　印次:2011 年 12 月第 1 次印刷
定价:40.00 元

前　言

　　淮河流域约有 666 万 hm^2 耕地在低洼易涝区，这些地区地面高程大部分在干支流洪水位之下，干流洪水和支流洪水、洪水和面上涝水相互影响，经常出现因洪致涝、洪涝并发的局面。其中，重点平原洼地自排机会小，现状排水能力严重不足，致使洪涝灾害频繁发生，因洪致涝已成为这些地区影响最深、影响面最广的灾害。淮河流域防洪排涝工程对流域低洼易涝地区进行治理，通过疏浚河道和加固堤防，提高现有河道的排涝防洪能力；通过新建、重建、扩建、维修加固现有建筑物，使治理区形成一个完整的防洪排涝体系，对于提高淮河流域内受洪涝灾害影响最严重的低洼地区的防洪排涝能力，减少内涝灾害意义重大。

　　淮河流域防洪排涝工程将增强流域抵御洪涝灾害的能力，促进区域社会经济的发展，解决因涝致贫带来的一些社会问题，但工程范围大，涉及河南、安徽、江苏、山东 4 省共计 20 片平原洼地，治理总面积 9 742.9 km^2，工程施工、占地将对水环境、生态环境等产生一定的不利影响。本书采用环境影响评价的方法，在区域环境现状调查和工程情况分析的基础上，对淮河流域防洪排涝工程项目的环境影响进行了研究，重点关注了水环境、生态环境、河道疏浚底泥等的影响。同时，提出了适合本项目的环境管理体系和模式，包括设置环境管理机构，提出项目环境保护措施，实施环境管理计划、环境监测计划等。另外，本工程是一项利用世界银行贷款的流域治理工程，世界银行对使用其贷款的项目，要求按世界银行的相关政策开展环境影响评价工作，以确保这些项目对环境的影响减至最低，本书亦对世界银行贷款项目环境影响评价的特点进行了分析，比较了世界银行环境影响评价与国内环境影响评价的异同之处。

　　淮河流域防洪排涝工程环境影响课题研究从 2005 年开始至 2009 年成果通过世界银行评估，共历时 4 年。2005 年，课题组主要进行了现场踏勘、收集资料、环境现状调查和监测以及第一次公众参与工作，并参加世界银行认定团考察；2006 年，课题组编制了培训教材并承担了淮河流域 4 省环境影响评价的培训工作，参加了世界银行准备团和世界银行准备协助团考察，进行了环境现状调查的补充工作以及第二次公众参与工作；2007年，世界银行预评估团对课题组提交的环境影响初步成果进行了审阅并提出修改意见，课题组对初步成果进行了完善；2008 年 1 月和 7 月，成果经两次世界银行安全保障会议审查，同年 10 月，世界银行评估团对成果进行了审查和评估；2009 年 5 月，淮河流域防洪排涝工程项目获得了世界银行批准。

　　本书共分为 8 章：第 1 章简要介绍了项目概况及区域环境概况；第 2 章回顾了我国防洪排涝工程的建设与发展情况，对防洪排涝工程的环境影响研究现状进行分析综述，确定了本项目的研究范围、思路和重点研究内容；第 3 章对工程所处区域的水环境现状进行了调查与评价，识别了项目对水环境的主要影响途径，分析了工程对区域水环境的主要影响；第 4 章调查了项目区的陆生生态、水生生态及自然栖息地，分析了工程对区域生态环境的主要影响；第 5 章调查了项目区主要河流、干沟河道底泥环境质量现状，分析了河道疏浚底泥对周围环境产生的主要影响；第 6 章对工程与相关规划的协调性进行了分析，研究了工程对区域的累积性影响，包括有利影响和不利影响；第 7 章针对项目产生的不利环境影响，提出了相应的工程、非工程环境保护措施，并制订了环境管理计划；第 8 章研究了世界银行贷款项目环境影响评价的特点，重点分析了世界银行与国内的安全保障政策、环境影响评价程序、环境影响评价报告、环境管理计划、公众参与、替代方案等的特点和要求，并列举了本项目环境影响评价程序、公众参与、替代方案的实例。

在本课题研究和本书编写过程中，河海大学、北京列德生态环境科技服务中心给予了技术支持。课题得到淮河流域重点平原洼地治理工程世界银行贷款项目中央项目办、世界银行驻中国代表处、淮河水资源保护科学研究所、河南省项目办、安徽省项目办、江苏省项目办、山东省项目办、安徽省水利水电勘测设计院、江苏省水利勘测设计院、山东省淮河流域水利管理局设计院、周口市水利勘测设计院、驻马店市水利勘测设计院、信阳市水利勘测设计院等单位的大力帮助。在此对上述关心、支持和帮助本项目工作的单位和领导表示衷心的感谢！

在本书的编写过程中，黄河流域水资源保护局副局长连煜教授、副总工郝伏勤教授，黄河水资源保护科学研究所所长曾永教授、总工黄锦辉教授倾注了大量的心血，给予了悉心的指导和帮助，也对编写工作给予了大力支持。本课题研究历时 4 年，在此过程中，课题组全体成员克服种种困难，付出了辛勤的劳动。在此一并表示诚挚的感谢！

本项目涉及河南、山东、江苏、安微 4 省，面积广阔、环境影响复杂，由于时间及研究水平所限，书中难免存在一些不足和错误之处，敬请专家、领导以及社会各界人士批评指正。

作 者

2011 年 10 月

目　录

第 1 章　工程及区域环境概况

1.1　项目背景

淮河流域平原面积广，干支流中下游河道比降平缓，尾闾不畅，地面高程大部分在干支流洪水位之下，干流洪水和支流洪水、洪水和面上涝水相互影响，经常出现因洪致涝、洪涝并发的局面。全流域现约有 666 万 hm² 耕地在低洼易涝区，其中重点平原洼地自排机会小，现状排水能力严重不足，排水标准明显偏低，大部分地区不足 3 年一遇，致使洪涝灾害频繁发生，因洪致涝已成为这些地区影响最深、影响面最广的灾害。

为了提高淮河流域重点平原洼地地区的抗灾能力，改善区内生产生活条件，水利部与国家发展和改革委员会、财政部协商之后，与淮河水利委员会（简称淮委）、世界银行专家和官员以及河南、安徽、江苏、山东 4 省共同磋商，计划利用世界银行贷款开展淮河流域重点平原洼地防洪除涝治理工程。

本项目涉及河南、安徽、江苏、山东 4 省共计 20 片平原洼地，治理总面积 9 742.9 km²。这些洼地大多整治于 20 世纪 50~70 年代，河道目前普遍存在淤积严重、阻水建筑物多等问题。项目区内涵闸、排涝站及桥梁等建筑物工程，因建设年代久远，普遍存在着规模小、损毁严重等问题。针对这些问题，本项目通过疏浚河道和加固堤防，提高现有河道的排涝防洪能力；通过新建、重建、扩建、维修加固现有建筑物，使治理区形成一个完整的防洪排涝体系，从而改变低洼易涝区涝灾严重、人民群众生活困难的局面。

1.2　工程概况

1.2.1　工程位置

本项目涉及河南、安徽、江苏、山东 4 省 19 市，共 20 片洼地，治理总面积 9 742.9 km²。项目区大部分位于农村区域，少量工程穿越城区或位于城郊。工程位置及分布情况见表 1-1。工程地理位置及总体分布见附图 1。

1.2.2　工程组成

本工程通过疏浚河道和加固堤防，提高现有河道的排涝防洪能力；通过新建、重建、扩建、维修加固现有建筑物，使治理区形成一个完整的防洪排涝体系。工程组成情况见表 1-2。

表 1-1　工程位置及分布情况

省份	洼地名称	治理面积（km²）	涉及行政区域		说明
河南	小洪河下游洼地	1 912.00	上蔡、汝南、平舆、新蔡	3市8县	流经平舆县城约3 km，其他均为农村区域
	沿淮洼地	407.13	潢川、淮滨		均在农村区域
	贾鲁河、颍河洼地	494.30	扶沟、西华		流经西华县城约2 km
安徽	八里湖洼地	344.00	颍上	9市22县	均在农村区域
	焦岗湖洼地	407.00	颍上、毛集、凤台、焦岗湖农场		
	正南洼洼地	104.00	寿县、正阳农场		
	西淝河下游洼地	820.00	凤台、颍上、利辛、颍东区、毛集		
	架河洼地	205.00	凤台、潘集区		
	高塘湖洼地	246.00	凤阳、定远、长丰		水湖排涝沟穿越长丰县城约6 km
	北淝河下游洼地	296.00	淮上区、固镇、怀远、五河		均在农村区域
	高邮湖洼地	241.00	天长		
	澥河洼地	269.00	固镇、怀远、埇桥区、濉溪		
	沱河洼地	313.00	埇桥区、灵璧、泗县、固镇、五河		
	天河洼地	116.00	禹会区		
江苏	里下河东南片洼地	1 634.70	泰州市、姜堰市、兴化市、东台市、盐城市	4市16县	串场河、蟒蛇河流经盐城市区；泰东河经过泰州市，部分治理区域在泰州市郊
	里运河渠北洼地	64.30	淮安市		里运河流经淮安市城区约10 km
	废黄河洼地	99.60	徐州市		均在徐州新城区
山东	南四湖滨湖洼地	648.70	济宁市、金乡县、嘉祥县、微山县、鱼台县、汶上县、梁山县	3市13县	均在农村区域
	沿运洼地	183.07	枣庄市薛城区、峄城区、台儿庄区、滕州市		越河流经枣庄市4 km，其余均在农村区域
	郯苍洼地	938.13	郯城县、苍山县		均在农村区域

表 1-2　工程组成情况

名称	单位	数量				
		河南	安徽	江苏	山东	合计
Ⅰ.堤防工程						
1.新建堤防	km		6.45	67.86	12.2	86.51
2.加固堤防	km	20.53	173.66	23	84.64	301.83
3.护岸	km	1.2		42	2.362	45.562
4.护坡	km			128.8		128.8
Ⅱ.河道疏浚、开挖	km	345.77	320.11	161.99	90.34	918.21
Ⅲ.建筑物工程						
1.防洪排涝涵闸	座	148	106	204	30	488
（1）新、改建	座	121	86	147	30	384
（2）维修加固	座	27	20	57		104
2.排涝站	座	20	36	98	41	195
（1）新、改建	座	20	29	93	25	167
（2）维修加固	座		7	5	16	28
3.桥梁	座	45	83	78	6	212
（1）新、改建	座	45	80	74	6	205
（2）维修加固	座		3	4		7

1.2.3　工程总布置

1.2.3.1　河道整治工程

河道整治包括河道疏浚和开挖。疏浚和开挖工程总长度 918.21 km，其中河南省境内 345.77 km，安徽省境内 320.11 km，江苏省境内 161.99 km，山东省境内 90.34 km。

1.河南省河道整治工程

河南省河道整治工程共疏浚河道 345.77 km，其中疏浚骨干排水河道 319.78 km，疏浚面上支沟 25.99 km，主要集中在周口、驻马店两个地区。其中，小洪河下游洼地涉及杨岗河、南马肠河、杜一沟、荆河、茅河、小清河、戚桥港、丁港、龙口大港、柳条港等河流，这些河流疏浚总长度为 275.63 km。贾鲁河、颍河下游洼地涉及芦义沟、丰收河、重建沟、幸福河等河流，疏浚总长度为 70.14 km。

2.安徽省河道整治工程

安徽省河道整治工程涉及河道疏浚工程有濉河、沱河、西淝河的苏沟、济河、港河等河道，以及八里湖、焦岗湖、西淝河下段、架河、北淝河下游、高邮湖、高塘湖等的一些排涝干沟和撇洪沟。安徽省重点洼地治理共疏浚开挖河道 320.11 km。

3.江苏省河道整治工程

江苏省河道整治工程共疏浚、开挖河道 161.99 km，其中疏浚干河 146.69 km，包括泰东河干河 40.14 km，泰州市 5 条骨干河道及 18 条内部生产河道 81.35 km，废黄河李庄闸至程头橡胶坝中泓拓浚 25.20 km；另外，泰东河拓浚泰东河支河 15.30 km。

4.山东省河道整治工程

山东省河道整治工程共疏浚、开挖河道 90.34 km，其中南四湖滨湖洼地 44.20 km，湖东及沿运洼地 17.24 km，郯苍洼地 28.90 km。

1.2.3.2 堤防工程

本工程加固堤防总长度 301.83 km，新建堤防 86.51 km，护岸 45.56 km，护坡 128.80 km。

1.河南省堤防工程

对小洪河下游支流河道老堤进行加高培厚，为减少筑堤工程量及拆迁量，堤线总体上仍按原堤线走向，但在局部堤段，结合险工险段处理进行了调整，规划加固堤防 20.53 km。贾鲁河及颍河下游洼地芦义沟护岸工程 1.2 km。

2.安徽省堤防工程

安徽省境内堤防工程涉及焦岗湖、正南洼、高塘湖、北淝河和天河等 5 片洼地，共 21 处圩堤，加固堤防总长度 173.66 km，焦岗湖洼地的杨湖圩堤在起始端延长新建 3.10 km 堤防，枣林圩堤建筑新堤长 3.35 km。

3.江苏省堤防工程

江苏省圩堤加固工程主要位于里下河东南片洼地泰州市现代农业综合开发示范区内，开发区内现有圩堤 29.03 km，需加固 23 km，其中西圩需加固圩堤 7.39 km，东圩需加固圩堤 15.61 km。泰东河工程沿线两岸均为圩区，由于河道的开挖破坏了现有圩堤，需拆除重建圩堤总长 67.86 km（布置排泥场地段除外）。

对泰东河、泰州市部分河道、里运河及废黄河沿线抗冲刷能力较差的河段进行防护，总长 170.8 km。其中，泰东河护坡长 94.09 km，采用模袋混凝土及预制混凝土进行防护；泰州市护砌总长度 34 km，采用预制混凝土和灌砌石进行防护；里运河两岸防护长 34.71 km，主要采用干砌块石和浆砌块石进行防护；废黄河两侧护砌长度 8 km，主要采用浆砌块石进行防护。

4.山东省堤防工程

山东省规划加固或新建堤防涉及南四湖滨湖、沿运及郯苍等 3 片洼地。加固堤防总长度 84.64 km，新建堤防 12.2 km，沿运洼地越河护岸工程 2.36 km。

1.2.3.3 建筑物工程

1.涵闸

本工程共需除险加固病险涵闸 104 座，其中河南省内 27 座，安徽省内 20 座，江苏省内 57 座。新建、改建涵闸 384 座，其中河南省内 121 座，安徽省内 86 座，江苏省内 147 座，山东省内 30 座。

2.泵站

本工程共需除险加固病险泵站 28 座，其中安徽省内 7 座，江苏省内 5 座，山东省内 16 座。共需新建、改建泵站 167 座，其中河南省内 20 座，安徽省内 29 座，江苏省内 93 座，山东省内 25 座。

3.桥梁

本工程共需除险加固桥梁 7 座，其中安徽省内 3 座，江苏省内 4 座。共需新建、改建桥梁 205 座，其中河南省内 45 座，安徽省内 80 座，江苏省内 74 座，山东省内 6 座。

1.2.4 施工总布置

1.2.4.1 施工场区布置

河道工程拟将河道、堤防工程分成若干个施工区段，各施工段分别布置生产、生活设施。施工机械的修理工程利用附近城镇已有的修配厂进行，施工现场仅考虑机械零配件的更换。施工生活办公房屋布置在工程区内已征用的空地上，或在工程附近村庄租用房屋布置，挖泥船疏浚施工的生活办公设施原则上布置在自身配带的生活船只上。

建筑物工程拟将工作量较大闸站与桥梁因分散而自成单独的施工区，施工时充分利用附近已有的生活福利设施及当地加工、修配能力。其他分散的小型沟闸站与每处分别安排适量工棚或租用附近民房，或与附近堤防工程的施工布置一并考虑。

1.2.4.2 主体工程施工方法

1.土方工程

1）河道疏浚土方开挖

本工程河道疏浚方式有干法施工、湿法施工和水力冲填施工三种。干法施工指枯水期筑挡水围堰陆上机械开挖；湿法施工指挖泥船水下疏浚开挖，排泥至规划的冲填区（排泥场）内；水力冲填施工指采用泥浆泵吸运加挖掘机开挖的方法，排泥至规划的冲填区内。

2）堤防工程

堤防工程土方施工利用机械进行清基、堤身加培、压实，部分辅以人工。

3）建筑物工程

桥梁、涵闸、泵站等建筑物工程土方开挖以机械为主、人工为辅，基坑土方回填尽量利用基坑开挖土方，不足部分从料场取土。

2.混凝土工程

混凝土由布置在基坑附近的混凝土拌和站或混凝土搅拌机集中拌制。

1.2.5 工程占地及移民安置方案

1.2.5.1 工程占地

工程永久征地17 829.53亩（1亩=1/15 hm²），包括堤防工程征地、河道疏浚工程征地、建筑物工程征地和工程管理建设占地和移民安置占地；临时占地45 443.09亩，包括取土区征地、弃土区征地、施工布置征地。

1.2.5.2 工程影响实物指标

本次工程共需搬迁人口10 208人，拆迁住宅房屋面积297 589 m²。

1.2.5.3 移民安置方案

1.永久征地与临时占地移民安置

永久征地移民安置以本村内土地调整为主，部分以货币补偿。

临时占地采取复垦措施，恢复至原土地生产力后归还给原村组耕种。

2.住宅房屋拆迁安置

除安徽省蚌埠市淮上区拆迁移民在规划的居民点集中建房安置和江苏省城郊移民结

合城区改造集中安置外，其他移民在本村内分散后安置。

　　3.企事业单位拆迁安置

　　对于影响较小，不需要规划用地的采用一次性货币补偿；对于影响较大需整体搬迁的，采用自拆自建和统筹规划改建方式安置。

1.3　区域环境概况

1.3.1　流域水系

　　淮河流域地处我国东部，介于长江和黄河两流域之间，流域面积 27 万 km^2。流域以废黄河为界，分淮河及沂沭泗河两大水系，流域面积分别为 19 万 km^2 和 8 万 km^2。

　　淮河上中游支流众多，南岸支流都发源于大别山区及江淮丘陵区，源短流急；北岸支流除洪汝河、沙颍河上游有部分山丘区外，其余都是平原排水河道；淮河下游里运河以东，有射阳港、黄沙港、新洋港、斗龙港等滨海河道，承泄里下河及滨海地区的雨水。

　　沂沭泗河水系位于淮河流域东北部，大都属于江苏、山东两省，由沂河、沭河、泗河组成，多发源于沂蒙山区。

　　本次工程中，河南项目区位于淮河上游水系，安徽项目区位于淮河中下游水系，江苏项目区北部属沂沭泗河水系，南部属淮河下游水系，山东省项目区位于沂沭泗河水系。

1.3.1.1　河南项目区水系概况

　　河南项目区工程包括沿淮河、小洪河下游、贾鲁河与颍河下游 3 片洼地。

　　1.沿淮洼地

　　淮河发源于河南省桐柏山，向东流经河南、安徽、江苏 3 省，在江苏省三江营入长江，全长 1 000 km。信阳市位居淮河上游，淮河干流在本市流程 344 km，约占其全部流程的 1/3。淮河干流信阳段河床比降为 1/7 000，河宽 2 000 余 m，由于排水出路小，防洪除涝标准低，沿淮河干流信阳段平原洼地经常发生洪涝灾害。本次治理的沿淮洼地工程集中在信阳市潢川和淮滨两县的淮河干流两岸低洼易涝地区。

　　2.小洪河下游洼地

　　小洪河属洪汝河支流，发源于河南省西部山区，洪汝河水系包括小洪河和汝河两支流，在班台村汇流后称为大洪河，流经河南、安徽两省边界，在淮滨县洪河口汇入淮河。

　　小洪河下游洼地位于小洪河上蔡县境内的杨岗河河口至新蔡县境的小洪河、汝河汇合口处班台村，沿小洪河区间长度 96 km，其间有大小支流 30 条，区间流域面积 2 328 km^2。本次治理工程选择流域面积较大，涝灾严重的杨岗河、南马肠河、南马肠河支沟杜一沟、茅河、荆河、小清河、戚桥港、丁港、龙口大港和柳条港 10 条支流，分别位于上蔡、汝南、平舆、新蔡 4 县境内的小洪河两岸。

　　3.贾鲁河与颍河下游洼地

　　沙颍河是淮河最大的一级支流，贾鲁河、颍河是沙颍河的重要支流，贾鲁河流域面积 5 896 km^2，颍河流域面积 7 348 km^2，是河南省中西部重要的防洪河道。

　　贾鲁河、颍河下游重点洼地位于贾鲁河、颍河与沙河之间夹档区，有双狼沟、芦义沟、七里河、鸡爪沟、丰收河、重建沟、幸福河、张柿园沟 8 条支沟，面积在 100 km² 以上的支沟有 6 条。洼地位于扶沟县、西华县、川汇区和泛区农场，总面积 669 km²，耕地面积 68 万亩，人口 40 万人。本次治理工程为芦义沟、丰收河、双狼沟和重建沟 4 条较大支沟。

芦义沟发源于扶沟县韭园镇的湾郭村，向东经韭园镇、城郊乡，在扶沟县城北关闸上汇入贾鲁河，长 12.5 km，流域面积 75.1 km²，本次治理为许扶运河以下河段，长 8.58 km。

丰收河发源于扶沟县城关镇，向南跨越城郊、柴岗、古城三乡镇，于西华县艾岗乡侯桥入清流河（颍河支流），长 23.05 km，流域面积 98.2 km²。

双狼沟是颍河、贾鲁河之间的一条主要排水河道，起源于扶沟县练寺乡焦花园，向南流经西华县红花镇、城关镇、迟营乡，于大王庄乡刘老家村汇入贾鲁河，河道长 34.22 km，流域面积 157 km²，本次治理为西华与扶沟县界以下河段，长 27.83 km。

重建沟位于沙河和颍河的夹档地带，发源于西华县西夏亭镇张柏楼村，流经西夏亭、叶埠口两乡镇，于叶埠口乡二郎庙入颍河，长 22.25 km，流域面积 134 km²。

1.3.1.2　安徽项目区水系概况

安徽省境内淮河干流长 431 km，流域面积 6.69 km²。安徽省淮北平原区较大的河道自西向东有洪汝河、沙颍河、茨淮新河、涡河、怀洪新河、新汴河和奎濉河，流域面积都在 5 000 ~ 40 000 km²。此外，淮北地区还有众多较小河道，流域面积在 500 ~ 5 000 km²，如西淝河、芡河、北淝河、澥河、浍河、沱河等，都是本地区排涝的主要河道。安徽省淮河流域支流形状密如蛛网，且常呈扇形集中，在全流域降雨时，极易造成巨大洪峰流量，为河槽所不能容纳，造成干流高于支流，支流高于地面的现象，使大部分地区遭受水灾。本次安徽工程区共涉及安徽省境内的 11 片洼地。

1. 八里河洼地

八里河流域位于淮河与颍河交汇处，处于颍上县境内，为颍河支流，流域面积 479.7 km²。八里河支流主要有柳沟、五里湖大沟和第三湖大沟，分别分布在流域的中部、左侧和右侧，集水面积分别为 123.5 km²、137.8 km² 和 113.0 km²，占八里河流域面积的 78%。区间面积为 105.4 km²，其中包括青年河流域面积 46.3 km²。目前，八里河洼地常年蓄水区正常蓄水位 21.0 m，面积 20.0 km²。

目前，八里河流域来水基本上都通过八里河闸排入颍河。由于出口受颍河、淮河高水位顶托，汛期经常关闸，不能自流排水，洼地积涝成灾。

本工程八里河洼地主要涉及柳沟支沟建南河、保丰沟、红建河、公路河的开挖疏浚工程，以及相关排涝干沟涵闸和桥梁的新建、重建工程。

2. 焦岗湖洼地

焦岗湖是淮河中游北岸的一级支流，位于正阳关附近，南临淮河，西临颍河，东北有西肥河，流域面积 480 km²。焦岗湖主要支流有浊沟、花水涧和老墩沟，流域面积 284 km²。本干及环湖区面积共 196 km²。焦岗湖入淮河的主要通道便民沟为人工河道，全长 2.7 km，沟口有焦岗闸与淮河相通。另外，刘集大沟处于流域西部，紧邻颍河，流域面积 82.6 km²，在目前情况下，当颍河水位较低时，可自排入颍河；当颍河水位较高不能自流排出时，该流域涝水将通过刘集大沟汇入焦岗湖。

目前，焦岗湖流域来水基本上全部通过焦岗闸排入淮河。由于出口受淮河高水位顶托，汛期经常关闸，不能自流排水，洼地积涝成灾。

本工程焦岗湖洼地主要涉及高排沟、便民沟的新建和疏浚，杨湖圩、枣林圩、乔口圩的加固，以及相关涵闸、泵站、桥梁的加固、维修、新建和重建工程。

3.正南洼洼地

正南洼洼地位于寿县西北部，西临淠河，北滨淮河，东抵淠东干渠及正阳分干渠，南以杨西分干渠为界。排水区面积 344 km²，耕地 26.74 万亩。区内西北部为洼地，面积 104 km²，地面高程 19.0～22.0 m；东南部为坡水地带，面积 227.6 km²，地面高程 23.0～27.0 m；中部有肖严湖，常年蓄水位 22.0 m，水面面积 12.4 km²，蓄水量 2 300 万 m³。

正南洼洼地地势低洼，每当汛期淮河水位上涨，内水即无法自排，洪涝灾害较为严重。

本工程正南洼洼地主要涉及正阳排水渠两岸的建设圩、刘帝圩的堤防加固，以及相关涵闸、泵站的重建、新建工程。

4.西淝河下游洼地

西淝河介于颍河、涡河之间，与两河平行自西北流向东南。直接入淮河的西淝河下段河道以刘郢堵坝为起点。西淝河下段干流流经利辛、颍上县后，于凤台县境内西淝河闸处入淮河，下段长 72.4 km，流域面积 1 621 km²。西淝河下段流域西南与颍河流域及焦岗湖流域相邻，东北与架河流域及茨淮新河流域接壤，主要支流有苏沟、济河、港河等。流域内地形西北高东南低，最高地面高程 30.0 m，最低地面高程 17.0 m，沿河地势低洼，下游形成天然湖泊花家湖（正常水位 17.5 m 时，水面面积 35 km²）。西淝河下段河道较为平缓，河道平均比降约为 1/40 000。

本工程西淝河下游洼地主要涉及苏沟、济河和港河的河道工程，黑凤沟、公平沟、北新河的干沟疏浚工程，以及相关涵闸、泵站和桥梁的重建、新建工程。

5.架河洼地

架河发源于凤台县东北部边缘，原流域面积 295 km²，在 1970 年开挖永幸河时，将永幸河以南及幸福沟以西的 90 km² 截入永幸河。架河现有流域面积 205 km²，其中凤台县为 127 km²，潘集区为 78 km²。架河下游有城北湖和戴家湖两处洼地，集水面积分别为 154 km² 和 51 km²。

架河流域北有茨淮新河，南靠淮河，西邻西淝河，东为泥河。流域来水主要通过架河闸、架河站和永幸河枢纽排入淮河。因受淮河高水位顶托，涝水无法排出而成灾。

本工程架河洼地主要涉及新挖城北湖站引水渠，以及相关涵闸、泵站和桥梁的新建、改建工程。

6.高塘湖洼地

高塘湖位于安徽省淮河以南窑河流域下游，通过窑河闸、窑河与淮河相通。窑河闸以上流域总面积 1 500 km²。高塘湖流域平面形状呈扇形，东西向长约 49 km，南北向宽约 46 km。流域地势为四周高中间低，由边界向湖区倾斜。按地形划分，25.0 m 高程以上丘陵和低山区面积为 1 160 km²，占流域总面积的 77.4%；20.0～25.0 m 高程平原区面积为 248 km²，占 16.5%；20.0 m 高程以下面积为 92 km²，为高塘湖湖洼区。湖区 20.0 m 高程以下没有村庄，干旱年份 20.0 m 高程以下面积也可耕种，旱季基本上可以保收。高塘湖正常蓄水位17.5 m，为充分利用当地水资源，近几年基本控制正常蓄水位在18.0～18.5 m。

高塘湖流域支流较多，主要有沛河、青洛河、严涧河、马厂河和水家湖镇排水河道等，各支流经丘陵、平原区后呈放射状注入高塘湖。河道本身水土流失，加上有的河道下游两岸盲目地圈圩，致使河道下游河床抬高，断面变窄，排洪不畅。

本工程高塘湖洼地主要涉及炉桥圩撇洪沟续建工程、水湖排涝沟疏浚工程、炉桥圩堤防加固工程，以及相关泵站、桥梁的新建和改建、扩建工程。

7.北淝河下游洼地

北淝河下游流域位于涡河口以下至沫河口的沿淮淮北地区，西起怀洪新河、符怀新河段右堤，东至五河县沫河口镇仇冲坝，南起淮北大堤，北达怀洪新河澥河洼、香涧湖段分水岭，流域面积505 km²。

北淝河下游是淮河干流的一级支流，汛期长时间受淮河洪水顶托，涝水储积于区内洼地，形成严重内涝，往往一次暴雨就会形成持续多日的高水位。

本工程北淝河下游洼地主要涉及大洪沟、芦干沟、隔子沟和五河大洪沟的疏浚工程，新挖姚郢截水沟工程，梅桥圩、曹老集圩等圩堤加固工程，以及相关涵闸、泵站和桥梁的维修、重建、加固和新建工程。

8.高邮湖洼地

天长市东部沿高邮湖洼地总面积241 km²，区域内有新白塔河、铜龙河、杨村河、老白塔河、川桥河、王桥河、秦楠河等7条主要河流及沂湖、洋湖2个内湖。

本工程高邮湖洼地主要涉及新建新上泊湖站排涝大沟、戚家圩站排涝大沟、湖滨站排涝大沟工程，以及相关涵闸、泵站和桥梁的重建、新建工程。

9.澥河洼地

澥河发源于淮北市濉溪县白沙镇潘庄，经宿州市、怀远县、固镇县于胡洼汇入怀洪新河，全长80 km，胡洼以上集水面积757 km²。澥河流域自西北向东南倾斜，地面高程16.5～28.0 m，地面坡降1/10 000～1/6 000。

该流域属暖温带半湿润气候，多年平均降水量870 mm。降水量年内分布极不均匀，6～9月降水量占全年降水量的60%～70%，其余8个月降水量仅占全年降水量的30%～40%。

本工程澥河洼地主要有澥河濉溪县李大桥至固镇县胡洼闸段河道治理工程，以及相关涵闸、桥梁的重建、加固工程。

10.沱河洼地

沱河原是濛潼河流域的一条主要支流，为跨河南、安徽两省的省际河道，发源于河南省永城市。1966年开挖新汴河时，将宿州市埇桥七岭子以上沱河上游3 936 km²的流域面积截入新汴河。截流后，七岭子以上称为沱河上段，七岭子以下称为沱河下段。沱河下段纳新汴河以北206 km²来水经沱河地下涵与濉溪县戚家沟来水交汇于宿东闸上，流经埇桥、灵璧、固镇、五河、泗县入沱湖。现沱河下段流域面积1 195 km²，长112.7 km。沱河下段低洼地面积231 km²。

本工程沱河洼地主要有沱河进水闸至宿东闸段和沱河集闸至樊集段河道治理工程，以及相关涵闸的重建、扩建和加固工程。

11. 天河洼地

天河位于淮河右岸，发源于淮南的朱家山与凤阳猴洼，流经凤阳、怀远、禹会区，于涂山南侧注入淮河，是淮河的一级支流。天河流域总面积 340 km²，涉及凤阳、怀远、蚌埠禹会区三县（区）。按地形划分：山区 70 km²，占 21%；丘陵高地 154 km²，占 45%；洼地 96 km²，占 28%；水面 20 km²，占 6%。

本工程天河洼地主要为冯西圩堤防加固工程。

1.3.1.3　江苏项目区水系概况

江苏省淮河流域地处淮河、沂河、沭河、泗河河流下游，东临黄海，南以江淮分水岭、通扬公路、如泰运河一线与长江流域分界，西部、北部分别与安徽省、山东省接壤，由淮河和沂沭泗河两大水系组成，涉及徐州、连云港、宿迁、淮安、盐城等 5 个市的全部和扬州、泰州、南通等 3 个市的部分。

1. 里下河洼地

江苏省里下河地区是淮河流域重要的易涝洼地，东临黄海，南以江淮分水岭、通扬公路、泰运河一线与长江流域分界，北至苏北灌溉总渠，西至里运河。经过 50 年的治理，里下河地区已成为淮河下游相对完整、独立的引排水系。外部既有流域性洪水和海潮威胁，内部也存在着区域性洪水危害。淮河干流洪水由入江水道和灌溉总渠等河道归江入海后，里下河地区的径流主要由当地降雨形成。泰东河是里下河地区的主要引排骨干河道，位于江苏省泰州市的海陵区、姜堰市、兴化市及盐城市的东台市，贯穿整个溱潼洼地，与新通扬运河、泰州引江河和通榆河相连，是解决里下河东南片排水的关键性工程。盐城市区地处里下河地区下游，区内河网密布，新洋港新越河、老越河、蟒蛇河、串场河、通榆河、皮岔河等里下河地区骨干河道穿越城区，每到汛期，上游近 3 000 km² 范围内的雨涝穿城而过。泰州市地处里下河腹部地区南部，地势低洼，里下河三大洼地中的兴化、溱潼两大洼地均在泰州市境内，泰东河、卤汀河、新通扬运河、泰州引江河等里下河地区骨干河道纵横交错，穿境而过。每遇连续降雨水位陡涨，极易因涝致洪。

2. 渠北里运河洼地

渠北地区是指苏北灌溉总渠、淮河入海水道以北，废黄河以南的狭长地带，西自二河、东与盐城市阜宁县接壤，大(里)运河贯穿南北，将渠北地区分成运西、运东两片，分属淮安市的清浦区、清河区、楚州区，总面积 835 km²，其中运西面积 301 km²，运东面积 534 km²。该区东西长约 67 km，南北宽 10～20 km，地势西北高、东南低，地面高程运西为 6.0～12.0 m，运东为 3.5～10.0 m。渠北地区三面被高水包围，入海水道不行洪时区内涝水排入入海水道；行洪时区内涝水抽排入海水道、废黄河，但出路不足。

3. 废黄河洼地概况

废黄河是历史上的黄河故道，地势高。黄河从 1194 年至 1855 年夺泗、夺淮，行水 660 余年，上游泥沙下移淤积，形成了一条高出两侧地面 4～6 m 的"悬河"。黄河改道北徙后，废黄河自成独立水系，并成为北侧沂沭泗河水系和南侧濉安河水系的分水岭。废黄河徐州段，从丰县二坝至徐洪河，长 193.6 km，流域面积 885 km²(含安徽省肖县 193 km²)，耕地面积约 55 万亩。废黄河两侧堤距 3～10 km，在徐州市区段最窄，只有 100 余 m。废黄河(李庄闸—程头橡胶坝)长 25.2 km，流域面积 99.625 km²，现状河底宽 30 m 左右，河底高程 32.50 m 左右，河坡 1：3.5 左右，该段滩地高程为 35.0~38.0 m，由于河道的淤积，现状河道 20 年一遇水位达到 38.0~35.1 m，几乎与地面高程相等，从地面高程与现状过流能力分析，废黄河（铁路桥—程头橡胶坝）段遇 20 年一遇涝水难以自排，属于废黄河洼地。

1.3.1.4　山东项目区水系概况

山东项目区治理范围为南四湖滨湖周边、沿运、郯苍 3 片洼地。

南四湖滨湖涝洼地位于南四湖流域下游、南四湖周边地区，南四湖形状狭长，南北长约 120 km，比降平缓，来水由湖泊调蓄后，在微山湖经韩庄运河和不牢河，下泄入中运河，再南下排入骆马湖。湖东京沪铁路以西是丘陵平原，地面比降一般为 1/10 000~1/1 000。所有河道源短流急，由东向西流入南四湖。湖西是黄泛平原，地面比降为 1/10 000~1/5 000，湖西河道洪水均峰低量大，由西向东流入南四湖。梁济运河接纳济北及郓城、梁山一带来水，由北端汇入南四湖，地面比降为 1/30 000~1/10 000，南四湖滨湖周围地势低洼，经常处于蓄水位以下。

湖东沿运洼地区内河流分三片分别流入微山县境内的南四湖、枣庄市境内的韩庄运河和苍山县境内的西郭河。主要河流有城河、郭河、十字河、薛城大沙河、北沙河、界河、峄城大沙河、陶沟河等。

郯苍地区白马河属于沂河水系，发源于沂河、沭河之间的郯城县马陵山区，自东北向西南贯穿郯城县，经江苏省邳州于扬庄附近入沂河。在郯城县境内长 39.3 km，总流域面积 552 km²，其中郯城县境内流域面积 427.16 km²，占全县总面积的 40%，是郯城县最大的骨干排水河道。主要支流有老白马河、小白马河、陈十排水沟、围带河、幸福河、颜庄排水沟、停三排水沟等。

1.3.2　流域水文特点

淮河流域属亚热带和暖温带半湿润季风气候区，为我国南北气候的过渡地带。常为西风带系统与副热带系统的交绥处，大气变化剧烈。其特点是气候温和、四季分明、雨量适中，但年际、年内变化大，日照时数多、温差大、无霜期长，季风气候明显，表现为夏热多雨、冬寒晴燥、秋旱少雨、冷暖和旱涝的转变往往很突出。

淮河流域年平均气温为 14~16 ℃。无霜期一般年份在 210 d 左右。初霜期在 10 月下旬至 11 月上旬，终霜期一般在 4 月上旬。受季风影响，本地区风向多变。冬季多偏北风，夏季多偏南风，春、秋季多东风、东北风。年平均风速为 2~3 m/s，平均风力为 3 级左右，最大风力在 8 级以上。

淮河流域多年平均降水量约为 875 mm（1956~2000 年系列，下同），其中淮河水系 911 mm，沂沭泗河水系 788 mm。降水量地区分布状况大致是由南向北递减，山区大于平原，沿海大于内陆。降水量的年内分配极不均匀，汛期（6~9 月）降水量占年降水量的 50%~75%，降水量年际变化较大，多数站年降水量最大值为最小值的 2~4 倍。淮河流域多年平均径流深 205 mm，其中淮河水系 238 mm，沂沭泗河水系 143 mm。南部大别山区径流深最大，淠河上游径流深高达 1 000 mm；豫东平原北部沿黄河一带和南四湖湖西平原最低为 50~100 mm。径流年内分配与降水年内分配相似，6~9 月径流量约占全年径流量的 55%～82%。径流年际变化较降水更加剧烈，大多数地区年径流深最大值与最小值之比为 5～25，总体为北部大，南部小。

淮河流域洪水都由暴雨产生，产生暴雨的天气系统在 6、7 月主要是切变和低涡，降雨可持续一两个月，降雨范围广，有时可笼罩全流域，如 1931 年、1954 年、1991 年。8、9 月常因台风影响而出现台风暴雨，其特点是降雨范围小、历时短，但强度大，如 1968 年淮河上游的暴雨，1975 年洪汝河、沙颍河的特大暴雨。本流域大暴雨的另一特点是，暴雨区移动方向常与河道水流方向一致。如 1954 年 7 月几次大暴雨都首先出现在淮南山区，然后向西北方向推进至洪汝河、沙颍河流域，再折向东移至淮北地区，一次暴雨过程就遍及全流域。

淮河的洪水特性是高水位持续时间长，水量大，正阳关以下一般情况是一次洪峰历时 1 个月左右。每当汛期大暴雨时，淮河上游及两岸支流山洪迅速下泄，首先在王家坝形成洪峰；由于正阳关以上河道泄洪能力小，加上大部分山丘区支流汇入，河道水位迅速抬高，形成正阳关洪峰既高又胖的特点。淮南支流河道暴雨多、径流系数大，汇流快，在河槽不能容纳时泛滥成灾。淮北支流流域面积大，汇流时间长，加上地面坡降平缓，河道泄洪能力不足，同时受淮河干流水位顶托，常造成严重的洪涝灾害。沿淮湖泊、洼地除行洪区外，基本上都有控制闸，汛期淮河遇中、小洪水时，水位就已高出地面，而且时间一般长达 2～3 个月，虽可拒外河水倒灌，但当地降雨，包括流域范围内的坡地来水，来量大，又无法外排，形成"关门淹"。

1.3.3　地形地貌及地质

1.3.3.1　地形地貌

淮河流域西部、西南部及东北部为山区、丘陵区，面积约占总面积的 1/3，其余为广阔的平原。流域内除山区、丘陵和平原外，还有为数众多、星罗棋布的湖泊、洼地。工程区地貌形态主要为堆积平原与河、湖、洼地，局部为低山丘陵、岗地。

河南省工程区平原地貌特征明显，区内地势平坦低洼，地面高程普遍低于洪水水位数米，其中小洪河下游洼地地区石漫滩以上属山区，石漫滩至杨庄为丘陵区，杨庄以下为平原区。

安徽省工程区主要是平原与河谷，局部为岗地。岗地为丘陵与平原过渡地带，部分河、湖、洼地周边零星分布，相对高度一般在 20～50 m。

江苏省工程区地形以平原为主，丘陵次之，地势大致由北向东南缓缓倾斜，是黄河、淮河的支流长期冲积所成。平原地区地面高程为 32.5～34.0 m，山丘岗地高程一般在 100 m 左右。工程穿过废黄河高滩地，废黄河为高出两侧地面 4～6 m 的"悬河"。里下河浅洼平原区地处江苏省中部，长江三角洲以北淮河下游地区属古潟湖堆积平原，地势四周高中间低，形成以射阳湖为中心的碟形洼地。地面高程周边为 3.0～5.0 m、中部一般为 2.0 m、低洼处仅为 1.0～1.5 m。

山东省工程区地貌主要为平原和湖泊、洼地，平原地面高程一般为 30.0～60.0 m。

1.3.3.2　地质

受基底构造和淮河、黄河泛滥沉积的影响，工程区内第四系地层广布，厚薄差异较大，从数十米至数百米均有分布；岩性主要为褐黄、灰黄、黄、灰褐、灰色的粉质黏土、壤土、粉细砂，多具泛滥相沉积的特点；在山前河流中常有含砾中粗砂、卵砾石层分布，为构成河流二级阶地的主要地层。在淮河中游的凤台、蚌埠、凤阳山地和南四湖周边的鲁中南断块山区，分布有元古界至白垩系的片麻岩、石灰岩、页岩、砂岩、粉砂岩、黏土岩等。淮河流域北部属中朝地块，基底主要由太古界深度变质岩系和元古界浅变质岩系组成，底部为麻粒岩相的各种片麻岩、片岩等。南部处于扬子地块，以前震旦系为基底，由震旦系和下古生代海相、上古生代海陆交互相及中生代的陆沉积地层覆盖。区内地势及地层分布主要受北北东向、北东向、北西向和近东西向四组断裂的控制。

工程区地层以第四系全新统河湖相漫滩沉积地层为主，普遍具二元结构特征。上部粉质黏土、粉质壤土、淤泥质粉质黏（壤）土等土质强度较低，部分地段分布透水性较强的砂层。

根据地下水赋存和埋藏条件，将区内地下水划分为第四系孔隙潜水和孔隙承压水。洼地内地下水埋深较浅，水位年变幅为 1.0 ~ 3.0 m，地下水具一定的承压性。

1.3.3.3　土壤

本次平原洼地工程涉及范围大，各工程区土壤种类较多，随地质条件和地层结构的不同而有所差异，具体见表 1-3。

表 1-3　工程区域内土壤类别

洼地名称	主要土壤类别	次要土壤类别
河南省洼地	潮土、砂姜黑土和水稻土	黄棕壤土、黄褐土、石质土、褐土
安徽省洼地	砂姜黑土、黄潮土和棕潮土	水稻土、黄棕壤、棕壤土、黑色石灰土
江苏省洼地	水稻土、潮土、砂姜黑土、棕壤土	
山东省洼地	潮土、褐土	水稻土、砂姜黑土

1.3.4　自然资源

1.3.4.1　水资源

淮河流域多年平均面降水深 888.7 mm，折合降水量 2 390 亿 m³。降水量的地区变幅为 600 ~ 1 400 mm，南部大别山区降水量最大，达 1 400 mm；北部沿黄河一带、小清河、潍弥白浪河等下游平原地区降水量最小，为 600 ~ 700 mm，南北相差二倍以上。山东半岛多年平均年降水量为 600 ~ 900 mm。淮河片降水量的年际变化较大，偏丰水年降水量是枯水年的 2.1 倍左右，且丰、枯水年经常连续发生。

淮河流域多年平均天然河川年径流量为 621 亿 m³，相应径流深为 231 mm。地区分布状况与多年平均降水量相似。径流主要由降水补给，且年内分配极不均匀，汛期十分集中，6 ~ 9 月降水量占全年降水量的 53% ~ 83%；径流的年际变化也很大。

淮河流域地下水资源量 353 亿 m³，水资源总量 835 亿 m³。淮河片人均及亩均水量均不到全国的 1/5，属缺水地区。地表水资源丰、枯变化剧烈。淮河曾多次发生断流，如 1978 年大旱，蚌埠以下淮河断流时间长达 150 多天，洪泽湖接近干涸。地表水资源地区分布亦十分不均，亩均水量以淮南各区为最大，一般都在 500 m³ 以上，淮北平原一般在 300 m³

以下，南四湖湖西仅 76 m^3，为亩均占有水量最低的地区。

1.3.4.2 土地资源

工程区域内以农用耕地为主，耕地面积占总面积的比例为 55% ~ 65%，人口稠密，人均耕地少。河南省工程区林地面积所占比例较高，其他三省的林业用地较少。工程区域内未利用土地面积较少，土地利用率为 98.0% ~ 99.1%。

1.3.4.3 矿山资源

安徽、江苏、山东 3 省煤炭资源丰富，但工程施工区内无煤矿区。

1.3.4.4 景观与旅游资源

工程区内主要为农业生态景观，以农作物种植为主，区内无重要旅游景点。

1.3.5 社会经济

淮河流域土地富饶，人口众多，城镇密集，资源丰富，交通便利，发展农业条件优越，是国家重要的商品粮棉油基地。工业以煤炭、电力及农副产品加工、轻纺工业为主，加之位于我国东部的中间地带，社会经济地位重要，也是极具发展潜力的地区。

1.3.5.1 河南省

河南省工程影响区域涉及信阳、周口、驻马店 3 市 8 县 63 个乡（镇）。据 2002 年资料统计，涝洼地内土地总面积 11 217 km^2，耕地面积 973.57 万亩，总人口 719.22 万人，国内生产总值 241.5 亿元，区域内土地肥沃，资源丰富，是国家杨木基地、商品粮生产基地、优质棉种植基地。除农业收入外，还有养殖、经济林种植、蔬菜生产等收入。

1.3.5.2 安徽省

安徽省淮河流域自然资源丰富，是我国重要的农业区，主要农作物有水稻、小麦、棉花、油菜、芝麻等。安徽省现已探明的煤炭储量约 220 亿 t，居全国第 6 位，是我国重要的能源基地。流域洼地有关市（区）自然资源虽然丰富，但总体经济水平仍然较低，缺少高科技含量、高附加值的工业项目。该区交通十分发达，京沪、京九、陇海、合阜铁路，合徐高速公路和计划建设的京沪高速铁路等重要干线均贯穿其中，依托淮河水系，区内水运便利。

1.3.5.3 江苏省

江苏省工程区涉及淮安、盐城、泰州、徐州 4 市，区域内地少人多，劳动力充裕，农业机械化水平高，农业集约化程度也比较高，过境水资源丰富，农业生产以粮、棉、油为主体，是全国重要的粮棉基地。目前已形成了煤炭、电力、冶金、工程机械、建材、化工、纺织、食品、饲料、医药、皮革、塑料、电子、仪表等门类较为齐全，轻重工业协调发展的格局，对淮海经济区产生了较强的辐射作用。

1.3.5.4 山东省

山东省工程区涉及济宁、枣庄、临沂 3 市。据 2003 年资料统计，涝洼地内土地总面积 15 651.1 km^2，耕地面积 1 025.62 万亩，粮食总产 416.76 万 t，总人口 1 094.686 万人，工业总产值 595.581 亿元，农民人均纯收入 2 816 元。工程区枣庄以北矿产资源特别是煤炭资源较丰富，交通发达，京沪铁路贯穿南北，新兖铁路横贯东西，国、省、县、乡公路交错成网。

第 2 章　防洪排涝工程环境影响研究现状及本项目研究思路

　　目前，国内对于防洪排涝工程环境影响研究主要集中在对采用环境影响评价的方法进行相关研究上。本章重点介绍了我国防洪排涝工程环境影响的研究现状，在此基础上，结合本项目的特点和区域环境特点，确定了本项目的研究思路。

2.1　我国防洪排涝工程建设现状

　　我国地处欧亚大陆东南部，大部分地区位于季风气候区，降水时空变化大，洪涝旱灾害频繁。由于特殊的自然地理和气候条件，我国的洪涝灾害具有发生频率高、受灾范围广和一旦受灾就损失严重等特点。因此，建设防洪排涝工程，是保障我国经济社会可持续发展，保证人民群众生命财产安全的战略选择。

　　新中国成立以来，党和政府对防洪排涝工作十分重视，带领全国人民开展了以整治江河、防治水害为主要内容的水利建设，按照"蓄泄兼筹"和"兴利除害相结合"的方针，对长江、黄河等大江大河进行了大规模的治理。20 世纪五六十年代，党中央领导全国各族人民掀起了以堤防、水库等工程为主要内容的水利建设高潮。改革开放后，特别是 1998 年大洪水以来，随着我国综合国力不断增强，中央水利投入大幅度增加，在整修、加固原有防洪工程，改造、扩建灌溉工程的同时，兴建了一大批防汛抗旱减灾骨干工程。截至 2008 年，全国已建成江河堤防 28.69 万 km，累计达标堤防 11.28 万 km，堤防达标率为 39.3%。其中，一、二级达标堤防长度为 2.53 万 km，达标率为 74.0%。已建成江河堤防保护人口 5.7 亿人，保护耕地 4 600 万 hm^2。60 多年来，我国的防洪工程建设和防汛抗洪斗争都取得了举世瞩目的辉煌成就，初步建成了工程措施和非工程措施相结合的防洪体系。

　　目前，我国大江大河主要河段已基本具备了防御新中国成立以来最大洪水的能力，中小河流具备防御一般洪水的能力，重点海堤设防标准提高到 50 年一遇。遇到中等干旱年份，工农业生产和生态不会受到大的影响，可以基本保证城乡供水安全。

2.2　防洪排涝工程的环境影响研究

2.2.1　防洪排涝等水利水电工程环境影响研究的发展过程

　　防洪排涝等水利工程在产生巨大社会效益的同时，由于工程规划较大、施工期长，将对区域生态、环境产生广泛的影响。自 20 世纪 80 年代以来，我国就非常重视防洪排涝等水利工程的环境影响研究工作，引进了国外环境影响评价的理论、方法及管理经验等，对工程造成的环境影响采用环境影响评价（Environmental Impact Assessment，EIA）的方法进行研究。1982 年，水利部颁布了《关于水利工程环境影响评价若干规定》，中国水利学会环境水利研究会多次召开学术交流会，对水利工程环境影响评价理论、预测模型、技术方法进行探讨。长江水资源保护局编译了《大型工程环境影响译文集》等大量环境影响评价文献资料。有关评价单位先后开展了一大批的水利工程环境影响评价及水环境、生态、移民、施工环境影响的专题研究，大大丰富、发展和创新了水利工程环境影响评价的技术内容和方法。

目前，我国普遍采用环境影响评价的方法来研究防洪排涝工程施工、运行过程中可能对区域生态、环境造成的影响。随着我国环境影响评价制度的不断完善，1988 年水利部、能源部颁布了《水利水电工程环境影响评价规范》（试行）（SDJ 302—88）。2003 年，国家环境保护总局、水利部共同发布了《环境影响评价技术导则 水利水电工程》（HJ/T 88—2003）。该技术导则对《水利水电工程环境影响评价规范》（试行）（SDJ 302—88）进行了修订，依据法律法规和相关技术标准的新要求，进一步规范了水利水电工程环境影响评价的内容和技术方法。进入 21 世纪以来，我国先后开展了长江、黄河、珠江、淮河等大江大河防洪工程等的环境影响评价工作，重点针对工程生态、水环境、移民、施工等重点环境影响开展了一系列深化而系统的专项研究。

2.2.2　防洪排涝工程的环境影响研究

防洪排涝工程为除害兴利工程，目的是提高流域的防洪标准，减轻或消除洪涝灾害，具有巨大的社会效益、经济效益和生态效益。一般情况下，防洪工程主要包括堤防建设、河道整治及护岸工程、挖河固堤、滩区安全建设、滞洪区建设、城市防洪、病险水库除险加固及非工程措施建设等；排涝工程主要包括涵闸工程，排涝沟、渠工程，以及河道上游修建蓄水工程等。以往环境影响成果表明，防洪排涝工程的环境影响主要集中在施工期，受影响的环境要素主要为生态环境、水环境、大气环境和声环境、固体废弃物环境、社会环境等。

2.2.2.1　施工期的环境影响研究

1.生态环境影响

大量文献表明，施工期工程对生态环境的影响主要集中在：①防洪排涝工程临时占地、料场取土、施工场地平整、施工道路修筑、施工营地兴建、弃土弃渣等施工活动对陆生生态的影响；②河道整治、挖掘底泥，对水生生物和水生生态系统造成的不利影响；③靠近或位于自然保护区、森林公园、湿地等环境敏感保护目标之内的施工活动直接或是间接对敏感保护目标造成的不利影响；④工程施工期间，造成大面积的地表裸露和破坏，以及工程产生的弃土弃渣对当地水土流失造成的影响。

2.水环境影响

施工期工程对水环境的影响主要集中在：①河道疏浚、挖掘底泥对地表水环境的影响；②施工导流对地表水环境的影响；③施工人员产生的生活污水对当地水环境、水质的影响；④机械施工过程中，产生的机械车辆维修、冲洗废水对地表水体的影响；⑤放淤固堤，若防渗排水不当，对地下水位的影响。

3.大气和声环境影响

施工期工程对大气和声环境的影响主要集中在：①施工机械、运输车辆燃油等排放的废气、工程取土及物料运输过程产生的粉尘和扬尘等；②施工机械作业、运输车辆等产生的噪声对区域声环境以及施工道路、施工区周围居民点的影响。

4.固体废弃物环境影响

工程施工期间产生的固体废弃物一般包括生产弃土、弃渣和生活垃圾，以及河道疏浚产生的底泥等。将对周边的水环境、土壤环境和大气环境产生一定的影响。

5.社会环境

工程对社会环境的影响主要是由于工程占地和移民安置造成的。工程占地、房屋拆迁等对移民经济收入、居住环境造成影响，企事业单位迁建将影响企事业单位的正常运行。

2.2.2.2　运行期的环境影响研究

防洪排涝工程运行期的环境影响主要以有利影响为主，为避免洪水造成的重大灾害，减少洪涝灾害，保障流域区域人民生命财产安全，避免城镇、工业、交通干线、灌排渠系、生产生活设施遭到毁灭性破坏，避免堤防决口对生态环境造成的长期不利影响，为经济社会可持续发展提供防洪安全保障。有利影响是长期的、大范围的；不利影响主要集中在局部，主要为加剧河道渠化和人工化程度，对河流水文情势的影响，永久征地带来的环境影响，防洪工程对城市景观的影响等。

2.3　本项目的研究思路

2.3.1　项目特点

该项目具有以下特点：

（1）工程范围广。虽然总体工程量较大，但分散于 20 片洼地，单项工程量较小。

（2）工程类型主要包括河流疏浚和排涝沟疏浚，堤防加固以及泵站、涵闸、桥梁等建筑物工程，均为常见的水利工程类型，有成熟的施工技术和丰富的实践经验。

（3）工程目的是提高区域防洪除涝标准，大部分工程是在现有的基础上进行建设的。

2.3.2　区域环境特点

区域环境的特点如下：

（1）项目区内虽然地势低洼，但并不属于生态学中湿地的范畴，项目区不具备湿地的基本特征，也不在各类受保护的湿地名录之内。项目区人口稠密，土地开发利用率高，是典型的农业开发利用区。

（2）项目区大部分位于农村区域，由于洪涝灾害较多，经济较为落后，工业污染源较少；虽有少量工程穿越城区或位于城郊河流，但这些河流接纳的主要为城市生活污水，尚未受到重金属等其他有毒污染源影响。

2.3.3　环境保护目标

2.3.3.1　环境功能保护目标

1.地表水环境

施工废水应采取治理措施使其达标排放，确保施工河段水质不因施工而恶化；施工导流要保证不降低受纳水体的水质。

2.环境空气

施工中应采取保护措施，保护施工区环境空气质量，使其满足《环境空气质量标准》（GB 3095—1996）二级标准要求。

3.声环境

施工中应采取保护措施，保护施工区声环境质量不因施工而下降，并使其满足相应的声环境质量标准，施工场界噪声按《建筑施工场界噪声限值》（GB 12523—90）进行控制。

4.固体废弃物

施工中应采取保护措施，防止河道开挖底泥对周围环境造成污染。

5.生态环境

按照国家有关法律、法规与政策要求保护项目区生态环境，采取措施消除或减轻工程对项目区水生生态环境和陆生生态环境的不利影响，将不利影响控制在可承受的范围之内。

6.土地资源

按照国家有关法律、法规和政策要求保护受工程影响的土地资源，工程应节约土地资源，尽量少占地，临时占地应尽快恢复利用。

7.水土流失

因地制宜采取水土流失防治措施，控制工程建设过程中可能造成的新的水土流失，恢复和保护原有水土保持设施。

8.移民安置

确保移民和安置区原有居民的生产生活条件不因工程建设而下降，关注弱势群体的安置。

9.人群健康

重视施工区和移民安置区环境卫生，保护施工人员、移民以及安置区居民人群健康，防止施工期间传染病的暴发、流行。

10.文物

据现场调查，项目区未发现地面保护文物，但工程施工过程中有可能会发现地下文物，需加强宣传，提高施工人员的文物保护意识，发现文物古迹时必须加以保护。

2.3.3.2　敏感保护目标

1.地表水环境敏感保护目标

项目涉及的地表水环境敏感保护目标共有3个，其中安徽项目涉及2个，江苏项目涉及1个，河南及山东项目不涉及地表水敏感保护目标，地表水敏感保护目标情况见表2-1。

2.环境空气和声环境敏感保护目标

本工程为线性工程，项目区主要为农村区域，部分村庄距离治理河道两岸较近，环境空气、声环境敏感保护目标主要为工程沿线的村庄。据调查，工程沿线环境空气和声

表 2-1　地表水环境敏感保护目标

序号	敏感保护目标名称	所属省份	所属洼地	相关工程	位置	说明
1	蚌埠市天河备用水源地	安徽	天河洼地	堤防加固2.85 km	水源地取水口位于堤防工程上游 4 km 处	当淮河严重污染导致蚌埠饮用水源地受到影响不能正常供水时,启用天河备用水源地
2	姜堰市水产良种繁殖场	江苏	泰东河工程		姜堰市淤溪镇,泰东河岸边	
3	合肥市董铺水库	安徽	淮河防洪除涝减灾实体模型基地		基地位于董铺水库三级水源地保护区范围	少量生活污水经处理后用于基地内绿化,不外排

环境敏感保护目标共计 481 个,其中河南省共计 177 个、安徽省共计 191 个、江苏省共计 36 个、山东省共计 77 个。

3.生态环境敏感保护目标

本项目生态环境敏感保护目标共有 7 个,可分为两类:一类是有部分工程位于湿地和自然保护区内,这些敏感保护目标有:①淮滨淮南湿地自然保护区(河南);②高塘湖湿地(安徽);③焦岗湖湿地(安徽)。另一类是敏感保护目标在工程治理河流的上游,与工程存在水力联系,但保护目标内无工程分布,这些敏感保护目标有:①沱湖自然保护区(安徽);②八里河自然保护区(安徽);③高邮湖湿地(安徽);④南四湖自然保护区(山东)。

2.3.4　工程影响特征

本工程属于非污染生态类工程,工程主要类别分为河道工程和建筑物工程,其中河道工程包括河道疏浚、堤防加固和护岸工程,建筑物工程包括涵闸、桥梁及排涝站等的建设和改造。本书在全面调查环境状况、分析工程特点的基础上,对工程环境影响进行初步分析,详见表 2-2。工程影响特征如下:

(1)本工程的主要正效益体现在减少项目区内洪涝灾害造成的人民生命财产的损失,为项目区人民创造一个安全稳定的生产和生活环境。

(2)工程所产生的不利环境影响有两大类:一类是为取得工程效益所必须付出的资源与环境代价,如占压土地资源等;另一类是工程施工和移民安置对环境产生的短期不利影响,但该不利影响通过采取一定的环境保护措施可以减免和降低。

2.3.5　重要环境问题和一般环境问题识别

在工程环境影响初步分析的基础上,采用矩阵法对本工程环境影响因子进行识别,详见表 2-3。根据表 2-3 矩阵识别结果,并借鉴同类水利工程的经验,对识别出的环境影响因子评估其相对重要性,将评估结果分为重要环境问题和一般环境问题两类,具体如下:

表 2-2　工程环境影响初步分析

	影响源	影响对象	影响方式	影响性质和程度
工程施工	施工活动影响	河道疏浚 料场取土 施工导流 施工人员活动	地表水环境 水生生态 陆生生态 水土流失 自然栖息地	河道疏浚扰动水体、挖掘底泥,对地表水环境、施工场地平整、施工道路修筑、施工营地兴建、弃土弃渣等施工活动陆生生态,造成植被损毁和水土流失 借助其他河道进行的施工导流可能影响受纳水体的水质 靠近自然栖息息地的施工活动对自然栖息地造成不利影响,间接或直接	短期不利影响,施工结束随之消失或施工结束后一段时间可以恢复
	施工污染影响	施工废水 施工废气 施工噪声 施工固体废弃物	地表水环境 空气环境 声环境 地下水和土壤 人群健康	施工生产废水对地表水环境和土壤环境产生短期不利影响 施工机械和车辆燃油废气、施工扬尘等对空气环境、附近居民及施工人员产生短期不利影响 施工机械噪声和交通噪声对周边环境、附近居民和施工人员短期不利影响 施工固体废弃物对地下水和土壤环境、空气环境的影响,河道底泥对河流水质及周边环境的影响,施工人员活动产生的生活污水和生活垃圾对河流水质和生活环境的影响,增加疾病传染的可能性	通过采取一定的环境保护措施可以减免和降低不利影响
	工程占地	永久占地 临时占地	土地资源	永久占地导土地利用方式改变,耕地数量减少,耕地退化等不利影响 临时占地对土地造成破坏	为取得工程效益所付出的资源代价或环境代价
	移民安置	工程占地移民安置 住宅房屋拆迁安置 企事业单位迁建 专项设施复建	移民生活质量 安置区环境	工程占地、住宅房屋拆迁等对移民经济收入、居住环境等对移民企事业单位正常运行 移民安置对安置区居民、安置区人口地域分布和社会环境造成影响 住宅房屋拆迁、企事业单位迁建和专项设施复建等安置活动将扰动地表、破坏局部植被,造成水土流失,对安置区自然环境造成短期不利影响	短期不利影响,通过落实移民安置规划,加强环境保护可以减免和降低不利影响
	工程运行	区域防洪除涝能力提高	社会环境 水文情势	工程实施后将提高防洪除涝标准,减少洪涝灾害,保护该地区人民生命财产的安全,为项目区人民创造一个安定的生产和生活环境	长期有利影响,工程主要效益所在

表 2-3　工程环境影响因子识别矩阵

环境要素工程作用因素		自然环境								生态环境						社会环境									
		水文情势	地表水环境	环境空气	声环境	固体废弃物	地下水		土地资源	自然生境栖息地	水生生态	陆生生态	水土流失	外来物种入侵	病虫害管理	移民安置			人群健康		社会经济			文物
		水位、流速、流量	河流水质	居民点及施工场地	居民点及施工场地	周边环境及人群健康	地下水位	土壤盐渍化	土地利用及农业生产							移民生活质量	安置区社会经济	安置区环境质量	地方病	传染病	地区经济	居住环境	交通	
施工活动影响（施工）	河道疏浚扰动	-M								-S														
	料场取土			-M	-S				-M			-M	-M									-S		
	施工导流	-S	-S	-S	-S	-S				-M	-S	-M	-S										-S	
施工污染影响（施工）	施工人员活动																		-S					
	施工废水	-M	-M							-S	-S											-S		
	施工废气			-S																		-S		
	施工噪声				-S					-S		-S										-S		
	施工固体废弃物	-S				-L				-S	-S	-S											-S	
工程占地	永久占地								-M	-S	-S	-S	-S			-L	-L	-S				-S	-S	
	临时占地					-L			-M	-S	-S	-M	-M			-M	-M	-M						
移民安置	工程占地移民安置								-M	-S		-M	-M			-L	-L	-S					-S	
	移民建房安置			-S	-S	-S			-M	-S		-S	-S			-M	-M	-M	-S					
	企事业单位迁建			-S	-S	-S			-S	-S		-S	-S			-M	-M	-M				-S		
	专项设施复建			-S	-S	-S			-S	-S		-S	-S			-M	-M	-M			-S			
工程运行	河道排水标准提高	+M	+M				+S	+S		+S	+S		-S	+S	+S	+L	+L	+S	+S	+S	+L	+L	+S	
	河道底泥清除	+M	+M				+S			+S			-M	+S								+S	+S	
	涵闸及泵站运行	-S	-M										-M						-S		-S			
重要及一般环境问题识别		一般	一般	一般	一般	重要	一般	重要	重要	重要	一般	一般	重要	一般	一般	重要	重要	重要	一般	一般	重要	重要	重要	一般

注："+"表示有利影响；"-"表示不利影响；"S"表示轻微影响；"M"表示一般影响；"L"表示较大影响；"空格"表示无影响和基本无影响。

（1）重要环境问题：包括自然栖息地、固体废弃物、水土流失、土地资源、移民安置，其中固体废弃物重点关注河道疏浚底泥造成的环境问题。

（2）一般环境问题：包括水文情势、地表水环境、地下水、环境空气、声环境、水生生态、陆生生态、外来物种入侵、病虫害管理、人群健康、文物。

2.3.6　研究范围

本书研究范围分为直接影响区和间接影响区两部分，直接影响区为工程和施工分布区域，间接影响区为工程范围之外但受工程间接影响的区域，主要为与本工程涉及河流有水力联系的自然栖息地。

2.3.7　研究思路

本书研究的总体思路为：根据淮河流域防洪排涝项目的工程特点及淮河流域环境特点，初步识别工程施工、运行过程中产生的主要环境影响，即对生态环境、水环境、大气环境和声环境、社会环境产生的影响，以及河流疏浚底泥产生的影响等。调查全面项目区域生态环境、水环境、大气环境和声环境质量现状，分析工程造成环境影响的影响源和主要途径等，研究对环境的主要影响。主要研究思路为：

（1）从流域层面出发，采用环境影响评价（EIA）及区域环境评价（Regional Environmental Assessment，REA）等方法，将 4 省项目作为一个整体予以研究。

（2）加强相关基础资料的收集和分析，客观、科学地开展项目区环境现状调查与评价工作。

（3）根据工程和环境特点，筛选识别重要及一般环境问题，突出对重要环境问题和敏感保护目标的分析。

（4）采用类比分析、典型工程分析等方法客观评价工程对环境正面和负面、直接和间接的影响；对工程造成的负面环境影响提出有针对性的、可行的减缓措施，重视环境管理计划（Environmental Management Plan，EMP）的可操作性。

2.3.8　研究的重点内容

（1）生态环境影响研究。主要包括区域生态环境调查，区域自然保护区、栖息地等敏感保护目标的分布、现状及与本项目的关系等，工程对生态环境产生影响的主要途径，工程对生态环境的主要影响分析。

（2）水环境影响研究。主要包括河南、安徽、江苏、山东 4 省，涉及河流水质现状调查与评价，工程施工期和运行期废水产生的途径、水量、排放去向等，工程对水环境的主要影响分析。

（3）固体废弃物环境影响研究。重点研究河南、安徽、江苏、山东 4 省河道疏浚底泥对环境的影响，主要包括 4 省主要疏浚河流底泥现状调查与评价，底泥产生的主要途径、弃土量、处理去向等，对环境产生的主要影响。

（4）区域累积性影响。主要从区域角度，综合分析工程对区域造成的累积性影响。

（5）环境保护措施研究。主要根据工程对环境、生态可能产生的主要影响，提出具有针对性的保护措施，最大程度减缓、减免工程产生的不利影响。

（6）世界银行贷款项目环境影响评价的特点研究。由于该项目为世界银行贷款项目，在采用评价的方法对环境影响进行研究时，必须充分考虑、贯彻世界银行贷款项目的有关环境政策和要求。重点研究世界银行和我国在环境影响评价的程序、环境影响评价报告、环境管理计划（EMP）、公众参与和替代方案方面的特点和要求，并以本项目为例，具体说明世界银行在环境影响评价程序、公众参与、替代方案等方面的要求。

第 3 章　水环境影响研究

3.1　水环境现状调查与分析

3.1.1　地表水环境现状调查与评价

3.1.1.1　项目涉及的地表水体及水功能区划

　　工程治理的洼地涉及的河流（支沟）名称及水功能区划见表 3-1。从表 3-1 可以看出，除沿淮洼地外，河南洼地治理涉及的河流（支沟）都没有天然径流；安徽洼地涉及的河流（支沟），除天河、濉河、沱河外，其余都为人工河道，做排洪沟用。

表 3-1　工程涉及的河流（支沟）名称及水功能区划

项目区	洼地名称	工程涉及的河流（支沟）名称	水功能区划
河南	小洪河洼地	杨岗河、南马肠河、南马肠河支沟杜一沟、茅河、荆河、小清河、戚桥港、丁港、龙口大港和柳条港均无天然径流，枯水期基本无水	杨岗河、南马肠河、小清河水功能区划为Ⅳ类，其余没有水功能区划
	贾鲁河、颍河下游洼地	芦义沟、丰收河、重建、双狼沟 4 条支沟均无天然径流，枯水期基本无水	芦义沟、双狼沟水功能区划为Ⅳ类，其余没有水功能区划
	沿淮洼地	淮河干流	Ⅲ类
安徽	八里河洼地	建南河、保丰沟、红建河、公路河	没有水功能区划
	焦岗湖洼地	高排沟（本次新开挖排涝沟）、便民沟（焦岗湖向淮河自排的主要通道）	人工河道，便民沟水功能区划为Ⅲ类
	西淝河下游洼地	西淝河支流苏沟、济河、港河，其中济河和港河为人工河道	水功能区划全部为Ⅳ类
	架河洼地	新开挖架河引河	Ⅲ类
	高塘湖洼地	炉桥圩撇洪沟、水家湖排涝沟	均为人工河道，水功能区划为Ⅲ类
	北淝河下游洼地	本次治理涉及北淝河一级支沟：大洪沟、芦干沟、隔子沟和五河大洪沟，并新挖姚郢截水沟	均为人工河道，无天然径流，水功能区划均为Ⅳ类
	高邮湖洼地	湖滨站排涝大沟，新建的新上泊湖站排涝大沟和戚家圩站排涝大沟	均为人工河道，湖滨站排涝大沟水功能区划均为Ⅳ类
	濉河洼地	濉河干流	Ⅳ类

续表 3-1

项目区	洼地名称	工程涉及的河流（支沟）名称	水功能区划
安徽	天河洼地	天河	Ⅲ类
	沱河洼地	沱河干流	Ⅳ类
江苏	里下河东南片洼地	泰东河、里下河	泰东河水功能区划为Ⅲ类，里下河水功能区划为Ⅳ类
	里运河洼地	里运河干流	Ⅲ类
	废黄河洼地	废黄河	Ⅳ类
山东	南四湖滨湖涝洼地	南四湖支流老赵王河、龙拱河、老万福河、泉河、老泗河、老运河	Ⅲ类
	沿运洼地	新沟河、越河、二支沟、阴平沙河、薛城小沙河、小沙河故道、东泥河	Ⅲ类
	郯苍洼地	白马河、吴坦河	Ⅳ类

3.1.1.2 地表水环境质量现状调查的方法

地表水环境质量现状调查采取收集常规监测资料和现场实测的方法进行。本次研究收集到的常规监测资料主要是项目区有关省、市当年的环境质量报告，水资源质量状况通报等；现场实测主要选取疏浚工程量大、影响范围大，且环境比较敏感的河段进行实测。表 3-2 是本次研究收集到的常规监测断面调查情况，表 3-3 是现场实测断面的布设及监测因子情况，地表水监测分析方法按照国家标准和《水和废水监测分析方法》要求进行，详见表 3-4。

表 3-2 常规监测断面调查情况

序号	省份	洼地名称	断面名称	主要资料来源
1	江苏	里下河东南片洼地泰东河治理工程	新通扬运河与泰东河交汇处	河流所流经各行政市（县）2004年环境质量报告书以及江苏省2004年度环境质量报告书
2			泰东河溱潼大桥处	
3			泰东河泰东大桥处	
4			泰东河与薛郎河交汇处	
5			通榆河东台梁—大桥处	
6	河南	沿淮洼地	淮干淮滨水文站	2004年全年的常规监测资料
7			潢川水文站	
8	安徽	西淝河洼地	西淝河凤台闸	《安徽省水资源质量状况通报》（2004年3月）
9		沱河洼地	沱河宿东闸	
10		天河洼地	天河闸	
11		高塘湖洼地	窑河闸	
12		八里湖洼地	八里湖	
13		白塔河	白塔河天长市区	

表 3-3 现场实测断面布设及监测因子情况

省份	洼地名称	监测河沟及断面名称	监测因子
江苏	淮安渠北洼地	里运河（五叉河口、周恩来读书故址、延安路桥处、板闸、小穿运洞）	pH值、DO、CODCr、氨氮、SS、BOD5、石油类（航运河流）
	盐城里下河洼地	蟒蛇河防洪闸、串场河西闸站、蟒蛇河防洪闸	
	泰州里下河洼地	五叉河闸站、森南河闸、引江河、鲍马河、泰东河、苏红河	
	徐州废黄河洼地	废黄河（铁路桥处、李庄闸、邓楼桥）	
山东	南四湖湖滨洼地	赵王河（105公路桥、济鱼公路桥）、老万福河（清河桥、鹿洼桥）、老运河微山段（斐口、三河口）、龙拱河（105公路桥、济鱼公路桥）	
	沿运洼地	阴平河（4+900、2+900）、越河（2+060、0+250）	
	郯苍洼地	白马河（安子桥、小马头桥）、吴坦河（4+800、12+200）	
安徽	沱河洼地	沱河（濠城闸、樊集河段）	
	澥河洼地	澥河（方店闸、胡洼闸、大营镇河段）	
	天河洼地	天河（天河闸）	
	架河洼地	架河引河（架河节制闸）	
	高塘湖洼地	严涧河（入高塘湖口）、水湖排涝沟（铁路桥）	
	八里河洼地	保丰沟（十里井村）、建南河曾庄闸	
	西淝河下游洼地	济河（龙河闸、济河闸）、港河（固桥镇河段）	
	高邮湖洼地	后家湖撇洪沟、沂湖（龙集乡）	
	焦岗湖洼地	便民沟焦岗闸	
	北淝河下游洼地	大洪河（小蒋闸）、洪一沟入怀洪新河	
河南	贾鲁河、颍河下游洼地	芦义沟（扶沟县城北关闸）、双狼沟（西华县师范新村、护挡城）、重建沟（李桥）	
	小洪河下游洼地	杜一沟（上蔡县五里肖村）、小清河（平舆县王东桥、清河三桥）、茅河（平舆县陈桥）、柳条港（新蔡县周庄）、杨岗河（西洪杨岗河桥、柴冀闸）、荆河（十八里庙）	

表 3-4 地表水监测分析方法

序号	参数	方法标准	方法名称
1	pH值	GB 6920—86	玻璃电极法
2	水温	GB 13195—91	温度计法
3	溶解氧	GB 7489—87	碘量法
4	悬浮颗粒物	GB 109—11	滤纸法
5	化学需氧量	GB 11914—89	重铬酸钾法
6	五日生化需氧量	GB 7488—87	稀释与接种法
7	氨氮	GB 7479—87	纳氏试剂比色法
8	挥发酚	GB 7490—87	4-氨基安替比林分光光度法
9	流量	GB 50179—93	流速仪法

3.1.1.3　地表水环境质量现状评价

1.评价方法

用单因子指数法进行水质现状评价。单项因子标准指数的计算方法如下：

单项水质参数 i 在第 j 点的标准指数为

$$S_{ij} = C_{ij}/C_{si}$$

式中：S_{ij} 为 i 污染物在第 j 点的标准指数；C_{ij} 为 i 污染物在第 j 点的实测浓度，mg/L；C_{si} 为 i 污染物的标准限值，mg/L。

pH 值的标准指数为

$$S_{pH,\,j} = \frac{7.0 - pH_j}{7.0 - pH_{sd}} \qquad pH_j \leqslant 7.0$$

$$S_{pH,\,j} = \frac{pH_j - 7.0}{pH_{su} - 7.0} \qquad pH_j > 7.0$$

DO 的标准指数为

$$S_{DO_j} = \frac{|DO_f - DO_j|}{DO_f - DO_s} \qquad DO_j \geqslant DO_s$$

$$S_{DO_j} = 10 - 9\frac{DO_j}{DO_s} \qquad DO_j < DO_s$$

式中　S_{DO_j}——DO 的标准指数；

　　　DO_f——某水温、气压条件下的饱和溶解氧浓度，mg/L，$DO_f=468/(31.6+T)$，T 为水温，℃；

　　　DO_j——溶解氧实测值，mg/L；

　　　DO_s——溶解氧的评价标准限值，mg/L。

2.评价结果

1)常规监测资料评价结果

各省常规监测资料评价结果见表 3-5。

表 3-5　各省常规监测资料评价结果

省份	水体名称	河段	水质类别	主要污染指标	说明
河南	淮河	淮滨段	Ⅲ类	NH_3—N	枯水期（1、3月有小幅超标）
	潢河	潢川段	Ⅲ类	COD_{Cr}、NH_3—N	
安徽	西淝河	凤台闸	劣Ⅴ类		处于西淝河入淮河口；本工程涉及的河流为西淝河下游支流
	沱河	宿东闸	Ⅲ类		沱河上游和中游分界点
	天河湖	天河闸	Ⅳ类	NH_3—N	蚌埠市应急水源

续表 3-5

省份	水体名称	河段	水质类别	主要污染指标	说明
安徽	高塘湖	窑河闸	V类	NH_3—N、TN	为高塘湖排水闸,本工程涉及的河流为入高塘湖支流
	八里湖	八里湖	V类	COD_{Mn}	本工程不涉及湖区水体
	白塔河	天长市区	劣V类	NH_3—N、TP	天长市主要纳污水体,本工程未涉及
江苏	泰东河	新通扬运河	Ⅲ类		
		秦潼大桥	Ⅲ类		石油类
		泰东大桥	Ⅲ类		NH_3—N 偶有超标
		辞郎河口	Ⅲ类		

从表 3-5 可以看出,河南省沿淮洼地淮河干流淮滨和潢川段两河段 2004 年水质基本能满足Ⅲ类水水质标准要求,在枯水期(1 月、3 月),COD_{Cr}、NH_3—N 两项因子不能满足标准要求,有小幅超标现象。

安徽省西淝河、高塘湖、八里湖、白塔河水质类别为劣 V 类或 V 类,主要超标污染因子为 NH_3—N、TN 和 COD_{Mn};工程涉及的天河湖水质类别为 Ⅳ 类,不能满足规划Ⅱ类水水质目标要求,超标污染因子为 NH_3—N;沱河宿东闸水质类别为Ⅲ类,水质较好。

江苏省泰东河水质较好,除溱潼大桥断面石油类以及泰东大桥、辞郎河口断面 NH_3—N 偶有超标外,基本能达到地表水Ⅲ类水水质标准。

2)现场实测结果评价

各省涉及河流水质现状监测及评价结果见表 3-6 及图 3-1。

表 3-6　各省涉及河流水质现状监测及评价结果

省份	河流或地区	断面名称	水质目标	现状水质	主要超标因子
河南	小清河	王东桥	Ⅳ类	V类	DO、COD_{Cr}
		清河三桥	Ⅳ类	劣V类	
	茅河	陈桥	Ⅳ类	Ⅳ类	
	杜一沟	五里肖村	Ⅳ类	劣V类	DO、COD_{Cr}、NH_3—N
	杨岗河	西洪桥	Ⅳ类	Ⅳ类	
		柴冀闸	Ⅳ类	Ⅳ类	
	荆河	十八里庙	Ⅳ类	Ⅳ类	
	柳条港	周庄	Ⅳ类	Ⅳ类	
	芦义沟	北关闸	Ⅳ类	劣V类	DO、COD_{Cr}、NH_3—N
	双狼沟	师范新村	Ⅳ类	劣V类	COD_{Cr}、NH_3—N
		护挡城	Ⅳ类	劣V类	DO、COD_{Cr}、BOD_5、NH_3—N
	重建沟	李桥	Ⅳ类	劣V类	DO、COD_{Cr}、BOD_5、NH_3—N
安徽	沱河	濠城闸	Ⅳ类	Ⅳ类	
		樊集河段	Ⅳ类	V类	COD_{Cr}
	架河引河	架河节制闸	Ⅲ类	Ⅳ类	COD_{Cr}
	澥河	方店闸	Ⅳ类	Ⅳ类	
		胡洼闸	Ⅳ类	Ⅳ类	
		大营镇河段	Ⅳ类	Ⅳ类	

续表 3-6

省份	河流或地区	断面名称	水质目标	现状水质	主要超标因子
安徽	严涧河	入高塘湖口处	Ⅲ类	劣Ⅴ类	COD_{Cr}、BOD_5、$NH_3—N$
	保丰沟	十里井村段	Ⅲ类	Ⅳ类	COD_{Cr}、BOD_5
	后家湖撇洪沟	天长市龙集乡	Ⅲ类	Ⅳ类	COD_{Cr}
	沂湖	天长市龙集乡	Ⅲ类	Ⅳ类	COD_{Cr}
	天河	天河闸	Ⅲ类	Ⅳ类	COD_{Cr}
	济河	龙河闸	Ⅳ类	Ⅳ类	
		济河闸	Ⅳ类	Ⅳ类	
	建南河	曾庄闸	Ⅲ类	Ⅲ类	
	便民沟	焦岗闸	Ⅲ类	Ⅲ类	
	水湖排涝沟	铁路桥处	Ⅲ类	劣Ⅴ类	$NH_3—N$
	港河	顾桥镇河段	Ⅳ类	Ⅳ类	
	大洪沟	固镇小蒋闸处	Ⅳ类	Ⅳ类	
	五河县大洪沟	洪一沟入怀洪新河处	Ⅳ类	Ⅳ类	
江苏	里运河	五叉河口	Ⅲ类	劣Ⅴ类	石油类
		周恩来读书故址	Ⅲ类	劣Ⅴ类	COD_{Mn}、$NH_3—N$
		延安路桥处	Ⅲ类	劣Ⅴ类	SS、COD_{Mn}、$NH_3—N$
		板闸	Ⅲ类	劣Ⅴ类	COD_{Mn}、$NH_3—N$、石油类
		小穿运洞	Ⅲ类	Ⅲ类	
	泰州工程区	五叉河闸站	Ⅲ类	Ⅴ类	BOD_5、石油类
		森南河闸	Ⅲ类	Ⅴ类	COD_{Mn}、DO、BOD_5、$NH_3—N$
		引江河	Ⅲ类	Ⅴ类	BOD_5
		鲍马河	Ⅲ类	劣Ⅴ类	COD_{Mn}、DO、BOD_5、$NH_3—N$
		泰东河	Ⅲ类	Ⅴ类	BOD_5
		苏红河	Ⅲ类	Ⅳ类	BOD_5
	盐城工程区	串场河防洪闸	Ⅳ类	Ⅴ类	BOD_5
		串场河西闸站	Ⅳ类	Ⅴ类	DO、BOD_5
		蟒蛇河防洪闸	Ⅳ类	Ⅴ类	BOD_5
	废黄河	铁路桥	Ⅳ类	劣Ⅴ类	COD_{Mn}、DO、BOD_5、$NH_3—N$
		李庄闸	Ⅳ类	劣Ⅴ类	COD_{Mn}、BOD_5、$NH_3—N$
		邓楼桥	Ⅳ类	Ⅴ类	BOD_5
山东	赵王河	105公路桥	Ⅲ类	劣Ⅴ类	COD_{Cr}、COD_{Mn}、BOD_5、$NH_3—N$、TN、TP、DO
		济鱼公路桥	Ⅲ类	劣Ⅴ类	COD_{Cr}、COD_{Mn}、BOD_5、$NH_3—N$、TN、TP、DO
	老万福河	清河桥	Ⅲ类	Ⅴ类	COD_{Cr}、COD_{Mn}、BOD_5、TN、DO
		鹿洼桥	Ⅲ类	Ⅴ类	COD_{Cr}、COD_{Mn}、BOD_5、TN、DO
	老运河微山段	斐口	Ⅲ类	劣Ⅴ类	COD_{Cr}、COD_{Mn}、BOD_5、$NH_3—N$、TN、TP、DO
		三河口	Ⅲ类	劣Ⅴ类	COD_{Cr}、COD_{Mn}、BOD_5、$NH_3—N$、TN、TP、DO

续表 3-6

省份	河流或地区	断面名称	水质目标	现状水质	主要超标因子
山东	龙拱河	济鱼公路桥	Ⅲ类	劣Ⅴ类	COD_{Cr}、COD_{Mn}、BOD_5、TN
		105公路桥	Ⅲ类	劣Ⅴ类	COD_{Cr}、COD_{Mn}、BOD_5、TN
	阴平河	4+900	Ⅲ类	劣Ⅴ类	COD_{Cr}、TN
		2+900	Ⅲ类	劣Ⅴ类	COD_{Cr}、COD_{Mn}、BOD_5、NH_3—N、TN
	越河	2+060	Ⅲ类	Ⅳ类	COD_{Cr}
		0+250	Ⅲ类	Ⅳ类	COD_{Cr}
	白马河	安子桥	Ⅳ类	劣Ⅴ类	TN、TP、DO
		小马头桥	Ⅳ类	劣Ⅴ类	COD_{Cr}、TN
	吴坦河	4+800	Ⅳ类	劣Ⅴ类	COD_{Cr}、COD_{Mn}、BOD_5、TN
		12+200	Ⅳ类	Ⅴ类	COD_{Cr}

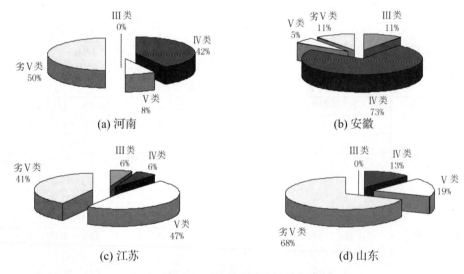

图 3-1 四省水质现状调查结果

（1）河南。河南项目区监测的 12 个断面中，可以满足水质目标的有 6 个，达 50%。个别河流由于接纳所流经县、乡的居民生活污水和部分工业废水，水质受到一定污染。小清河、杜一沟由于接纳平舆、上蔡两县的居民生活污水及工业废水，水质不能满足Ⅳ类水水质标准，超标因子主要是 DO、COD_{Cr} 和 NH_3—N；芦义沟、双狼沟、重建沟不能满足Ⅳ类水水质标准，超标因子主要是 DO、COD_{Cr} 和 NH_3—N，其超标除因为接纳沿河部分村镇生活污水外，还与其干流污染较为严重的贾鲁河、颍河的影响有关。

（2）安徽。安徽项目区监测的 19 个断面涉及河流、干沟、湖泊 16 条，可以满足水质目标的有 11 个，达 58%。从总体监测情况看，濉河洼地的濉河、西淝河下游洼地的济河水质能够满足《地表水环境质量标准》（GB 3838—2002）Ⅳ类水水质标准要求；沱河洼地的沱河水质不能满足Ⅳ类水水质标准要求；高塘湖洼地的严涧河、架河洼地的架河引河、八里河洼地的保丰沟、高邮湖洼地的后家湖撇洪沟、天河洼地的天河水质和沂湖水质均不能满足Ⅲ类水水质标准要求，主要超标污染因子是COD_{Cr}，其原因主要为沿岸居民的生活污水或水田退水影响。

（3）江苏。江苏项目区监测的 17 个断面中，可以满足水质目标的有 1 个，仅占 5.9%。淮安里运河总体水质较差，主要以氨氮和有机污染物为主，其原因一是产业结构落后，传统产业中化工等污染较重的中小企业仍然占一定的比重；二是淮安市水资源主要为过境水，其中淮河来水约占 70%，淮河上游水污染也是影响本区域水环境质量的因素之一；盐城工程区主要超标因子为 BOD_5，其余指标均可达水环境功能区要求；泰州工程区主要超标因子为 BOD_5、NH_3—N、COD_{Mn}、DO，其余指标均可达《地表水环境质量标准》（GB 3838—2002）Ⅲ类水水质要求；徐州工程区铁路桥处和李庄闸 NH_3—N 超标严重，水质较差的原因是由于监测期间徐州市区青年路桥施工，关闭了废黄河上游丁楼闸，使下游水体成为死水，废黄河下游河段（邓楼桥处）水质稍好。

（4）山东。山东项目区监测的 16 个断面中，全部不能满足水质目标要求，超标率 100%，总体水质较差。水中污染物主要为有机物，主要超标因子为 BOD_5、COD、TN 和 NH_3—N，其中老运河、老赵王河、龙拱河、阴平河、越河和白马河的各监测断面的各项指标都达不到水功能规划标准，超过Ⅲ类、Ⅳ类水水质标准；老万福河和白马河的各监测断面水质相对较好。

综上所述，本次研究在 4 省共监测了 64 个断面，涉及 45 个水体，可以满足水质目标的断面有 18 个，占全部监测断面总数的 28%；可以满足水质目标的水体有 7 个，占全部监测水体的 15.6%。总体来说，河南省的贾鲁河、颍河下游洼地的河流和山东项目区的河流水质较差，因接纳污水却无天然径流，枯水期雨水少，水质差；江苏、安徽项目区的河流水资源相对丰富，水体净化力较强，水质总体较好。

3.1.2　地下水环境质量现状调查与评价

本次研究通过收集项目区地下水已有观测资料及相关研究资料来对项目区地下水环境进行评价。

3.1.2.1　水文地质

工程区域地下水资源丰富，埋藏浅、分布广、易开发，水位变化幅度较小，埋深在 1～5 m。该区地下水位受气象因素影响明显，开采因素影响较小，与地质、地貌、水文条件有关系，流向与地面倾向相一致。

河南工程区地下水位埋藏较浅，水位变化幅度较小，埋深在 2～4 m。该区地下水位受气象因素影响明显，开采因素影响较小，为相对稳定型动态。1972 年以来的大部分时段，地下水位埋深在 1～4 m，汛期降水入渗水位回升，而后蒸发水位回落，水位曲线与降水曲线规律一致，水位变幅年内 1～2 m、年际 3～4 m，水位变化短周期为半年，长周期受气候影响长短不一。近 30 年来，水位除有小幅度的上下波动外，无明显的上升或下降趋势。

安徽工程区地下水资源丰富，埋藏浅、分布广、易开发。地下水埋深一般在 1～5 m。本区地下水动态特征受气候因素影响密切，并与地质、地貌、水文地质条件有着紧密联系，总的流向与地面的倾向相一致，即由西北流向东南，局部因地势不同，其流向也有所改变，高处地下水向低处汇集，洼地地下水向中心汇集。地下水位变化受大气降水和蒸发的影响，丰水季节地下水埋藏浅，上升明显，枯水季节水位逐渐下降，大约 1/3 的降水补给地下水，地下水水平线方向径流缓慢，蒸发强烈，形成"渗水—蒸发、陡升—缓降"的动态变化。本地区地下水主要靠大气降水渗入补给和冲淡作用，其化学成分形成了重碳酸盐类型弱矿化淡水。地下水与项目区河流水位的关系是：河水位高于两岸地下水时，河水侧向补给两岸；反之，逆向补给。

山东项目区地下水矿化度变化分为两个阶段：1979~1989 年，浅层地下水矿化度下降，由于这个时期地表水丰富，污染较轻，对浅层地下水开采，加快了地表水与浅层地下水循环，改善了浅层地下水水质，矿化度下降 0.5 ~ 1.8 g/L；1989~2001 年，地表河流干涸，多成排污通道，浅层地下水开采量增大，地下水矿化度转为升高 0.2 ~ 1.8 g/L，由于区内地下水开采导致地下水动力条件和水化学条件均发生很大变化，地下水的水化学类型产生变异，重碳酸和氯化物型水增加，变化趋势与矿化度相同。水中钙离子含量普遍下降，水中纳离子含量普遍增加。

3.1.2.2 地下水水质

河南、安徽、山东项目区浅层地下水水质总体较差，在调查的 69 个测点中，超标较多的项目有总硬度、溶解性总固体、挥发酚、亚硝酸盐、氨氮、氟化物、细菌学指标等，这些区域的浅层地下水只可作为农业用水和工业用水，不适宜作为生活饮用水。浅层地下水超标除与地表水污染有关外，还与农村居民自我环境保护意识不强有关，农村生活垃圾随意堆放，生活污水任意排放等，严重影响了人畜饮用水的安全。项目区目前正在污染较严重的地区实施农村饮水安全工程，项目区人居饮水安全可以得到逐步保障。三省项目区深层地下水质良好，均能达到 I~III 类水质标准。

江苏工程区地下水水质除部分地区细菌学指标超 III 类水外，其他污染指标均符合 I ~ II 类水水质标准，水质较好。

3.2 项目对水环境影响途径分析

3.2.1 项目对地表水环境影响途径分析

项目对地表水环境的影响主要在施工期，其影响途径概括起来包括两类：一类是施工生产、生活等废水排放，包括砂石料冲洗废水、机械修配含油废水、混凝土养护废水和基坑排水等；另一类是施工扰动，包括河道疏浚开挖扰动、导流扰动等。

3.2.1.1 施工生产废水

施工生产废水主要包括砂石料冲洗废水、混凝土浇筑和养护废水，这些废水主要成分为悬浮物（SS），砂石料冲洗废水中 SS 最大浓度一般在 20 000 ~ 90 000 mg/L，混凝土浇筑和养护废水中悬浮物浓度约为 5 000 mg/L，pH 值较高，为 11 ~ 12。

3.2.1.2 含油废水

含油废水主要指施工机械车辆冲洗维修排放的废水，该废水中主要污染物有石油类、COD_{Cr} 和悬浮物，一般情况下污染物浓度指标：COD_{Cr} 为 25 ~ 200 mg/L，石油类为 10 ~

30 mg/L，悬浮物为 500 ~ 4 000 mg/L。

3.2.1.3　施工生活污水

施工期施工人员生活污水一般集中产生于施工营地，间歇排放，生活污水中主要污染物有 COD、BOD_5、NH_3—N 和 TP 等，其中 COD 约为 600 mg/L、BOD_5 约为 500 mg/L，人均日排放 COD 为 0.06 ~ 0.12 kg，BOD_5 为 0.05 ~ 0.1 kg。

3.2.1.4　基坑排水

主要是河道疏浚工程分段打围堰，分段排除河道明水和河道地下渗水，项目施工期均选择在枯水期施工，基坑排水量较小。

3.2.1.5　河道疏浚

项目河道疏浚施工有干法疏浚和湿法疏浚两种方式，干法疏浚是在河道无水的情况下施工，不会对水环境产生影响，湿法疏浚开挖底泥将加速河底沉积物释放，会在短期内使水污染加重。

3.2.1.6　施工导流

本项目一般采用两种方式导流：一是本河道滩地导流，二是借助其他河道导流。在第二种方式下，若需导流的河道水质比借助导流的河道水质差，会对受纳水体水质产生不利影响。

3.2.2　项目对地下水环境影响途径分析

工程施工期对项目区地下水位产生影响，主要表现在干法河道疏浚对地下水位产生影响和冲填区开挖取土对地下水位产生影响；运行期内涝问题的改善，也会降低区域地下水位。

3.3　项目对水环境影响研究

3.3.1　项目对河道水文情势的影响

工程建成运行后，尤其是河道整治工程将对涉及河流的水文情势造成一定影响，其影响大致表现在以下几个方面：

（1）河道断面：河底挖深、河面拓宽，河道过流能力增加。

（2）流速：河道底泥、现有阻水建筑物及河道林等的清除，使河道水流畅通，河道流速增加。

（3）流向：基本不发生变化。

（4）流量：工程建设不会影响来水流量。

（5）水位：①疏浚工程的影响。在来水流量不变的情况下，疏浚工程实施后，水位将有所降低。②防洪涵闸及排涝泵站工程的影响。因本工程防洪涵闸及排涝泵站大多为在现有的基础上改扩建或重建，新建工程较少，防洪涵闸及排涝泵站的调度运行仍沿用现有方式，因此不会对河流现有水位产生较大影响。

（6）含沙量和冲刷淤积：底泥是河床的有机组成部分，是河道长期冲淤平衡的结果，疏浚工程实施后，河流含沙量将有所降低，泥沙冲淤将形成新的平衡。

综上所述，本工程对河流水文情势的影响主要为流速加快，河道过流能力增大，从而提高了河流的排涝能力，减轻了原来洼地内的涝水难以及时排除的压力，缓解了河道沿线地区旱时缺水、涝时积水的情况，提高了这些地区的抗旱排涝能力。

3.3.2　项目对地表水环境的影响

3.3.2.1　施工导流对地表水环境的影响

施工导流有本河道滩地导流和借助其他河道导流两种方式，同河道导流不会对地表水环境产生不利影响，借助其他河道进行导流的河流，可能会对水质相对较好的其他河流造成不利影响。

1.河南项目区

需要进行导流的均采用同河道导流方式，不会对地表水环境产生不利影响。

2.安徽项目区

河道疏浚工程需要导流的均采用原河道导流或通过其支流导入河道下游，不会对地表水环境产生不利影响。

部分建筑物工程施工需导流至其他河流，但借助其他河道进行导流的河流，其水质均好于被导入河流，加之施工导流选择在降水量较小的 10 月至翌年 4 月进行，此段时间内河道水量较小，需要导流的水量也较小，故本工程借助其他河道进行的施工导流不会对导流受纳水体造成不利影响。以西淝河下游洼地永幸河大站工程导流为例，导流施工拟将永幸河上游来水经港河导流至西淝河，据评价调查，永幸河水质优于港河和西淝河，施工导流的实施不会对港河、西淝河水质造成不利影响。

3.江苏项目区

需要进行导流的为废黄河治理工程，导流方式为上游来水通过丁万河分洪道排入不牢河，区间来水导入本河道下游，导流范围为李庄闸—程头橡胶坝，长度 25.2 km，施工导流选择在枯水期进行，需要导流的水量较小，且上游处于农村段，水质较好，达到《地表水环境质量标准》（GB 3838—2002）Ⅲ类标准，导流河段没有饮用水源地及其他水环境保护目标，因此本工程借助其他河道进行的施工导流不会对导流受纳水体造成明显不利影响。

4.山东项目区

在 14 条治理河道中，老运河、老万福河、小沙河、二支沟采用同河道导流方式，其余河道借助其他河道导流。山东项目区工程导流情况见表 3-7。从表 3-7 可以看出，采用借助其他河流导流的河道，除阴平沙河导流水体水质（Ⅳ类）较受纳水体二支沟（Ⅲ类）稍差外，其他河流的水体水质与导流河道水质相近或较好，不会对受纳水体的水质造成污染，但阴平沙河导流工程导流流量很小，仅为 3.0 m³/s，对二支沟水体造成的影响有限。

表 3-7　山东项目区工程导流情况一览

序号	地(市)	河道名称	导流河道	导流水流量 (m³/s)	导流水水质	导流河道水质	说明
1	济宁市	龙拱河	老赵王河	5.0	V类	>V类	
2		老赵王河	洙水河	5.0	V类	V类	
3		县区老运河	老运河	4.0	>V类	>V类	
4		老泗河	白马河	5.0	V类	>V类	
5		老万福河	排入鱼清河，排入下游老万福河	4.0	V类	该导流工程涉及的河流水质与老万福河水质相近	
6	枣庄市	东泥河	田间排水沟	3.37	V类		非汛期水量很少
7		新沟河	韩庄运河	6.0	V类	V类	
8		小沙河故道	小沙河	1.3	V类	V类	非汛期基本无水
9		阴平沙河	二支沟	3.0	IV类	III类	
10		二支沟	二支沟	8.1	III类	III类	
11		越河	韩庄运河				
12	临沂市	小沙河	小沙河	3.1	IV类	V类	滩地开挖导流明渠
13		白马河	沂河	5.4	V类	V类	
14		吴坦河	邳苍分洪道	7.1	V类	>V类	

3.3.2.2　施工疏浚扰动对地表水环境的影响

1.河南和山东项目区

均采用干法疏浚，不会对地表水环境产生扰动影响。

2.安徽项目区

濉河清沟以下河段河道、沱河濠城闸以下河段河道采用湿法疏浚，其余均采用干法疏浚。

施工疏浚河道基本处于农村区域，现状水质较好，监测结果显示疏浚底泥不存在重金属污染，因此河道疏浚扰动底泥只会使得短期内水体悬浮物有所超标，不会对水体水质造成较大不利影响。

以沱河下游沱河集闸—樊集 42.46 km 河段采用挖泥船水下施工疏浚为例，根据评价现状调查情况，沱河现状水质不能满足规划的 IV 类水水质标准要求，超标因子为 COD_{Cr}，但沱河底泥不存在重金属污染，工程施工将会使部分河段悬浮物超标，但该影响只会短期存在，工程完成后随即结束，河道疏浚扰动底泥不会对沱河造成较大不利影响。

3.江苏项目区

泰东河采用湿法疏浚，废黄河采用干法疏竣，泰州市河道疏浚采用泥浆泵吸运加挖掘机开挖方案。

为研究河道疏浚工程施工期间对水体中 SS 含量的影响，收集了条件类似的太浦河、望虞河施工期间 SS 含量变化实测数据进行类比分析，见表 3-8。

表 3-8　太浦河及望虞河河道疏浚及护岸中水体悬浮物含量的变化

河道	样点名称	施工中		施工后	
		采样时间(年-月-日)	含量(mg/L)	采样时间(年-月-日)	含量(mg/L)
太浦河	平望大桥	1995-07-18	77.0	1996-05-23	23.0
	黎里大桥	1995-07-18	80.0	1996-05-23	38.0
	芦墟大桥	1995-07-18	162.0	1996-05-23	23.0
望虞河	大桥角新桥	1995-07-18	84.5	1996-05-23	14.5
	甘露团结桥	1995-07-18	78.5	1996-05-23	18.0
	泄水桥	1995-07-18	105.0	1996-05-23	35.5

从表 3-8 可以看出，在施工中，水体中悬浮物浓度较高，实测值为 77~162 mg/L；但在施工后，悬浮物浓度可恢复正常水平，实测值为 14~38 mg/L。因此，工程施工中 SS 的影响是暂时的，施工过后，SS 的值会很快恢复正常。

3.3.2.3　基坑排水对地表水环境的影响

本工程基坑排水主要来自河道疏浚工程和建筑物工程，基坑排水主要为地下渗水和降雨，水质相对较好，不会对地表水环境造成污染。

3.3.2.4　混凝土工程施工废水对地表水环境的影响

混凝土工程施工过程中，将产生两方面的废水：一是混凝土骨料清洗时排放的含泥量高的施工废水，即砂石料冲洗废水；二是混凝土养护过程中排放的碱性废水。这两部分废水都是间歇排放，本项目混凝土工程施工废水排放情况见表 3-9。工程施工期间，混凝土施工废水日排放量相对较小，而且排放点较分散，采取一定的沉淀措施后排入水体对水质影响较小。以河南项目区混凝土废水影响为例：河南省混凝土工程主要是桥梁、涵闸、提排站的施工，特点是量小点多，由于混凝土工程主要集中在小洪河下游洼地，且都是小型的涵闸，单个工程混凝土养护废水排放量较小，表 3-10 给出沿淮洼地几个提排站混凝土养护废水排放量较大的点。以混凝土废水产生量较大的王大台新站（沿淮洼地）为例，废水产生量为 2 477 m³，施工期约为 1.1 年，每天排放废水量也较小，加上自然条件（大堤）的阻隔，也进入不了淮河干流，不会对水环境造成显著不利影响。

表 3-9　混凝土工程施工废水排放情况

省份	混凝土工程量（万 m³）	废水排放总量（万 m³）	主要污染物	排放方式
河南	6.19	9.29	砂石料冲洗废水 SS 一般为 3 000~5 000 mg/L；混凝土养护废水呈碱性，pH 值一般为 9~12	间歇排放
安徽	19.07	28.61		
江苏	45.45	68.18		
山东	2.56	3.84		
总计	73.27	109.92		

注：废水排放量按每立方米混凝土工程产生废水 1.5 m³ 计算，其中主要为砂石料冲洗废水，养护废水量较少。

表 3-10 河南项目区典型点混凝土养护废水排放量

施工点	混凝土（m³）	废水产生量（m³）
小集新站	1 613	2 420
王大台新站	1 651	2 477
刘小集新站	1 586	2 379
饮马港新站	1 254	1 881
张湾新站	1 250	1 875
韩港新站	1 276	1 914
刘寨新站	1 238	1 857

3.3.2.5 机械车辆维修冲洗废水对地表水环境的影响

施工期间，机械与车辆在维修清洗过程中会产生含油废水。根据施工组织设计，本工程施工机械和车辆的修理利用附近城镇已有的修配厂进行，施工现场仅考虑机械和车辆零配件的更换，因此施工区机械车辆维修冲洗废水量较小，采取废水隔油等处理措施后，废水排放对地表水环境的不利影响较小。

3.3.2.6 施工生活污水

施工生活污水主要来源于施工期进场的管理人员和施工人员的生活排水，生活污水主要来自施工人员餐饮污水、粪便污水以及洗浴废水等，主要污染物是 BOD_5 和 COD，本项目施工生活污水排放情况见表 3-11。

表 3-11 项目施工生活污水排放情况

省份	施工总工时（万个）	生活污水排放总量（万 m³）	施工高峰期人数（人）	施工高峰期日均废水排放量（m³/d）	主要污染物	排放方式
河南	358.81	5.38	2 575	309	BOD_5 COD	间歇排放
安徽	1 726.00	25.89	5 282	634		
江苏	2 369.21	35.54	4 136	496		
山东	276.14	4.14	5 800	696		
总计	4 730.16	70.95	—	—		

注：生活用水按人均日用水 150 L 计算，排污系数取 0.8。

工程大部分位于农村区域，施工生活营地主要布置在附近村庄，根据农村地区实际生活状况，粪便可作为农肥使用，餐饮污水应隔油处理后排入化粪池，严禁直接排入水体，洗浴水污染物浓度较低，可排入附近灌渠；部分位于城郊或穿城的工程，施工生活污水可排入城市地下排水管网。

工程分布分散，生活污水量较小，施工生活污水对地表水环境的影响随施工活动的结束而消失，属短期影响，在采取合理的处理措施后，生活污水对地表水环境影响较小。

以沱河洼地沱河疏浚工程为例来说明施工生活废水排放对水环境影响。沱河疏浚工程施工高峰期人数为 642 人，人均日排放 COD_{Cr} 为 0.06～0.12 kg，未处理前浓度一般为 300 mg/L。类比同类国内水利工程，由于沱河疏浚工程施工人员生活区较为分散，生活污水产生量较小，经适当处理后，浓度可降至 150 mg/L 以下，采用二维稳态水质模型研究该工程施工期生活污水排放对沱河影响，公式如下

$$c(x, y) = \exp\left(-K\frac{x}{86\,400u}\right)\left\{c_0 + \frac{c_p Q_p}{H(\pi M_y xu)^{1/2}}\left[\exp\left(-\frac{uy^2}{4M_y x}\right) + \exp\left(-\frac{u(2B-y)^2}{4M_y x}\right)\right]\right\}$$

式中　　$c(x, y)$——污染物质浓度，mg/L；

K——降解系数，1/d；

X——沿河道方向变量，m；

Y——沿河宽方向变量，m；

U——流速，m/s；

c_0——排污口上游污染物质浓度，mg/L；

Q_p——排污口废水排放量，m^3/s；

c_p——排污口废水排放浓度，mg/L；

H——平均水深，m；

M_y——横向混合系数，m^2/s；

B——河道水面宽度，m。

根据类比调查取沱河水流速 u=0.1 m/s，降解系数 K=0.1（1/d）。经计算分析，施工过程中生活污水排放对沱河水体的水质影响很小，在 100 m 处的水质浓度增量仅为 0.02 mg/L，所以施工人员生活污水不会对水体造成严重环境污染。

3.3.3　项目对地下水环境的影响

本工程将对地下水位产生一定的影响，对地下水质不会造成影响。

3.3.3.1　工程施工对地下水位的影响

工程施工对地下水位的影响主要来自河道疏浚工程。

河道疏浚施工分为干法施工和湿法施工两类，干法施工在非汛期进行，施工河道基本无水或水量很小。在该情况下，河流与周边地区地下水之间的补给关系是地下水补充河道，河道疏浚施工和施工排水会加大地下水渗出量，短期内将使河道两岸地下水位有所降低，但施工时间较短，对施工河道两岸地下水位影响较小。

湿法施工采用挖泥船作业方式，施工河段常年有水且水量较大，地表水位基本没有变化，对两岸地下水位不产生影响。

3.3.3.2　冲填区对地下水的影响

根据地质勘察报告分析，项目区地下水埋深较浅，因此冲填区若开挖不当，会造成水位差异，影响地下水正常的补给方式。冲填区示意图见图 3-2。

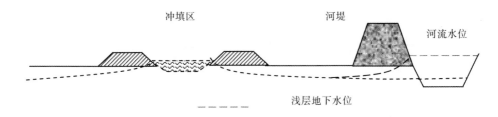

图 3-2　冲填区示意图

工程冲填区开挖取土不超过 2 m，类比同类工程可知，在冲填区使用中，由侧向渗漏影响的各段地下水比较缓慢，冲填区复耕后，水位差异将不复存在。加之冲填区为局部分布，因此冲填区不会对地下水位造成明显影响。

第4章　生态环境影响研究

项目区大部分位于农村区域，区内人口稠密，土地开发利用率高，是典型的农业开发利用区，以农业生态为主。因项目区附近涉及多个自然保护区及湿地，本次生态环境影响研究除考虑项目对陆生生态与水生生态的影响外，对项目对自然栖息地的潜在影响也做了重点研究。

4.1　项目区生态环境现状

4.1.1　项目区陆生生态系统现状

4.1.1.1　调查方法

项目区生态现状调查是在现场考察支持下，采用遥感（Remote Sensing，RS）技术进行的。调查过程如下：

(1)前期准备。在项目主要技术文件的支持下，确定用于生态制图的标准地形图和用于提取信息的同比例的 TM 卫星照片，并在对上述资料的研究分析中，确定现场考察线路，建立判读标志的地点，并做好考察人员、车辆及现场工作的其他准备。

(2)现状调查。在 RS 和全球定位系统（Global Positioning System，GPS）的支持下，现场建立判读标志，同时对是否有敏感的生态区域和生态问题进行调查。

(3)室内分析、判读。将现场调查成果和根据判译标志提供的信息进行识别、归类和分析研究。

(4)编绘草图。

(5)典型样区验证。

(6)汇总调查成果并绘制成果图。

4.1.1.2　土地利用现状

1.河南项目区土地利用现状

根据河南项目区土地利用现状调查结果，评价区各县是以农用耕地为主的利用格局，除信阳的潢川和淮滨耕地面积相对总面积较小外，其他 6 个县的耕地面积占总面积的比例均在 65%左右。林地面积所占比例较高，所涉及的大部分县植被覆盖率在 65%~75%，果树种植和水域也占一定比例，未利用土地面积较小，土地利用率在 98.0%~99.1%。以小洪河下游洼地为例，其土地利用现状见图 4-1。

2.安徽项目区土地利用现状

根据安徽项目区土地利用现状调查结果，评价区是以农用耕地为主的利用格局，耕地面积占总面积的比例均在 55%以上；评价区人口较为密集，城乡用地占有一定比例；林业用地较少，林业植被覆盖率在 1.9%~3.8%；评价区河道纵横，水域也占有一定比例；未利用土地面积较小，土地利用率在 92.4%~98.5%。项目区典型土地利用现状见图 4-2。

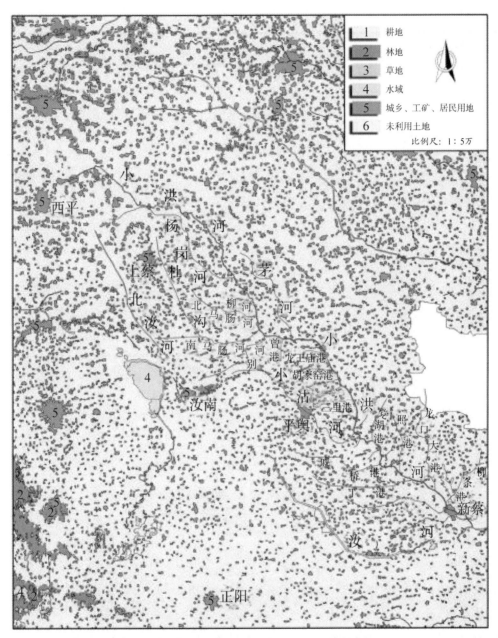

图 4-1　河南项目区小洪河下游洼地土地利用现状

3.山东项目区土地利用现状

项目区解译出以下 7 种土地利用类型，项目区土地利用现状见图 4-3。

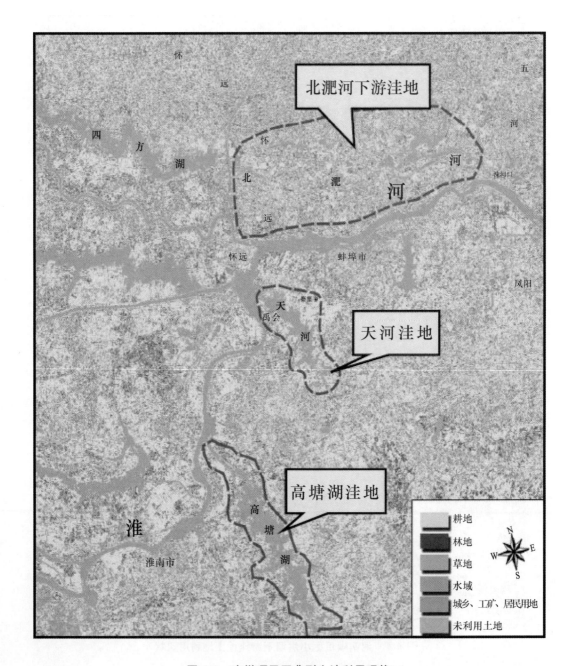

图 4-2　安徽项目区典型土地利用现状

1)河流、湖泊

河流、湖泊包括南四湖以及洼地治理工程包括的 14 条河流等。

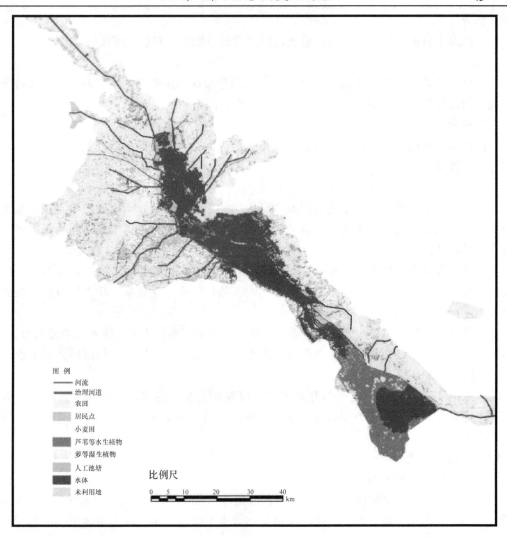

图例
河流
治理河道
农田
居民点
小麦田
芦苇等水生植物
莎等湿生植物
人工池塘
水体
未利用地

比例尺

0　5　10　　20　　　30　　　40
km

图 4-3　山东项目区典型区域土地利用现状

2)河漫滩地

河漫滩地是沿河流河漫滩分布，受季节性浸水或地下水影响而发育起来的隐域性植被，面积小且分布较分散，主要是由中生性禾草和杂类草组成的群落，由于生境湿润、水分条件良好，植被生长茂密，生产能力高，分布区域最广的为轮叶黑藻、蘩草、光叶眼子菜和金鱼藻。它们遍及施工区内的各个河段。

3)水生植被

施工区水生植被主要包括芦苇、轮叶黑藻、蘩草、光叶眼子菜、金鱼藻、微齿眼子菜、篦齿眼子菜、马来眼子菜、荇菜、菰、莲、芡和菱等。

4)人工池塘

人工池塘主要是一些呈有规则的几何形状的水体，是人们在沿河、湖周边地区发展水产养殖形成的。

5)居民地

居民地主要由房屋及固化地面组成，影像特征表现为蓝灰色规则斑块。

6)农田

农田为该地区主要的土地利用类型，大面积分布在河流两侧的平原地区，影像特征为规则的红色斑块，主要生长小麦、高粱、水稻等作物。

7)裸地

裸地影像色调为深兰色，分布在城镇周边地区，是人类生产活动开发造成的，分布较分散，数量不多。

4.江苏项目区土地利用现状

淮安里运河沿线两岸主要为农田及少量的民宅和零星企业。两岸陆域生态现状基本为人工种植的绿化树种，种类主要有柳、泡桐，还有部分农田，主要农作物为蔬菜等，没有珍稀物种。

泰州工程区内植被主要为农作物、林地、天然草地等，植被覆盖率在 60% 以上，区域内种植的主要农作物为小麦。林木基本为人工栽培护堤绿化林带，草类以自然生长的茅草为主。

废黄河沿岸林木植被主要是落叶乔木、灌木，乔木以杨树为主，灌木以紫穗槐为主，杨树、紫穗槐在沿线大量种植。草类以自然生长的茅草为主。项目建设区域主要为农业生态系统，生态环境良好。

泰东河工程区内土壤类型为发育于里下河湖相沉积物的水稻土和长江冲积物的潮土。土地利用现状与土壤类型有关，水稻土种植水稻、小麦或水稻、油菜轮作；潮土以旱作为主。

4.1.1.3　植被现状

1.河南项目区植被现状

河南项目区段在植物区划上属暖温带落叶阔叶林–黄淮海平原栽培植被区，由于人为活动强烈，区内几乎没有野生植被，植被类型以人工植被为主。区内主要植物群落类型有杨树村落林群落，杨树河道林群落，以泡桐为主的村落林群落，以椿树、榆树为主的村落林群落，草本植物群落，以小麦、玉米为主的农作物群落等。小洪河下游洼地和贾鲁河、颍河下游洼地植被分布以平原旱作物为主，新蔡、扶沟兼有少部分水田，种植有水稻等湿生作物；沿淮洼地植被分布淮滨县以平原旱作物为主，潢川县以平原水生农作物为主兼少量旱作物。所涉及的县植被覆盖率大多在 65% ~ 75%。河南项目区典型区域植被分布现状见图 4-4。

2.安徽项目区植被现状

安徽项目区以平原为主，位于华北地层区的南缘，项目区植被隶属于暖温带落叶阔叶林区域。由于长期的河水泛滥和人为活动影响，区内原始天然植被已不复存在，现存植被均为次生植被，且以人工植被为主。项目区典型区域植被实景见图 4-5。

3.山东项目区植被现状

农田为山东项目区主要植被群落，大面积分布在河流两侧的平原地区，主要生长小麦、高粱、水稻等作物。山东项目区农业植被分布现状见图 4-6。

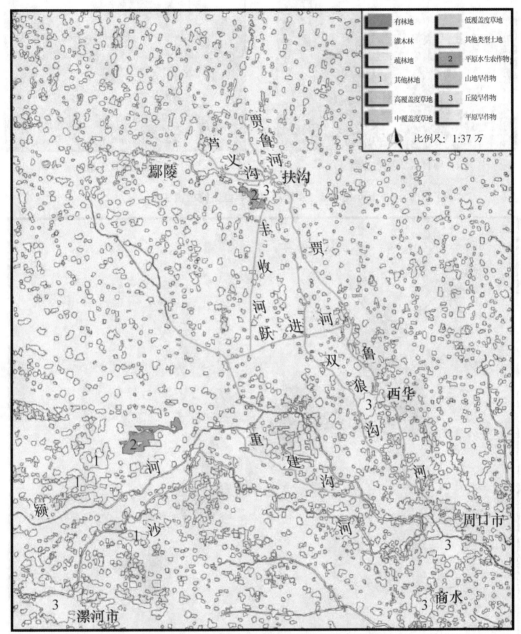

图 4-4　河南项目区典型区域植被分布现状

4.江苏项目区植被现状

淮安里运河沿线两岸主要为农田及少量的民宅和零星企业。两岸陆域生态现状基本为人工种植的绿化树种，种类主要有柳、泡桐，还有部分农田，主要农作物为蔬菜等。串场河防洪闸、串场河西闸站、蟒蛇河防洪闸各工程区陆生植物主要为人工种植树木。

（a）项目区典型农作物　　　　　　　　　　（b）项目区典型植被

图 4-5　安徽项目区典型区域植被实景

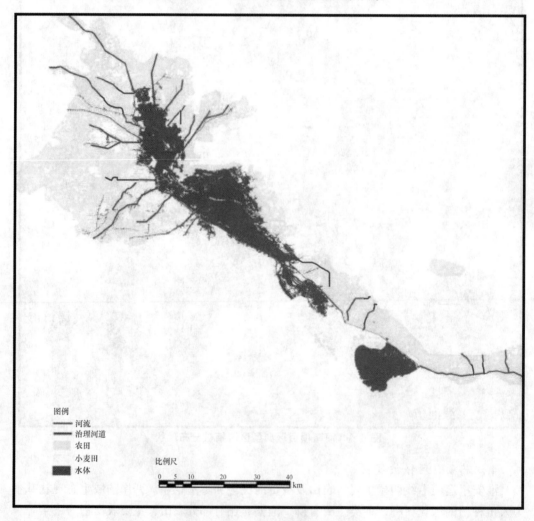

图 4-6　山东项目区农业植被分布现状

泰州工程区内植被主要为农作物、林地、天然草地等，植被覆盖率在 60% 以上，区域内种植的主要农作物为小麦。林木基本为人工栽培护堤绿化林带，草类以自然生长的茅草为主。

废黄河沿岸林木植被主要是落叶乔木、灌木，乔木以杨树为主，灌木以紫穗槐为主，杨树、紫穗槐在沿线大量种植。草类以自然生长的茅草为主。

泰东河工程区内种植水稻、小麦和油菜等主要作物。

4.1.1.4 陆生动物

项目区由于历史上农业开发较早，人口居住密度较大，人为活动频繁，野生动物较少，主要为人工养殖的家禽和家畜。以河南项目区为例，区内的动物属豫南常见种，区内动物种群基本情况如下。

两栖动物：有花背蟾蜍、北方狭口蛙、东方蝾螈、无斑雨蛙、大蟾蜍、金钱蛙等，大都分布在人工养殖的鱼塘里，河流由于水体污染，只有少量的两栖动物活动。

爬行动物：常见的有鳖、无蹼壁虎、蝘蜓、丽斑麻蜥、黄脊游蛇、白条锦蛇、水赤链游蛇等，最常见的是壁虎、草蛇、蝘蜓，生态幅较宽，适应性强，多分布在田间、林下、河岸、池塘边的草丛中。

鸟类：相对较多，有 36 科、93 属、173 种，常见的有池鹭、白鹭、白额燕鸥、四声杜鹃、家燕、黑卷尾、豆雁、大白鹭、赤麻鸭、绿头鸭、银鸥等。

家养类：家畜有牛、马、驴、骡、猪、羊、狗、猫、家兔等，家禽有鸡、鸭、鹅、鸽等。

野生兽类：多为一些小型兽类，并以啮齿类动物为主，如刺猬、大仓鼠、中华仓鼠、黑线姬鼠、黑线仓鼠、黄胸鼠等，其他兽类还有蝙蝠、夜蝠、野兔等。

4.1.1.5 水土流失

项目区地势平坦低洼，涉及河南、安徽、江苏、山东 4 省，地貌形态属平原区，地势变化不大，地面平整，坡降较缓，区内土壤结构疏松，林木植被稀少，人口增长较快，农业垦植指数高。水土流失主要发生在河道边坡，侵蚀类型主要为水力侵蚀，在粉砂段及堤防边坡等部位则为水力、重力复合侵蚀，水力侵蚀主要表现为面蚀、沟蚀。据调查，项目区无明显侵蚀，侵蚀强度为微度—轻度。

4.1.2 项目区水生生态系统现状

4.1.2.1 典型区域水生生态系统现状调查

本研究以山东项目区为例，选择具有典型性的三条河流进行生物调查。所选择的三条河流为老赵王河、老万福河和小沙河，前两条河每条河流选择两个断面，小沙河选择一个断面，调查项目有浮游植物、浮游动物、底栖大型无脊椎动物，对河流的大型植物进行定性调查，并与水产部门进行鱼类、水产等访问，采样后经室内鉴定分析，所得结果如下。

1.浮游植物

1)种类组成

本次调查发现浮游植物六门，即蓝藻门、隐藻门、硅藻门、裸藻门、绿藻门和甲藻门，共 33 种。其中以绿藻门种类最多，共 15 种，硅藻门 8 种，蓝藻门 4 种，隐藻门、裸藻门和甲藻门均为 2 种。

藻类在各河流中的种类分布情况有所不同，如表 4-1 所示。

表 4-1　藻类在各河流中的种类分布情况　　　　　　（单位:种）

河流	蓝藻	隐藻	硅藻	裸藻	绿藻	甲藻	合计
老赵王河	1	2	5	1	10	0	19
老万福河	3	2	4	2	10	2	23
小沙河	2	0	4	1	2	0	9

藻类种类在各河流中的分布可反映河流水体污染程度。种类多，说明水体污染较轻；种类少，说明水体污染较重。由此可知，在所调查的三条河流中，以老万福河藻类种类最多，说明老万福河水体污染相对来说比较轻，老赵王河和小沙河污染严重。

2)藻类细胞密度

藻类细胞密度也能反映水体污染状况，各河段藻类细胞密度分布情况如表 4-2 所示。

表 4-2　藻类细胞密度分布情况　　　　　　（单位：万个/L）

河段	蓝藻	隐藻	硅藻	裸藻	绿藻	甲藻	合计
老赵王河上游	1 496.5	6.66	19.98	13.32	13.32	0	1 549.78
老赵王河下游	0	34.58	4.32	1.33	15.96	0	56.19
老万福河上游	109.89	43.29	845.82	3.33	53.28	6.66	1 062.27
老万福河下游	0	96.57	399.6	3.33	323.01	6.66	829.17
小沙河	6.66	0	1 518.48	29.97	43.29	0	1 598.40

由表 4-2 可知，老赵王河与老万福河上游及下游藻类数量和细胞密度分布情况有所不同，即上游细胞密度大，下游细胞密度小，其主要原因是下游靠近南四湖，水体交换能力强，有机污染物稀释扩散，富营养物（数）含量有所降低，因而藻类细胞数减少，在老赵王河下游取样时，正值抽取河水灌溉时期，由湖内向河流抽水倒灌，大量湖水进入河流下游，因此老赵王河下游的藻类细胞数量大大降低。

总体来说，老赵王河藻类细胞密度最大，其污染程度也最严重，其次是小沙河，相对较轻的是老万福河。

虽然三条河流藻类细胞密度有所区别，但总体上老赵王河藻类细胞密度最大，其污染程度也最严重，其次是小沙河，相对较轻的是老万福河。

3)藻类优势种

各河流中藻类优势种分布如表 4-3 所示。

表 4-3　各河流中藻类优势种分布　　　　　　（单位：万个/L）

河段	颤藻	蓝隐藻	菱形藻	谷皮菱形藻
老赵王河上游	1 496.5			
老赵王河下游		34.58		
老万福河上游			526.14	
老万福河下游			289.71	
小沙河				1 505.16

由表 4-3 可知，各河流上、下游藻类优势种为颤藻、蓝隐藻、菱形藻、谷皮菱形藻，都是耐污染种类，它们在各河流中细胞数量最多，由此可知河流藻类以耐污染的种类为优势，说明水体污染比较严重。

2.浮游动物

1)种类组成

在三条河流中共发现浮游动物 4 大类，即原生动物、轮虫、枝角类和挠足类；共 27 种，其中原生动物 12 种，轮虫 7 种，枝角类 5 种，挠足类 3 种，如表 4-4 所示。

表 4-4　南四湖主要支流浮游动物种类、数量调查　　（单位：个/L）

类	种类	拉丁名	老赵王河上游	老赵王河下游	老万福河上游	老万福河下游	小沙河
原生动物	团脾睨虫	*Didinium nasutum*		600	900		600
	前管虫	*Frontonia sp*	2 100				3 300
	暗尾绿虫	*Uronema nigricans*	900		300		300
	草履虫	*Paramecium sp*	1 200	600			
	单环栉毛虫	*Didiniumbalbianii*	1 200	300			1 500
	斜管虫	*Chilodontopsis sp*	1 500			600	300
	急游虫	*Strombidium sp*	600	600		300	900
	裸口虫	*Holophrya sp*	3 600				2 400
	漫游虫	*Litonotus sp*		600		600	
	筒壳虫	*Tintinnidium sp*			2 400		
	杯状似铃壳虫	*Tintinnopsis cratera*			600	3 000	600
	平足蒲变虫	*Vannella platypodia*					
	小计		11 100	2 700	4 200	4 500	9 900
轮虫	螺形龟甲轮虫	*Keratella cochlearis*			300	300	
	腹足腹尾轮虫	*Gastropus hyptopus*			300		
	针簇多肢轮虫	*Polyarthra trigla*			600	1 200	
	小异尾轮虫	*Trichocerca pusilla*				300	
	曲脚龟甲轮虫	*Keratella valga*				300	
	裂足臂尾轮虫	*Brachionus diversicornis*				300	
	晶囊轮虫	*Asplanchna sp*			600		
	小计				1 800	2 400	
枝角类	蚤状	*Daphnia pulex*	3				
	平突船卵藻	*Scapholeberis mucronata*		2			
	裸腹蚤	*Moina rectirostris*		4	7	1	1
	长额象鼻蚤	*Basmina longirostris*					1
	短尾绣体蚤	*Diaphanosoma brachyurum*	2				
	小计		5	6	7	1	2

续表 4-4

类	种类	拉丁名	老赵王河上游	老赵王河下游	老万福河上游	老万福河下游	小沙河
挠足类	英勇剑水蚤	*Cyclops strenuus*			2		
	长尾刺剑水蚤	*Asanthocyclops longifurcus*				6	
	广布中剑水蚤	*Mesocyclops leuckarti*	5	6	5	5	2
	无节幼体		2	8	10	15	2
	小计		7	14	17	26	4
合计			11 112	2 720	6 024	6 927	9 906

浮游动物在三条河流中的分布状况如表 4-5 所示。

表 4-5　浮游动物在三条河流中的分布状况　　　　　（单位：个/L）

河流	原生动物	轮虫	枝角类	挠足类	合计
老赵王河	9	0	4	1	14
老万福河	7	7	1	3	18
小沙河	8	0	2	2	12

由表 4-5 可知，三条河流中浮游动物以老万福河的种类最多，老赵王河次之，小沙河种类最少。由浮游动物的种类分布也可知，老万福河污染较轻，稍好于其他两条河流。但三条河流都以耐污染种类最多，因此认为三条河流水体污染较为严重。

2）浮游动物数量

浮游动物数量也是衡量水体污染程度的一个指标，三条河流浮游动物数量见表 4-6。

表 4-6　三条河流浮游动物数量　　　　　（单位：个/L）

河流	原生动物	轮虫	枝角类	挠足类	合计
老赵王河上游	11 100	0	5	7	11 112
老赵王河下游	2 700	0	6	14	2 720
老万福河上游	4 200	1 800	7	17	6 024
老万福河下游	4 500	2 400	26	26	6 927
小沙河	9 900	—	2	4	9 906

由表 4-6 可知，浮游动物在各河段的分布主要以原生动物数量最多，老赵王河上、下游原生动物占浮游动物总数的 99%以上；老万福河上、下游原生动物占浮游动物总数的 64%以上；小沙河上、下游原生动物占浮游动物总数的 99.9%以上。

原生动物占优势的水体，污染是严重的，三条河流中，老万福河原生动物所占百分比低于其他两条河流，也说明老万福河水体好于老赵王河和小沙河。老赵王河下游浮游动物数量较低，并不是说老赵王河下游水体好，主要是由于取样时正值农田抽水灌溉，湖水倒流所致，总体来说，河流各断面浮游动物数量都很高，均达到富营养水平。

3.底栖大型无脊椎动物

老赵王河上、下游均未发现底栖动物，对取上来的底泥进行观察，底泥均为黑色，并散发出硫化氢的臭味，说明老赵王河底泥受到严重污染，底泥处于厌氧状态，不适宜底栖大型无脊椎动物生存。小沙河底泥中有少量底栖动物存在，如水丝蚓和水蝇幼虫，这两种底栖动物都是耐污染类型，说明小沙河水体也受到了较严重的污染。老万福河在所调查的三条河流中，为底栖动物较丰富的河流，底栖动物由寡毛类、水生昆虫和软体动物三大类组成，相对来说，老万福河水质优于老赵王河和小沙河，老万福河的底栖动物中，以寡毛类占优势，其数量可占底栖动物总数的75%，说明老万福河底质中也受到了污染。

底栖动物生产力估算：

在所调查的三条河流中，只有一条河流有软体动物存在，即老万福河上游有蚌类 180 g/m^2，下游有蚌类 170 g/m^2，平均为 175 g/m^2。老万福河的螺类上游为 0，下游为 263.32 g/m^2，平均为 131.66 g/m^2，蚌、螺合计为 306.66 g/m^2。

4.其他水生生物资源

1)水生维管束植物

调查的河流水生维管束植物分布主要有：

(1)挺水植物：分布在河道两侧，水深不超过 1 m，挺水植物根生在水底泥土中，植物体一部分埋在水中，大部分挺立于水面之上，主要种类有芦苇、香蒲和菰等。

(2)浮叶及浮水植物：主要种类是萍、莲、芡实、菱、两栖蓼等。

(3)沉水植物：主要有轮叶黑藻、蕨草、眼子菜、金鱼藻、苦草等。

根据历史资料和本次对三条河流的实地考察，各种生态类型的水生植物生物量估算如表 4-7 所示。

表 4-7　各种生态类型的水生植物生物量估算　　（湿重单位：g/m^2）

时段	沉水植物	浮叶、浮水植物	沉水植物	合计
春季	461	76	368	905
秋季	1 124	247	1 450	2 821

水生植物中的沉水植物、浮水及浮叶植物主要是鱼的饵料，挺水植物一部分为鱼的饵料，大部分由农民收割，用于其他经济活动，如编席、打箔等。

2)鱼类

南四湖地理分布上应属于华东区河海平原亚区类型。其区系组成介于黄河与长江之间，主要鱼的种类过去可达 70 多种，由于受到水体污染，河湖水利工程、水系变迁及人为过度捕捞等影响，近年鱼类种类有所下降，现在仅存 30 多种。

主要经济鱼类有鲤鱼、鲫鱼、黄颡鱼、乌鳢、红鳍鱼、鲌、长春鳊等，此外常见的还有鲶、鳑鲏、麦穗鱼、黄鳝、鲢鱼、鳙鱼、鲂、鳡、鲴、刺鳅、银鱼等。此次调查未发现受国家保护的珍稀物种。

根据有关资料，鱼类以水生饵料为主，包括浮游植物，大型维管束植物，浮游动物，底栖大型无脊椎动物以及菌类、水体中的腐屑等，由此推算，天然鱼生产潜力总计约为 21 kg/亩。

3)虾类

主要经济虾类有白虾、青虾、草虾、中华小臂虾，由于水位不定，各种虾产量也随之发生变动，白虾大幅下降，日本沼虾数量亦减，而中华小臂虾数量迅速增长，虾产量每亩为 1~2 kg。

4.1.2.2 项目区渔业资源现状调查

安徽、江苏项目区及山东南四湖渔业资源相对丰富，主要以水产养殖为主。水产养殖的主要品种为青鱼、草鱼、鲢鱼、鳙鱼、鲫鱼、鲤鱼、罗氏沼虾、青虾、河蟹、成鳖、牛蛙等。水产捕捞的主要品种为青鱼、草鱼、鲢鱼、鳙鱼、鲫鱼、青虾、河蟹及龙虾等。项目区内目前主要以定居型鱼类为主，没有列入国家保护名录的珍稀及濒危鱼类。

4.1.3 项目区自然栖息地现状

4.1.3.1 自然栖息地概况

项目区工程施工不涉及自然保护区、湿地，但由于本次工程涉及面广，可能对项目区附近的自然保护区、湿地产生潜在影响。

研究依据《全国自然保护区名录》、《中国重要湿地名录》、《河南省淮滨淮南湿地省级自然保护区总体规划》、《安徽省自然保护区名录》、《安徽省重点湿地名录》、《南四湖自然保护区可研报告及有关文件汇编》、《南四湖生态环境现状调查》等资料，结合实地考察，筛选出与本项目存在水力联系及在项目区附近的自然栖息地，这些自然栖息地与工程的关系及基本情况如下：

1.河南淮滨淮南湿地自然保护区

河南淮滨淮南湿地自然保护区位于北纬 32° 15′ ~32° 38′ 与东经 115° 10′ ~115° 35′，位于淮滨境内的淮河及支流白露河、乌龙港、兔子湖、方家湖一线；于 2001 年 12 月批准设立，属淮滨县林业局主管；总面积 3 400 hm^2，其中核心区面积 2 000 hm^2，缓冲区面积 1 000 hm^2，试验区面积 400 hm^2。核心区和缓冲区主要是保护珍稀鸟类和各种野生动物及其赖以生存的栖息环境，保护湿地生态系统的完整性，开展科学研究。

本次工程位于保护区周边，不在保护区范围之内。但工程涉及淮河干流和其部分支流，汛期提排水最终均入淮河干流。

2.河南宿鸭湖湿地自然保护区

河南宿鸭湖湿地自然保护区位于驻马店市东 20 km 处，淮河支流洪汝河水系汝河干流上，是以防洪为主，灌溉、养殖、发电等综合利用的平原水库。

工程距保护区 5 km 以外，与保护区无水力联系。

3.安徽沱湖自然保护区

安徽沱湖自然保护区位于安徽省五河县西北部，面积 30 000 hm^2，是安徽沿淮地区具有代表性的河迹洼地湖泊，是重要的河蟹养殖基地。目前水质为Ⅲ类，平均水深 1.5 m，最深达 3 m；沱湖北接沱河，湖盆主要接纳沱河、唐河来水，经潼潼河注入洪泽湖，水系较简单，水位主要受降水影响。

工程位于保护区上游，距保护区 12 km，部分工程涉及沱湖的主要支流。

4.安徽八里河自然保护区

安徽八里河自然保护区位于安徽省颍上县，面积 18 100 hm^2，核心区面积 4 100 hm^2，包括八里河湖泊和唐垛湖，缓冲区面积 3 500 hm^2，试验区面积 10 500 hm^2；主要保护对象为珍稀水禽及生境。八里河位于淮河和颍河交汇处，是颍河支流；核心区常年水位 19.5 m，高于周围的颍河、淮河；水源主要是天然降水，承接周围 483 km^2 的来水。

工程位于保护区上游，距保护区 15 km。部分工程涉及八里河支流的支沟、支渠。

5.安徽高塘湖湿地

安徽高塘湖湿地位于安徽省凤阳、长丰、淮南交界处，面积 13 300 hm²，平均水位 17.5 m，丰水位 23.3 m，枯水位 16.8 m，平均水深 4 m，最大水深 7 m；湿地通过窑河闸、窑河与淮河相通，为一天然蓄水湖。主要保护对象为珍稀水禽及生境；主要功能为灌溉、养殖、调蓄洪水。

工程位于湿地上游，部分工程在湿地范围内。

6.安徽焦岗湖湿地

安徽焦岗湖湿地位于安徽省凤台县、颖上县交界处，面积 6 666.7 hm²，平均水位 16.2 m，丰水位 18.0 m，枯水位 15.0 m，最大水深 4.0 m，水质为 Ⅱ~Ⅲ 类；焦岗湖是淮河中游北岸的一级支流，位于正阳关附近，南临淮河，是凤台县特种水产品养殖基地。保护对象为水禽及栖息地。

工程大部分位于湿地下游，部分工程在湿地范围内。

7.高邮湖湿地

高邮湖湿地属于江苏、安徽共有，其中属安徽天长境内的约 70 km²，目前江苏省境内的高邮湖湿地已列入中国重要湿地名录，安徽省境内的高邮湖–沂湖湿地是安徽省规划拟建自然保护区，面积 66 300 hm²，高邮湖由淮河和许多小河供水，淮河水通过三河闸泄入高邮湖，为淮河入江水道，然后经新民滩、邵伯湖入江，沟通淮河和长江两大水系，平均水深 3~5 m。

工程位于湿地上游，距湿地约 30 km。

8.山东南四湖自然保护区

南四湖自然保护区地处山东西南黄河冲积平原和山东中南山地两斜面交接带的低洼地区，是历史上黄河侵夺泗水后形成的河迹洼地湖。最大水域面积 1 266 km²，平均水深 1.46 m，最大湖容量 53.6 亿 m³；属淮河流域泗水水系，入湖河流 53 条，总汇水面积 31 680 km²，多年平均入湖径流量 29.60 亿 m³。目前，水资源年度和季节分布不平衡，水位变化大，经常出现干枯现象；入湖河流水质污染日趋严重，稀释自净能力差；泥沙淤积加上围湖造田和生产建设导致湖面不断萎缩，沼泽化日趋严重；人类活动频繁，捕捞强度大，造成鱼虾产量急剧减少，水禽数量和种类减少。

工程位于保护区上游和下游，部分工程涉及南四湖支流和支流的支沟，最近的工程位于自然保护区试验区的边界。

9.江苏大丰麋鹿自然保护区

江苏大丰麋鹿自然保护区位于江苏省盐城市，总面积 78 000 hm²，其中核心区面积 2 668 hm²，缓冲区面积 2 220 hm²，试验区面积 73 112 hm²。目前已被世界湿地组织列入国际重要湿地名录，成为永久性受保护的国际重要湿地。鹿群总数已由 1986 年引进的 39 头增至 706 头，在滩涂上的野生放养麋鹿已达 41 头。

工程距保护区约 90 km，与保护区无水力联系。

10.江苏盐城丹顶鹤自然保护区

江苏盐城丹顶鹤自然保护区位于江苏省盐城市，沿黄海海岸，跨东台、大丰、射阳、滨海、响水五县沿海滩，全长 582 km，面积 243 000 hm²。1983 年建立，是中国第一个也是最大的海洋湿地自然保护区。保护对象为丹顶鹤。

工程距保护区 90 km 以外，与保护区无水力联系。

11.江苏溱湖湿地公园

江苏溱湖湿地公园位于里下河水网腹地，长江、淮河两大水系交汇处，是喜鹊湖的一部分，其用水取自喜鹊湖，是 2003 年 12 月经江苏省林业局批准设立的省级湿地公园，2005 年 1 月被批准为国家 AAA 级旅游区。目前保护区拥有植物 113 种，野生动物 73 种，其中麋鹿、丹顶鹤和扬子鳄为国家一级保护动物。

工程距湿地公园约 2.5 km，与其无水力联系。

工程涉及的自然栖息地见附图 2。

4.1.3.2 自然栖息地物种资源

1.河南淮滨淮南湿地自然保护区

根据资料显示，保护区内有各种鸟类 128 种，其中国家重点保护鸟类 42 种，东方白鹳、金雕和大鸨等 3 种为国家一级保护鸟类。有兽类 13 种，两栖爬行类 19 种，如水獭、大灵猫等为国家重点保护动物。昆虫类已经标本鉴定的有 700 多种，已知有高等植物 1 073 种。

保护区中省级重点保护动、植物名录见表 4-8。

表 4-8　河南淮滨淮南湿地自然保护区中省级重点保护动、植物名录

中文物种名	拉丁名	河南省保护等级	中文物种名	拉丁名	河南省保护等级
东方白鹳	*Ciconia boyciana*	Ⅰ级	灰背隼	*Faleo columbarius*	Ⅱ级
金雕	*Aquila chrysaetos*	Ⅰ级	红脚隼	*Falco vespertinus*	Ⅱ级
大鸨	*Otis tarda*	Ⅰ级	红隼	*Falco tinnunculus*	Ⅱ级
白鹳	*Ciconia ciconia*	Ⅰ级	白冠长尾雉	*Syrmaticus reevesii*	Ⅱ级
黑鹳	*Ciconia nigra*	Ⅰ级	斑尾鹃鸠	*Macropygia unchall*	Ⅱ级
白头鹤	*Grus monacha*	Ⅰ级	小鸦鹃	*Centropus toulou*	Ⅱ级
赤颈䴙䴘	*Podiceps grisegena*	Ⅱ级	红角鸮	*Otus scops*	Ⅱ级
白琵鹭	*Platalea leucorodia*	Ⅱ级	雕鸮	*Bubo bubo*	Ⅱ级
黄嘴白鹭	*Egretta eulophotes*	Ⅱ级	领鸺鹠	*Glaucidiun brodiei*	Ⅱ级
小苇鳽	*Lxobrychus minutus*	Ⅱ级	斑头鸺鹠	*Glaucidium cuculoides*	Ⅱ级
大天鹅	*Cygnus cygnus linnaeus*	Ⅱ级	长耳鸮	*Asio otus*	Ⅱ级
小天鹅	*Cygnus columbianus*	Ⅱ级	短耳鸮	*Asio flammeus*	Ⅱ级
鸳鸯	*Aixgalericulata*	Ⅱ级	领角鸮	*Mammalia*	Ⅱ级
雀鹰	*Accipiter nisus*	Ⅱ级	纵纹腹小鸮	*Athene noctua*	Ⅱ级
苍鹰	*Accipiter gentilis gentilis*	Ⅱ级	鹰鸮	*Ninox scutulata*	Ⅱ级
黑鸢	*Milvus milgrans*	Ⅱ级	草鸮	*Otus spilocephalus*	Ⅱ级
凤头蜂鹰	*Pernis ptilorhynchus*	Ⅱ级	白额雁	*Anser albifrons*	Ⅱ级
赤腹鹰	*Accipiter soloensis*	Ⅱ级	灰鹤	*Grus grus*	Ⅱ级
白腹山雕	*Aquila fasciata*	Ⅱ级	水獭	*Lutra spp.*	Ⅱ级
白尾鹞	*Circus cyaneus*	Ⅱ级	拉步甲	*Carabus (coptolabrus) lafossei*	Ⅱ级
鹊鹞	*Circus melanoleucos*	Ⅱ级	大灵猫	*ViVerra zibetha*	Ⅱ级
白腿小隼	*Microhierax melanoleucos*	Ⅱ级	银杏	*Ginkgo bilola*	Ⅱ级
燕隼	*Falco subbuteo*	Ⅱ级	天麻	*Gastrodia elata Bl*	Ⅲ级

2.安徽省自然栖息地

安徽省自然栖息地鸟类资源情况见表 4-9，安徽八里河和沱湖自然保护区水鸟名录见表 4-10。

表 4-9 安徽省自然栖息地鸟类资源情况

自然栖息地	鸟类资源概况
沱湖自然保护区	共有水鸟 70 种 按季节型划分有留鸟 1 种，夏候鸟 12 种，冬候鸟 24 种，旅鸟 29 种 按受胁等级划分有全球濒危种 1 种，全球易危种 6 种 按保护级别划分有国家Ⅰ级重点保护野生动物 3 种，国家Ⅱ级重点保护野生动物 6 种
八里河保护区	共有水鸟 24 种 按季节型划分有留鸟 1 种，夏候鸟 3 种，冬候鸟 13 种，旅鸟 7 种 按受胁等级划分有全球极危种 1 种，全球濒危种 1 种，全球易危种 2 种 按保护级别划分有国家Ⅰ级重点保护野生动物 4 种，国家Ⅱ级重点保护野生动物 1 种
高塘湖湿地	有越冬水鸟 8 种，除豆雁、绿头鸭和小鸊鷉的数量较多外，其余各种水鸟的数量都很少，没有见到全球受胁物种和国家重点保护野生水鸟
焦岗湖湿地	有越冬水鸟 7 种，除小鸊鷉外，其余各种水鸟的数量都很少，未发现全球受胁物种和国家重点保护野生水鸟
高邮湖湿地	有越冬水鸟 23 种，安徽境内湿地数量多的有罗纹鸭和白骨顶，数量较多的有赤颈鸭、大白鹭、小白鹭、斑嘴鸭、苍鹭和红头潜鸭等，安徽境内湿地范围内未发现全球受胁物种和国家重点保护野生水鸟

表 4-10 安徽八里河和沱湖自然保护区水鸟名录

中文物种名	拉丁名	八里河	沱湖	居留型	BirdLife (2004)	中国红皮书 (1998)	国家保护级别
小鸊鷉	*Tachybaptus ruficollis*			留鸟			
凤头鸊鷉	*Podiceps cristatus*			旅鸟			
卷羽鹈鹕	*Pelecanus crispus*			旅鸟	易危(VU)		Ⅱ级
普通鸬鹚	*Phalacrocorax carbo*			旅鸟			
苍鹭	*Ardea cinerea*			冬候鸟			
池鹭	*Ardeola bacchus*			夏候鸟			
牛背鹭	*Bubulcus ibis*			夏候鸟			
大白鹭	*Egretta modesta*			冬候鸟			
小白鹭	*Egretta garzetta*			夏候鸟			
中白鹭	*Egretta intermedia*			冬候鸟			
夜鹭	*Nycticorax Nycticorax*			夏候鸟			
黄斑苇鳽	*Ixobrychus sinensis*			夏候鸟			
栗苇鳽	*Ixobrychus cinnamomeus*			夏候鸟			
东方白鹳	*Ciconia boyciana*			旅鸟	濒危(EN)	濒危(E)	Ⅰ级

续表 4-10

中文物种名	拉丁名	八里河	沱湖	居留型	BirdLife (2004)	中国红皮书 (1998)	国家保护级别
黑鹳	*Ciconia nigra*			旅鸟		濒危(E)	Ⅰ级
白琵鹭	*Platalea leucorodia*			旅鸟		易危(V)	Ⅱ级
豆雁	*Anser fabalis*			旅鸟			
小天鹅	*Cygnus columbianus*			旅鸟		易危(V)	Ⅱ级
赤麻鸭	*Tadorna ferruginea*			冬候鸟			
针尾鸭	*Anas acuta*			冬候鸟			
绿翅鸭	*Anas crecca*			冬候鸟			
花脸鸭	*Anas formosa*			旅鸟	易危(VU)		
罗纹鸭	*Anas falcata*			冬候鸟			
绿头鸭	*Anas platyrhynchos*			冬候鸟			
斑嘴鸭	*Anas poecilorhyncha*			冬候鸟			
赤膀鸭	*Anas strepera*			冬候鸟			
赤颈鸭	*Anas penelope*			冬候鸟			
白眉鸭	*Anas querquedula*			旅鸟			
琵嘴鸭	*Anas clypeata*			旅鸟			
红头潜鸭	*Aythya ferina*			旅鸟			
凤头潜鸭	*Aythya fuligula*			旅鸟			
斑背潜鸭	*Aythya marila*			旅鸟			
青头潜鸭	*Aythya baeri*			旅鸟	易危(VU)		
鸳鸯	*Aix galericulata*			旅鸟		易危(V)	Ⅱ级
鹊鸭	*Bucephala clangula*			旅鸟			
斑头秋沙鸭	*Mergellus albellus*			旅鸟			
普通秋沙鸭	*Mergus merganser*			旅鸟			
白鹤	*Grus leucogeranus*			旅鸟	极危(CR)	濒危(E)	Ⅰ级
灰鹤	*Grus grus*			旅鸟			Ⅱ级
白头鹤	*Grus monacha*			旅鸟	易危(VU)	濒危(E)	Ⅰ级
白枕鹤	*Grus vipio*			旅鸟	易危(VU)	易危(V)	Ⅱ级
红胸田鸡	*Porzana fusca*			旅鸟			
白胸苦恶鸟	*Amaurornis phoenicurus*			夏候鸟			
董鸡	*Gallicrex cinerea*			夏候鸟			
黑水鸡	*Gallinula chloropus*			夏候鸟			
白骨顶	*Fulica atra*			冬候鸟			
大鸨	*Otis tarda*			冬候鸟	易危(VU)	易危（V）	Ⅰ级
水雉	*Hydrophasianus chirurgus*			夏候鸟			
黑翅长脚鹬	*Himantopus himantopus*			冬候鸟			
反嘴鹬	*Recurvirostra avosetta*			冬候鸟			
普通燕鸻	*Glareola maldivarum*			旅鸟			
凤头麦鸡	*Vanellus vanellus*			冬候鸟			
灰头麦鸡	*Vanellus cinereus*			夏候鸟			

续表 4-10

中文物种名	拉丁名	八里河	沱湖	居留型	BirdLife (2004)	中国红皮书 (1998)	国家保护级别
灰斑鸻	*Pluvialis squatarola*			旅鸟			
长嘴剑鸻	*Charadrius placidus*			旅鸟			
金眶鸻	*Charadrius dubius*			旅鸟			
环颈鸻	*Charadrius alexandrinus*			旅鸟			
白腰杓鹬	*Numenius arquata*			旅鸟			
鹤鹬	*Tringa erythropus*			冬候鸟			
青脚鹬	*Tringa nebularia*			冬候鸟			
林鹬	*Tringa glareola*			旅鸟			
白腰草鹬	*Tringa ochropus*			冬候鸟			
矶鹬	*Tringa hypoleucos*			冬候鸟			
针尾沙锥	*Gallinago stenura*			旅鸟			
扇尾沙锥	*Gallinago gallinago*			冬候鸟			
丘鹬	*Scolopax rusticola*			冬候鸟			
青脚滨鹬	*Calidris temminckii*			旅鸟			
黑腹滨鹬	*Calidris alpina*			旅鸟			
西伯利亚银鸥	*Larus vegae*			冬候鸟			
红嘴鸥	*Larus ridibundus*			冬候鸟			
须浮鸥	*Chlidonias hybridus*			夏候鸟			
白翅浮鸥	*Chlidonias leucopterus*			旅鸟			
白额燕鸥	*Sterna albifrons*			旅鸟			

注：表中符号"+"表示有分布，"Ⅰ级"为国家重点Ⅰ级保护野生动物，"Ⅱ级"为国家重点Ⅱ级保护野生动物。

3.山东南四湖自然保护区

1)鸟类种群及其分布

南四湖湿地共有鸟类 207 种（其中水禽 81 种），其中有国家一级保护鸟类 2 种，二级保护鸟类 20 种，山东省有重点保护鸟类 135 种，在《濒危野生动植物国际贸易公约》中受保护鸟类 29 种，列入《中国与日本保护候鸟及栖息环境协定》中 109 种，列入《中国与澳大利亚保护候鸟及其栖息环境协定》中 25 种。南四湖自然保护区主要保护鸟类名称及特性如表 4-11 所示。

2)鸟类生存现状分析评价

（1）生境多样性减少，但仍能维护一定种群数量的鸟类生存。

南四湖地区人口众多，自然保护区被众多城镇和乡村包围和嵌入，区域整体生境人工化、破碎化、岛屿化正在严重发展，其中对自然保护区威胁最大的是湖区围垦强度不断增大，人工渔塘发展过快以及湖滨带的洼地由于长年脱水而形成农田；沿南四湖城镇人口 60 余万人，大量的生产、生活污水排入湖区，南四湖水质不断恶化并影响了湖泊生物组分的数量、结构和空间分布。

表 4-11　南四湖自然保护区主要保护鸟类名称及特性

国家保护级别	目别	科名	中文名	拉丁名	居留状况	分布	数量
I 级	鸨形目	鸨科	大鸨	*Otistarda*	冬	南四湖	极少
	鹳形目		白鹳	*Ciconia boyciana*		南四湖	极少
II 级	雁形目	鸭科	白额雁	*Anser albifrons*	旅	南四湖	少
			大天鹅	*Cygnus cygnus*	冬	南四湖	少
			小天鹅	*Cygnus colmbianus*	冬旅	南四湖	极少
			鸳鸯	*Aix galericulata*	旅	南四湖	极少
	隼形目	鹰科	鹰	*Accipitridae*	旅	鲁山、独山	少
			苍鹰	*Accipitergentilis*	旅	鲁山、林场	少
			白尾鹞	*Circus cyaneus*	旅	鲁桥	少
		隼科	白头鹞	*Circus aeruginosus*	旅	微山、鲁桥	少
			红隼	*Falco tinnunculus*	留	微山、鲁桥	少
			燕隼	*Falcosubbuteo linnaeus*	旅夏	微山、鲁桥	少
			游隼	*Falcoperegrinus tunstall*	旅	南阳湖	少
			红脚隼	*Falco vespertinus*	旅夏	邹县	少
	鸻形目	鹬科	小杓鹬	*Numenius borealis*	旅	南四湖	少
	鸮形目	鸱鸮科	长耳鸮	*Asiootus Long-earedOwl*	冬	鲁山	较少
			短耳鸮	*Asio flammeus*	旅	鲁山	较少
			红角鸮	*Otus scops*	夏	微山、鲁桥	较少
			纵纹腹小鸮	*Athene noctua*		微山、鲁桥	少
			鹛鸮	*Aquila pennata*	留	鲁山	少
	隼形目	夜鹰科	普通夜鹰	*Caprimulgus indicus*	夏	微山、鲁桥	少

　　南四湖鸟类资源中最脆弱的当属食肉类猛禽和需要多生境的大型候鸟。猛禽对生境多样性要求十分严格，一般营巢在林地，而捕食在开阔的湿地沼泽和广阔的水面上。南四湖湖泊水体除特殊干旱年份外仍然十分广阔，如 2003 年 4 月 TM 卫星数据显示，尽管是枯水季节，但水体面积仍在 200 km² 以上，这在北方干旱区域是十分难得的，但由于湖泊萎缩，滨湖的低山丘陵和沼泽湿地受到人类强烈干扰，天然林地破碎化、岛屿化严重，许多猛禽营巢繁殖的基本条件在逐步丧失，所以尽管湖泊提供给猛禽的食饵还十分丰富，但生境多样性降低使这些鸟类繁殖和育幼的条件弱化，因此从濒危种群类型来分析，隼形目、鸮形目猛禽数量在急剧减少，种群灭绝的可能性最大。1986 年的鸟类调查中，大小天鹅仅有 23 只，大鸨有 130 余只，而猛禽的数量还较多，近年由于缺少调查资料而无法定量评价。

　　(2)湖泊生物总量大幅度下降，将危及食物链上所有生物的生存，而受保护动物首当其冲。

　　根据对湖泊生物总量的多年监测分析可知，南四湖湖泊自然系统的光合作用产生的生物总量已由 1976 年的 60.27 万 t 降到了 2003 年的 29.44 万 t（指春季枯水季节），下降幅度为 51.15%，损失的生物量以每年 1.4%的速度递增。光合作用产生的植被净生产力虽然尚维持在本底幅度范围内，但生物总量的减少却削弱着食物链金字塔结构的基础，这是十分危险的，持续下去将威胁到食物链上所有生物的可持续生存和发展。

（3）自然生境减少和人工干扰加剧，使鸟类栖息范围被压缩，其中敏感脆弱种受影响最大。

南四湖尽管仍维持着较大面积水域，但人的活动已无处不在，而且频次增加，干扰程度加重，人类的干扰活动以捕鱼为主，航运也是一种重要的干扰因素。现场调查可知，在丰水的 2004 年春季距湖滨 5~10 km 范围内多已被围垦和修筑养鱼池，航道两侧为湖民船只拥塞，有些地方已建有学校、饭店和固定居住地，由于前些年干旱，尤其是 2002 年大旱，湖区内只有航道蓄有水体，且呈不连续状，浅湖区（指水深 0.5~1.0 m）地带多为农田、鱼塘，并形成人工林带，树种为湿生的杨、柳等，而湖周地区少见天然成片的林地。

由此可以认为，湖区生境人工化和单一化趋势严重。而生境多样性的减少和人工化趋势的加重，使鸟类栖息和繁衍发生困难。1976 年和 2003 年春季湖区土地利用统计数字显示，水体由 414.6 km² 减少为 282.5 km²，2003 年水体面积仅是 1976 年的 68.1%，而湖区内围垦的农田由 1976 年的 124.1 km² 增加为 2003 年的 289.3 km²，增幅达 133.1%，鱼塘由 1976 年的 6.0 km² 增加到 2003 年的 99.2 km²，增长 16.5 倍。尽管 2003 年春季仍呈 2002 年大旱的现状，但湖区景观组分中天然组分的减少、破碎化和岛屿化是一种生态衰退的趋势，由此影响鸟类生存，尤其是国家重点保护鸟类的生存。

（4）我国重要生境保护基地。

南四湖自然生境被挤压占用了许多，但由于现状湖泊水体仍较大，且生境多样性仍较丰富，仍是华北地区面积最大的淡水湖泊，湿地是我国三大基因集结地之一，生物多样性的丰富程度仍是北方重要的自然保护地域之一，具有重要的保护价值。

现场调查可见，尽管天然林在减少，栖息生境类型受到影响，但现有人工林带上鸟巢众多，为猛禽择木而栖提供了条件，加之湖泊仍存在巨大面积的环湖陆生生境、湖滨带生境、挺水植物带、浮叶植物带、沉水植物带等湖泊生境，还有一些岛屿存在，多样性的生境提供着数量巨大的光合作用产物，是植食类、鸟类、鱼类、水生生物和陆生动物重要的食物来源，同时也给食肉类和杂食类鱼及鸟类提供了数量巨大的食物来源，因此，在南四湖地区鸟类资源丰富，各种候鸟、留鸟随处可见，这种丰富的生境类型是国家重点保护鸟类生存、繁衍的基础，尽管近年没有做过详细的鸟类调查，但还没有证据说明南四湖重点保护的鸟类种类已经灭绝，南四湖仍然是我国重要的生境保护基地之一，也是重要的基因库之一。

3)主要保护鸟类生态习性

上述项目涉及的自然栖息地主要保护鸟类生态习性见表 4-12。

表 4-12　项目涉及的自然栖息地主要保护鸟类生态习性

名称	生态习性
东方白鹳	常在沼泽、湿地、塘边涉水觅食，主要以小鱼、蛙、昆虫等为食。性宁静而机警，飞行或步行时举止缓慢，休息时常单足站立。繁殖期主要栖息于开阔而偏僻的平原、草地和沼泽地带，特别是有稀疏树木生长的河流、湖泊、水塘，以及水渠岸边和沼泽地上，有时也栖息和活动在远离居民区，具有岸边树木的水稻田地带。冬季主要栖息在开阔的大型湖泊和沼泽地带
金雕	多栖息于高山草原和针叶林地区，平原少见。性凶猛而力强，捕食鸠、鸽、雉、鹑、野兔，甚至幼麝等。繁殖期在 2~3 月，多营巢于难以攀登的悬崖峭壁的大树上，为留鸟
大鸨	喜栖息于草原岗坡、洼地或盐碱空地，多成群活动，体重 10~15 kg，食性杂，以植物为主，也吃各种昆虫，为候鸟
白鹳	喜栖于有树的开阔沼泽、芦苇、池塘和浅水地区。筑巢于水域附近的高大树上，主要食物为鱼、蛙、昆虫等，也捕食一些小型啮齿类动物，为候鸟
黑鹳	栖息于河流沿岸、沼泽山区溪流附近。涉水取食鱼、蛙、蛇和甲壳动物
白额雁	栖息于湖泊或沼泽湿地，主要以湖草为食，也吃些谷物和农作物的菜、叶，为候鸟
大天鹅	栖息于湖泊、水库及沼泽湿地，每年 3 月中旬至 4 月中旬北迁，9 月中旬南迁，为候鸟
小天鹅	栖息在湖泊、水库和沼泽湿地中，主要的食物为水生植物的根、茎等，也吃水生昆虫、蠕虫、螺类和小鱼，为候鸟
鸳鸯	栖息于山涧溪流、湖泊、沼泽、水塘等水域中，喜群居，以草籽、橡子及水生生物等为食，5 月中旬进入繁殖期，筑巢于水边大树洞里，属候鸟，3 月迁至北方，9 月下旬南迁
苍鹰	多栖息在针叶林、阔叶林和杂木林一带，以鼠、斑鸠、野兔为食，在森林中高大乔木上营巢
白尾鹞	常见于农田、草原、湖沼、河谷、湖滨及林缘等开阔地区，以鼠类和小鸟为食，巢营造于地面，巢材以灌木枯枝、水草为主
燕隼	常栖息于林间和田间疏林中，捕食昆虫和小鸟，5~6 月繁殖，自己很少营巢，大都占用其他鸟类旧巢
红脚隼	在林区开阔地带、田间、草地处较常见，食物以昆虫为主，也吃蜥蜴和小鸟，繁殖期在 4~5 月，常利用喜鹊旧巢，有时在乔木顶端营巢
长耳鸮	常栖息于山地森林中，也见于林边，四旁的林地或乔木上，白天停留在树枝上，夜间活动，以金龟子、甲虫、蝼蛄、鼠类为食，营巢于杂草沙丘、沼泽地面
短耳鸮	多栖息在林缘、沼泽地、草甸草地中，多在夜间活动觅食，白天也见在草丛中活动，食物以鼠类为主，也吃昆虫，营巢于地面草丛
红角鸮	夜间觅食，食物以昆虫为主，有时也捕食小鼠，营巢于树洞中

4.2　项目生态环境影响途径分析

工程区域内人口密度大，土地利用率高，是我国重要的粮、棉、油产地；同时，项目区地处平原，地势平坦低洼，是流域内最为低洼的地方，也是洪涝灾害易发区。本工程属于非污染生态类项目，工程主要分河道工程和建筑物工程，其中河道工程包括河道疏浚、堤防加固和护岸工程，建筑物工程包括涵闸、桥梁及排涝站等的建设和改造。本工程的主要生态正效益体现在减少项目区内洪涝灾害造成的生态损失，创造一个安全稳定的生产、生活环境，但工程建设也将对项目区生态环境产生短期不利影响。本研究在生态环境现状调查和工程特点分析的基础上，对工程生态环境影响途径进行初步分析，详见表 4-13。

表 4-13　工程生态环境影响途径分析

影响源	影响对象	影响方式	影响性质和程度
工程施工	河道疏浚 料场取土 施工人员活动	水生生态 陆生生态 水土流失 自然栖息地	河道疏浚扰动水体、挖掘底泥，对水生生物和水生生态系统造成不利影响 料场取土、施工场地平整、施工道路修筑、施工营地兴建、弃土弃渣等施工活动影响陆生生态，造成植被损毁和水土流失 靠近自然栖息地的施工活动可能直接或间接对自然栖息地造成不利影响	短期不利影响，施工结束随之消失或施工结束后一段时间可以恢复 通过采取一定的环境保护措施可以减免和降低不利影响
工程占地	永久占地 临时占地	土地资源	永久占地导致土地利用方式改变、耕地数量减少、农业生产受损等不利影响 临时占地造成植被破坏、耕地退化等不利影响	为取得工程效益所付出的资源代价和环境代价
工程运行	区域防洪除涝能力提高	社会环境水文情势	工程实施后将提高防洪除涝标准，减少洪涝灾害，保护区域生态安全	长期有利影响

4.3　生态环境影响

4.3.1　陆生生态影响

4.3.1.1　工程对土地资源的影响

1.永久征地影响

永久征地包括堤防工程占地、河道疏浚工程占地、建筑物及管理建设占地和移民安置占地等，土地征用将导致土地利用方式改变、耕地数量减少、土壤肥力下降、农业生产受损等不利影响。本工程永久征地共 17 829.53 亩，占地类型主要包括耕地、园地、鱼塘和其他用地，工程永久征地各土地类型统计见表 4-14。

表 4-14　工程永久征地各土地类型统计　　　　　　　　（单位：亩）

省份	合计	耕地				园地	鱼塘	其他	说明
		水田	旱田	水浇地	菜地				
河南	565.87	519.98				29.89	4.30	11.70	
安徽	7 090.51	1 271.71	3 703.31	—	—	—	178.65	1 936.84	集体土地
江苏	8 805.56	3 384.24	1 153.77	562.22	115.47	111.03	741.42	2 737.41	集体土地
	200.64	58.90	17.50	—	7.60	2.80	16.10	97.74	国有土地
山东	1 166.95	130.05	175.33	817.93	7.17	1.50	—	34.97	集体土地
合计	17 829.53	11 925.18				145.22	940.47	4 818.66	

注：其他用地类型：河南省指宅基地；安徽省指农田水利用地、灌溉水塘、农村道路、建设用地（宅基地和水利设施用地）、荒地以及河滩地；江苏省指其他非农业用地。

从表 4-14 可以看出，项目永久征用耕地及园地共 12 070.40 亩，约占永久征地总面积的 67.70%。工程永久征地将减少项目区耕地，对农业生产产生不利影响，增加土地承载力。

但由于本工程永久征地较为分散，主要为河道两侧，呈带状分布，征用的耕地占项目区总耕地资源的比重较小，详见表 4-15。

表 4-15　工程永久征用耕地影响程度

省份	项目区现有总耕地面积(万亩)	永久征用耕地及园地面积(亩)	影响程度
河南	303.45	549.87	0.02%
安徽	356.50	4 975.02	0.14%
江苏	480.92	5 413.53	0.11%
山东	142.55	1 131.98	0.08%
合计	1 283.42	12 070.40	0.09%

因此，工程永久征地对项目区土地资源的影响相对较小，可以通过改善农业结构、提高土地生产力、开发后备土地资源等方法，减缓耕地减少带来的不利影响。

2.临时占地影响

工程临时占地包括取土区占地、弃土区占地和施工临时占地（施工道路、施工场地、施工营地）等，临时占地将导致植被破坏、耕地退化等不利影响。本工程临时占地共 45 443.09 亩，占地类型主要包括耕地、园地、鱼塘和其他用地，其中占用的耕地和园地占临时占地总量的 84.23%，工程临时占地各土地类型统计见表 4-16。

表 4-16　工程临时占地各土地类型统计　　　　　　　　（单位：亩）

省份	合计	耕地				园地	鱼塘	其他	说明
		水田	旱田	水浇地	菜地				
河南	3 694.10	3 483.80				210.30	—	—	
安徽	24 692.50	20 237.10				—	187.40	4 268.00	
江苏	14 071.96	8 219.74	1 786.89	366.20	1 117.55	10.50	1 275.93	1 295.15	集体土地
	648.04	359.61	108.54	—	26.30	13.00	138.70	1.89	国有土地
山东	2 336.49	838.02	867.31	629.90	0.76	—	—	0.50	
合计	45 443.09	38 041.72				233.80	1 602.03	5 565.54	

1)取土区占地影响分析

取土区占地类型多为耕地和河滩地,虽然取土占地会影响农业生产,但工程结束后即可复耕,影响是暂时的。而且工程结束后提高了耕地抵御洪涝灾害的能力,复耕后加强管理,农作物生产力可以恢复到原有水平甚至会提高。考虑到工程施工后取土区的复耕,研究建议取土深度不应超过 2.0 m。

2)弃土区占地影响分析

弃土区占地类型主要为耕地,弃土弃渣占地会在短时期内对当地的土地利用及农民生产生活造成一定影响,在工程施工结束后应及时采取土地复耕措施,减缓施工临时占地对区域土地利用及农业生产的影响。

3)施工临时占地影响分析

施工临时占地主要包括施工场地、施工营地和施工道路等占地,该部分土地或被硬化、或被建材污染、或被反复碾压,将降低土壤生产力,给复耕带来困难;但如果实现收集表土,施工结束后及时覆土平整,仍可复耕。

从以上分析可以看出,在做好占地补偿以及复耕措施的基础上,临时占地对土地资源的影响是可以接受的。

3.工程运行对土地资源的影响

工程运行后,由于区域防洪除涝能力的提高,项目区内遭受洪涝灾害的面积减少。据设计部门计算统计,本工程实施后,项目区内多年平均除涝减灾面积约99.41万亩,多年平均防洪减灾面积约 40.49 万亩,详见表4-17。

表 4-17   工程运行减灾面积统计

省份	工程永久占地面积(亩)	多年平均除涝减灾面积(万亩)	多年平均防洪减灾面积(万亩)
河南	565.87	27.34	—
安徽	7 090.51	42.40	15.20
江苏	9 006.20	6.29	2.01
山东	1 166.95	23.38	23.28
合计	17 829.53	99.41	40.49

从表 4-17 可以看出,工程以 1.782 953 万亩土地的占压,换取 139.90 万亩土地免遭洪涝灾害损失,效益十分显著。因此,工程运行将降低洪涝灾害对项目区土地资源的危害,提高土地资源的利用率。

4.3.1.2   工程扰动原地貌对陆域生态系统的影响

工程建设过程中,大量的机械和人员进入以及工程占地、取土、弃土、临时压占地都会对原地貌造成扰动。破坏植被,形成局部裸露地表,导致局部农田生产力下降,水土流失加剧,影响局部陆域生态系统良性循环。

本工程扰动陆域生态系统面积为 3 684.9 hm^2,其中耕地 3 452.73 hm^2,林草地 160.70 hm^2,园地 16.01 hm^2,滩地 55.46 hm^2(见表 4-18)。本次治理淮河流域重点平原洼地总面积 1 065 923 hm^2,陆域扰动面积仅占 0.35%,且分散于四省,即各工程扰动陆域面积相对较小,由此引起的植被破坏也有限。所以,只要在工程施工期采取相应的绿化措施,施工后宜耕复耕、宜林植林、宜草种草，可使原有土地利用类型和陆域生态环境得到有效恢复。

表 4-18　工程扰动地貌情况

区域	扰动面积（hm²）				
	耕地	林草地	园地	滩地	合计
河南洼地	266.92	—	16.01	—	282.93
安徽洼地	1 680.81	—	—	51.39	1 732.20
江苏洼地	1 272.00	160.70	—	—	1 432.70
山东洼地	233.00	—	—	4.07	237.07
合计	3 452.73	160.70	16.01	55.46	3 684.90

注：以上数据仅指对陆域生态系统的扰动，"—"表示未统计或无此项。

4.3.1.3　工程对陆生动物影响

动物以植物群落为其栖息和取食的场所，工程建设在其影响植被的同时，也将会对动物的栖息和取食产生一定的影响。

1.兽类

施工会对小型野生兽类造成一定的影响，如开挖河道破坏了一些动物（如仓鼠、刺猬、野兔等）的栖息地，使它们被迫迁移。此外，施工的噪声、灯光、废水、废气也是其迁离的重要原因。但由于兽类活动能力很强，活动范围较大，工程施工又是分段局部进行，只会使其迁徙到别处，而不会造成数量和种类的减少。

2.两栖动物

河道工程施工期间，对于工程区域附近活动的两栖动物（如青蛙、蟾蜍等），特别是处于冬眠期的两栖动物，在挖土时极易受到伤害，从而引起两栖动物量的相对减少。但由于施工分段进行，工期相对较短，工程对部分两栖类动物的影响是暂时的，短期内即可恢复。

3.鸟类

施工期间，施工机械噪声对部分鸟类会产生一定影响，但因区域可供栖息范围较广，鸟类可自行飞离施工区回避影响，且施工停止，影响消失。

4.珍稀野生动物

由于该地区人类活动频繁，河道周边以农田和人类聚居地为主，不存在大型野生动物和保护物种。

4.3.1.4　工程对水土流失影响

（1）工程建设扰动原地貌、土地及植被面积为 5 127.23 hm²，其中河道开挖、堤防占压和弃土扰动地表总面积为 3 845.84 hm²，占工程扰动地表总面积的 75%。工程建设损坏水土保持设施面积为 763.61 hm²，占扰动地表总面积的 14.9%。

工程扰动原地貌和破坏水土保持设施面积总量较大，但工程比较分散，总体来讲，对项目所在区域水土流失影响不大，对工程建设区影响较大。

（2）工程建设产生水土流失总量为 174.295 8 万 t，弃土区将产生水土流失量 94.633 2 万 t，占总流失量的 54.29%，河道、堤防边坡开挖将产生水土流失量 45.05 万 t，占总流失量的 25.85%。

因此，工程水土流失的产生主要发生在弃土区以及河道开挖区，尤其是弃土和堆垫边坡是水土流失的主要策源地，应作为重点防治区。

（3）水土流失量主要产生在施工期，因此在施工期间应加强施工管理，采取有效的防治措施；同时，落实"三同时"制度，及时实施水土保持方案，实行建设监理制，严格验收制度，充分发挥工程效益。

（4）根据水土流失强度和总量预测情况，重点监测时段应安排在汛期和施工高峰期，重点监测区段为弃土（石、渣）场和各开挖面。

4.3.2　水生生态影响

本项目建筑物和堤防工程对水生生态的影响较小，对水生生态的影响主要来自河道疏浚工程。

4.3.2.1　对河流水质的影响

施工活动和施工废水排放会使施工河道水质受到一定影响，导致水体 SS 浓度增加，部分河流水质变差。施工截流、导流等将造成水流的非连续性，将动水环境改变成静水环境，使水体溶解氧浓度降低，河流自净能力降低。但这些影响是可逆的、暂时的，施工完成后影响因素消失，河流水体环境功能和生态功能短期内即可恢复。工程运行后，由于河水流速加快，河流自净能力将增强，水质将得到一定的改善，河流生物量将有所增加，生物多样性将得以保护。

4.3.2.2　对水生生物的影响

河道疏浚施工主要分干法施工和湿法施工两种，干法施工采用筑围堰截断河道后进行疏浚开挖，对水生生态的不利影响较大，施工河段原有的水生生物基本上全部被破坏，但由于安排在枯水期施工，原有河道内水量较小或基本无水，而且项目区没有珍稀濒危水生生物，工程运行后，水生生态可以得到恢复，因此该影响是可以承受的。以下研究主要针对采用挖泥船湿法疏浚的水生生态影响进行分析。

1.浮游植物

施工期间，挖泥船扰动将使水体悬浮物增加，水体透明度下降，不利于藻类光合作用，在一定程度上影响浮游植物的生长和繁殖，但随着施工结束，该影响即可消失。工程运行后，河流水质得到恢复和改善，浮游植物量将在短期内得到恢复和提高。

2.浮游动物

施工期间，挖泥船扰动使藻类光合作用受到影响，水体第一生产力下降，由于生态食物链的传递，也影响到第二生产者浮游动物的生长力，故工程施工会导致河流浮游动物数量暂时减少。

3.底栖动物

清淤造成了底栖动物生境的破坏，特别是对一些行动迟缓、底内穴居及滤食性动物的生存构成极大威胁。施工期间，浮游植物生物量的减少，通过食物链传递造成底栖动物生产力降低；施工期生活、生产污水造成河流水质下降，影响底栖动物的生存状况，可能使底栖动物耐污种数量增加，其他种数量下降。

　　工程运行后，河流底质物理条件逐步恢复，水质得到改善，这将恢复和提高底栖动物的生存环境，底栖动物的数量、生物量将得到逐步恢复。

　　4.对鱼类的影响

　　1）对鱼类生长的影响

　　施工期水体 SS 增加在一定程度上影响鱼类的生长和渔业的产量。据研究，当悬浮物浓度小于 25 mg/L 时，对渔业产量没有影响；当悬浮物浓度为 25~80 mg/L 时，可以维持良好或中等的渔业生产；当悬浮物浓度为 80~400 mg/L 时，良好的渔业产量受到影响；当悬浮物浓度大于 400 mg/L 时，对渔业生产影响严重。根据类比工程分析，工程施工期间水体产生的悬浮物浓度在 80 ~ 160 mg/L，对鱼类生长造成一定的影响。但这种影响是可逆的，施工停止后一般短期内即可恢复，并且施工区面积相对流域面积较小，影响程度和范围较小。

　　此外，河道的疏浚、撇洪沟及排涝干沟的扩挖影响和破坏了浮游植物、浮游动物及水生维管束植物生存状况，鱼类得不到充足的饵料，将影响鱼类的生存和产量；施工生产、生活废污水的排放造成河流水质下降，也将影响鱼类的生长。

　　2）对鱼类洄游的影响

　　项目区内水利工程建设频繁，在此项目实施前，其他水利工程建设已改变了该水域的水文条件，使鱼类的种类组成和种群数量发生不同程度的变化，鱼类区系已趋于单一，没有典型受保护洄游性鱼类以及珍稀濒危鱼类，主要的渔业对象是定居性鱼类。在安徽项目区和江苏项目区内，工程涉及的河段内主要为鲤鱼、鲫鱼等经济鱼类，没有典型洄游性鱼类；在河南项目区和山东项目区内，由于涉及的河流水质相对较差，鱼类种类较少，均为经济性鱼类，没有国家及地方重点保护物种，没有典型受保护的洄游性鱼类。

　　综上所述，施工对水生生物的生长造成了一定程度的影响和破坏，但由于施工大部分在枯水期进行，工期相对较短，涉及的河流大多数是小河流、沟渠，枯水期水量很小或无水，单个工程量较小。所以，这种影响和破坏是暂时的、局部的、可逆的，不会对水生生物造成较大不利影响。工程完工后，施工干扰消失，水体流速增加，水质改善，整个河流生态环境将会有大的改善，更有利于水生生物的生长、繁殖和栖息。

4.3.2.3 对河岸带的影响

　　河岸带是指高低水位之间的河床及高水位之上直至河水影响完全消失的地带，具有廊道功能、缓冲带功能和护岸功能。堤防加固、河道疏浚等工程的土方开挖、施工场地平整、弃土弃渣对河岸带的破坏和影响较大，详见表4-19。

表 4-19　工程对河岸带的影响

影响对象	施工期	运行期
河岸植被	局部植被破坏	2~3年后植被恢复
生物入侵	不会造成生物入侵	河岸植被修复采用本土植物，不会引起生物入侵
水土流失	造成水土流失	植被护坡，植被恢复，水土流失得到控制
河岸稳定性	改变河岸稳定性	河岸稳定性逐步得到加强
防洪标准	无影响	防洪标准提高
景观效果	局部景观被破坏	河岸带景观恢复

4.3.3　自然栖息地影响

4.3.3.1　工程与自然栖息地的关系分析

工程区域内主要自然栖息地与工程的关系分析见表 4-20。

表 4-20　工程区域内主要自然栖息地与工程的关系分析

省份	自然栖息地名称	位置关系	水力关系	关系分析
河南	淮滨淮南湿地自然保护区	工程位于保护区周边不在保护区范围内	部分工程涉及淮河干流及其部分支流	保护区内无工程有水力联系
	宿鸭湖湿地	工程区附近（位于汝南）工程距保护区 5 km 以外	无水力联系	工程区附近保护区内无工程无水力联系
安徽	沱湖自然保护区	工程位于保护区上游工程距保护区 12 km	部分工程涉及沱湖的主要支流	保护区内无工程有水力联系
	八里河自然保护区	工程位于保护区上游工程距保护区 15 km	部分工程涉及八里河支流的支沟、支渠	保护区内无工程有水力联系
	高塘湖湿地	工程位于湿地上游部分工程在湿地范围内	部分工程位于湖周部分工程涉及湖支流的支沟	湿地内有工程有水力联系
	焦岗湖湿地	工程位于湿地下游部分工程在湿地范围内	部分工程位于湖周部分工程涉及出湖支流	湿地内有工程有水力联系
	高邮湖湿地	工程位于湿地上游工程距湿地 30 km	部分工程涉及高邮湖支流及其支沟	湿地内无工程有水力联系
江苏	大丰麋鹿自然保护区	工程区附近（位于盐城）工程距保护区 90 km 以外	无水力联系	工程区附近保护区内无工程无水力联系
	盐城丹顶鹤自然保护区	工程区附近（位于盐城）工程距保护区 90 km 以外	无水力联系	工程区附近保护区内无工程无水力联系
	溱湖湿地公园	工程距湿地公园 2.5 km	无水力联系	工程区附近公园内无工程无水力联系
山东	南四湖自然保护区	工程位于保护区上游和下游最近的工程位于自然保护区试验区的边界	部分工程涉及南四湖支流及其支沟	保护区内无工程有水力联系

因此，按工程与自然栖息地的位置关系和水利关系划分，可将工程区域内的自然栖息地划分为三类：第一类为自然栖息地内有工程；第二类为自然栖息地内无工程但与工程有水力联系；第三类为虽在工程所涉及的地域内，但自然栖息地内无工程且与工程无水力联系。

工程涉及的自然保护区分类情况详见表 4-21，以下将对第一类和第二类保护区或湿地进行影响分析，不再对第三类保护区或湿地进行分析。

表 4-21　工程涉及的自然保护区分类情况

类别		自然栖息地名称	省份	说明
第一类	自然栖息地内有工程	高塘湖湿地	安徽	部分工程位于湖周 部分工程涉及湖支流的支沟
		焦岗湖湿地	安徽	部分工程位于湖周 部分工程涉及出湖支流
第二类	自然栖息地内无工程但与工程有水力联系	淮滨淮南湿地自然保护区	河南	部分工程涉及淮河干流及其支流
		沱湖自然保护区	安徽	部分工程涉及沱湖的主要支流
		八里河自然保护区	安徽	部分工程涉及八里河支流的支沟、支渠
		高邮湖湿地	安徽	部分工程涉及高邮湖的支流及其支沟
		南四湖自然保护区	山东	部分工程涉及南四湖支流及其支沟
第三类	保护区或湿地内无工程与工程无水力联系	宿鸭湖湿地	河南	工程对其无影响
		大丰麋鹿自然保护区	江苏	
		盐城丹顶鹤自然保护区	江苏	
		溱湖湿地公园	江苏	

4.3.3.2　工程施工对自然栖息地的影响

研究借鉴自然保护区、湿地评价指标体系，通过对主要关注指标（①入湖水量、水质；②鱼类洄游；③水禽栖息；④珍稀濒危物种；⑤自然性；⑥生态功能和经济价值）的影响来研究工程施工对自然栖息地的影响。

1.安徽项目对所涉及湿地和自然保护区的影响

安徽项目涉及的湿地和自然保护区较多，各湿地和自然保护区涉及的工程情况见表 4-22。

1）对入湖水量、水质的影响

研究从工程涉及的河流、河流入湖泊湿地水量占汇入湖泊总水量的大概比例、施工方式以及施工季节（枯水期）4 个方面出发分析施工期对入湖水量、水质的影响。

（1）高塘湖湿地。

高塘湖洼地治理工程涉及的水湖排涝沟为高塘湖的支流，疏浚施工选择在枯水期，不会对高邮湖水量造成较大影响；定远撇洪沟为高塘湖支流的支沟，枯水期基本无水，不会影响高邮湖水量；炉桥圩堤防加固工程位于高塘湖湖周的部分区域，工程施工可能对湖周部分区域水质造成一定影响。

表 4-22　安徽省自然栖息地涉及的工程情况

自然栖息地分类	自然栖息地名称	相关洼地名称	相关工程概况	
			洼地工程简介	与自然栖息地相关工程简介
自然栖息地内有工程	高塘湖湿地	高塘湖洼地	炉桥圩堤防加固工程 水湖排涝沟的疏浚工程 定远撇洪沟续建工程	炉桥圩堤防加固工程位于高塘湖周边； 水湖排涝沟高塘湖的支流，定远撇洪沟为高塘湖支流的支沟
	焦岗湖湿地	焦岗湖洼地	沿湖圩堤治理 高排沟、便民沟的疏浚 相关涵闸、泵站、桥梁工程	沿湖圩堤治理工程、沿湖泵站、涵闸工程位于焦岗湖周边； 疏浚施工涉及出湖水道便民沟
自然栖息地内无工程，但与工程有水力联系	沱湖自然保护区	沱河洼地	对沱河进水闸—宿东闸段和沱河集以下段河道进行疏浚 重建沱河进水闸等 3 座涵闸工程	疏浚施工涉及沱湖的主要支流沱河； 施工距沱湖自然保护区最近处约 12 km
	八里河自然保护区	八里湖洼地	建南河、保丰沟、红建河、公路河的开挖疏浚 相关排涝干沟涵闸和桥梁工程	疏浚施工涉及八里河支流的支沟、支渠； 最近的工程距保护区约 15 km
	高邮湖湿地	高邮湖洼地	新建新上泊湖站排涝大沟、戚家圩站排涝大沟、湖滨站排涝大沟 相关涵闸、泵站和桥梁工程	工程施工涉及高邮湖支流的支沟； 施工距高邮湖湿地最近处约 30 km

（2）焦岗湖湿地。

焦岗湖洼地治理涉及湖周和出湖水道便民沟，便民沟疏浚施工在焦岗湖的下游，不影响高塘湖水质、水量；湖周施工可能对湖周部分区域水质造成一定影响。

（3）沱湖自然保护区。

沱河洼地治理工程涉及沱湖的主要支流沱河，施工期间上游来水和区间来水均可通过其他支流直接或间接进入沱湖，不影响其入湖水量；疏浚开挖段常年有水，采用挖泥船水下开挖，挖泥船施工将对水体造成扰动，增加水体悬浮物，但疏浚施工距沱湖自然保护区最近处约 12 km，因此不会对沱湖自然保护区水质造成影响。

（4）八里河自然保护区。

八里湖洼地治理工程涉及的均为八里河支流的支沟，多数是人工开挖的沟渠，无天然径流，枯水期基本无水或水量很小。因疏浚施工选择在枯水期，故工程施工对八里河自然保护区水量、水质影响极小。

（5）高邮湖湿地。

高邮湖的主要来水是淮河，本工程只涉及高邮湖小支流的支沟，不影响高邮湖的水质、水量。

2）对鱼类洄游的影响

安徽项目涉及的河流与湖泊，鱼类区系已趋于单一，没有典型洄游性鱼类以及珍稀鱼类，更没有这些鱼类的产卵场所，主要的渔业对象是定居性鱼类（湖内产卵）。所以，本项目不涉及鱼类洄游问题。

3）对水禽栖息的影响

本工程对鸟类栖息的影响主要表现湖周施工噪声、人员活动、机械扰动等对鸟类栖息的影响。但工程区域受人类活动干扰比较大，洪涝灾害严重，水利工程建设频繁，湖周现状受人类干扰严重，鱼类和鸟类均会自行回避人类干扰，加之湖周工程规模较小，施工期短，因此湖周施工虽然会对水禽栖息造成一定的影响，但总体来说是可以承受的。

国内外知名鸟类专家安徽大学生命科学学院王岐山教授所发表的"安徽北部平原洼地治理工程对八里河自然保护区等周边地带的水鸟可能造成的影响预测"一文也指出：本工程所处淮河平原地区已知鸟类有 184 种，其中水鸟 81 种，主要是冬候鸟和旅鸟。由于这里没有大型天然湖泊，特别是缺少大面积水草的湖滩地和河漫滩，更由于这里人口密集、经济开发强度大，因此这里的鸟类种类和数量远远低于江淮丘陵区、皖西山地区、沿江平原区和皖南山地区。八里河等 5 处自然湿地已知有水鸟 73 种，列入 BirdLife 的受胁物种共有 8 种：极危种仅白鹤 1 种，濒危种也仅东方白鹳 1 种，易危种有卷羽鹈鹕、花脸鸭、青头潜鸭、白头鹤、白枕鹤和大鸨等共 6 种。以上除 2 种野鸭外，其余 6 种都是大型水鸟，其种群数量极为稀少，而且迁徙停歇时或选择越冬地时，都要求有视野空间非常开阔、人烟稀少、大面积有水草的湖滩地和广阔的水面。因此，除八里河保护区核心区有过白枕鹤越冬记录外，这些大型水鸟多数是从空中飞过。5 处自然栖息地中，水鸟最多的湿地是八里河保护区，在高邮湖等 3 处湿地均未见有 BirdLife 红色名录列出的受胁物种，更未见有中国政府指定的国家 I 级和 II 级重点保护野生动物，而且冬季水鸟调查在焦岗湖仅见到 7 种，在高塘湖仅见到 8 种，这也反映了这里水鸟的生存条件很差、人类活动干扰很强的环境特点。综上可以得出结论：施工期对八里河、沱湖两个保护区和高邮湖、焦岗湖、高塘湖三处自然湿地中的受国际和国家保护的鸟类不会造成不利的影响。

4）对珍稀濒危物种的影响

由于八里河、沱湖自然保护区和高邮湖湿地范围内没有工程分布，且项目对其水质、水量影响极小或者不影响，工程不涉及珍稀濒危物种的栖息地，不会影响珍稀濒危物种的食源，因此工程施工不会影响自然保护区和湿地的珍稀濒危物种。

5）自然性

本工程所属区域受人类活动干扰比较大，围垦湿地、生物资源过度利用等现象严重，再加上洪涝灾害严重，水利工程建设频繁，区域自然性已经遭到破坏。加之本工程单项工程规模较小，施工期短，故对自然保护区和湿地的自然性影响极小。

6）生态功能和经济价值

八里河、沱湖自然保护区和高邮湖湿地范围内没有工程分布，高塘湖湿地和焦岗湖湿地内虽湖周分布有工程，但规模较小，影响范围有限，因此不会影响自然保护区和湿地的生态功能，但高塘湖和焦岗湖的湖周施工可能会使鱼类生长繁殖受到影响，对湖泊养殖造成一定的影响。

2.山东项目对南四湖自然保护区的影响

1）对入湖水量、水质的影响

（1）对入湖水量的影响。

据统计，直接汇入南四湖的河流共有 53 条，1915~1982 年（不连续）53 年年均入湖径流量为 29.60 亿 m³。山东项目涉及的 14 条治理河流主要情况及与南四湖自然保护区的主要关系见表 4-23。

表 4-23　山东项目涉及的 14 条治理河流主要情况及与南四湖自然保护区的主要关系

治理河道名称	所属地市	与南四湖自然保护区的位置关系	与南四湖自然保护区的水力关系
老赵王河	济宁	河道治理最近处距南四湖2.8 km	为新赵株河的支流，新赵株河直接汇入南四湖
龙拱河		河道治理最近处位于龙拱河入南四湖处	直接汇入南四湖上级湖，汇水量 2.8 万 m³/年
老泗河		河道治理最近处距南四湖6 km	为白马河（济宁）的支流，白马河直接汇入南四湖
老运河		河道治理最近处距南四湖20 km	直接汇入南四湖下级湖，汇水量 4.05 万 m³/年
老万福河		治理起始端距南四湖5.5 km	直接汇入南四湖上级湖，汇水量 40.6 万 m³/年
新沟河	枣庄	分别汇入下一级干流后，再汇入韩庄运河，进入南四湖	
越河			
二支沟			
阴平沙河			
薛城小沙河		河道治理最近处距南四湖 6 km	直接汇入南四湖下级湖，年汇水量 4.4 万 m³
小沙河故道		河道治理最近处距南四湖 6 km	汇入薛城小沙河，然后再汇入南四湖下级湖
东泥河		河道治理最近处距南四湖 3 km	直接汇入南四湖，汇水量 3.9 万 m³/年
白马河	临沂	不汇入南四湖	

从表 4-23 可以看出，山东项目涉及的 14 条治理河流中，有 5 条河直接进入南四湖，分别是：济宁市的老运河、老万福河、龙拱河；枣庄市的东泥河、小沙河故道。其中，老万福的汇流量最大，为 40.6 万 m³/年，其他河流的汇入量很小，这 5 条治理河流的年汇流总量为 55.75 万 m³，占南四湖年入湖水量的 0.019%，相对入湖量很小。因此，河道治理施工对南四湖的入湖水量的影响很小。

（2）对南四湖水质的影响。

南四湖水质长期处于劣 V 类状态，水体总地来说污染严重，远未达到 Ⅲ 类水质要求。主要污染物是氨氮和高锰酸盐指数。

本次治理河道的现状水质与南四湖水质相近，而且老万福河等部分河流的水质还优于南四湖现状水质，且山东项目河道治理均采用干法进行开挖疏浚，因此山东项目区河道治理工程对南四湖水质的影响很小。

2）对鱼类洄游的影响

由于南四湖受人类活动干扰比较大，围垦湿地、生物资源过度利用、水质污染等现象严重，再加上洪涝灾害严重，水利工程建设频繁，南四湖鱼类区系已趋于单一，目前主要以经济鱼类为主，没有国家及地方重点保护鱼类，治理河流均不涉及典型受保护洄游鱼类。

3）对水禽栖息的影响

在 14 条治理河流中，只有龙拱河涉及湖口处的施工，若施工时间安排不当，会对湖口区的水生生物的栖息、觅食、繁殖等活动产生影响，若工程的施工时间在 4~6 月，可能会干扰局部水域一些鱼种（如鲫鱼）的繁殖。

同时，龙拱河河道在湖口处的施工、施工期人类活动和机械施工噪声可能会惊吓到栖息在入湖口处的鸟类和鱼类，但南四湖现状受人类干扰严重，鱼类和鸟类均会自行回避人类干扰，且南四湖面积较大，仍有其他生境可以供受干扰的鱼类和鸟类回避和栖息。因此，龙拱河河道在湖口处的施工虽然会对水禽栖息造成一定的影响，但总体来说是可以承受的。

4）对珍稀濒危物种的影响

南四湖自然保护区内没有工程分布，仅龙拱河疏浚涉及湖口处的施工，可能影响到自然保护区试验区的边界。但由于本项目对南四湖水质、水量的影响极小，且涉及湖口的工程规模较小，影响范围有限，不涉及珍稀濒危物种的栖息地，不会影响珍稀濒危物种的食源。因此，工程施工不会对南四湖湿地的珍稀濒危物种造成影响。

5）自然性

本工程所属区域受人类活动干扰比较大，围垦湿地、生物资源过度利用等现象严重，再加上洪涝灾害严重，水利工程建设频繁，区域自然性已经遭到破坏；本工程中的大部分单项工程规模较小，施工期短；且工程实施均不在自然保护区内，故不会影响南四湖自然保护区的自然性。

6）生态功能

南四湖自然保护区内没有工程分布，涉及湖口的工程规模较小，影响范围有限。因此，不会影响自然保护区的生态功能。

3.河南项目对淮滨淮南湿地自然保护区的影响

根据《淮滨淮南湿地省级自然保护区建设规划》，该保护区分二期建设，第一期为 2002~2006 年，第二期为 2007~2011 年。目前，由于资金投入不足，造成保护区的各项保护工作尚未完善，保护区尚未严格按照自然保护区相关规定进行管理，保护区内人类活动频繁。

本次工程沿淮洼地为 16 座提排站，均位于保护区周边，不在保护区范围内，涉及淮河干流和其部分支流，主要目的是为汛期提排涝水，最终均入淮河干流。从工程与保护区的位置关系来看，湿地一般位于湖泊、宽浅河道、排水沟道的水域及滩涂，水草丰富，环境适宜各类水生物、禽类生活习性需要的区域，而提排站的建设地点距离水域及滩涂均有一定距离，建设影响范围都较小，建设期间可能会对周围鸟类及兽类的栖息环境有短暂影响。这些影响都是短期的、暂时的，将随着施工活动的结束以及生态恢复措施的实施而消失，同时在严格执行各项环境保护措施的情况下，工程施工期影响可以得到有效减缓和降低。

4.江苏项目对自然栖息地的影响

位于江苏盐城的大丰麋鹿自然保护区和盐城丹顶鹤自然保护区与工程的距离均较远，且与工程没有水力联系，工程不会对其产生影响。溙湖湿地公园虽然距离项目区较近，但与工程没有水力联系，且溙湖湿地公园性质是人文湿地，不在中国重要湿地名录和全国自然保护区名录之列，是人工驯化的半人工、半自然生态系统，受人类干扰较大，故项目实施不会对溙湖湿地公园造成影响。

4.3.3.3　工程运行对自然栖息地的生态影响分析

1.总体影响分析

项目区地势低洼，汛期受淮河和骨干排水河道高水位顶托，自排概率很小，加上现状排水能力严重不足，排水标准明显偏低，大部分地区不足 3 年一遇，致使汛期湖泊易积涝成灾，自然保护区和湿地生态系统易遭到破坏，生态系统较为脆弱。本工程为除涝减灾项目，汛期提高了项目区抗御涝灾的能力，减少了涝灾对自然保护区和湿地生态系统的破坏，生态系统脆弱性减低，自然保护区和湿地生态系统抗干扰能力和扰动后的恢复能力都将得到改善。

同时，工程运行后，由于河水流速加快，河流自净能力将增强，水质将得到一定的改善，河流生物量将有所增加，生物多样性将得以保护，对下游自然保护区和湖泊湿地的生物多样性的保护将起到积极的作用。

因此，工程运行对自然保护区和湿地的生态环境影响是有利的。

2.汛期水文变化对山东四湖自然保护区的影响

目前，汇入南四湖的主要河流有 53 条，相应河道汇水面积 30 400 km²。山东工程共涉及 14 条河道，其中最终流入南四湖的河道共 8 条，分别为龙拱河、老赵王河、老泗河、微山老运河、老万福河、小沙河、泥沟河、小沙河故道，其汇水面积为 1 004.5 km²，只占南四湖总汇水面积的 3.30%。

根据南四湖水位与湖面面积之间的关系，当湖内洪水位等于 35.29 m 及以上时，湖内水面面积均维持在 1 266 km²，不发生变化。本次洼地治理的 8 条河道共新增入湖流量为 6.5 m³/s，假定按连续 30 d 抽排入湖，不考虑其他因素的影响，累积洪量可达 0.168 亿 m³，为年均入湖总水量的 0.56%，即使不考虑南四湖洪水下泄，湖内水位只能上升 0.006 m，湖内水面面积仍为 1 266 km²。因此，本次洼地治理后新增流量对于湖面面积为 1 266 km² 的南四湖来水，对湖内自然栖息地水量、洪水频率和洪水淹没面积的影响微乎其微。

另外，本工程的目的是提高治理河道的防洪排涝能力，因此在非洪涝期，南四湖水文情势不受影响；在洪涝期，南四湖会新增流量 6.5 m³/s，但根据前面分析，新增流量对南四湖自然栖息水量和洪水淹没面积的影响非常小。因此，本次洼地治理工程对南四湖自然栖息地的影响很小。

3.汛期水文变化对河南淮滨淮南湿地自然保护区的影响

1）保护区及工程位置关系

淮滨淮南湿地省级自然保护区位于淮滨境内的淮河及支流以及兔子湖、方家湖一带。本次工程沿淮洼地为 16 座提排站，均位于保护区周边，不在保护区范围内。16 座提排站工程目的是将汛期的涝水提排入河，提排的涝水进入淮河及其支流，最终均入淮河干流。

2）保护区与工程的水力关系

从保护区与工程的水力关系来看，兔子湖库区有大坝控制，不受下游河道洪水影响，所以汛期提排站提排涝水不会对其水量造成影响；方家湖周围没有工程分布，且方家湖水域位于期思圩区内，有堤防保护，不受外河影响，工程也不会对其水量造成影响。因此，工程在汛期提排涝水入河仅对淮河及其支流白露河、乌龙港有一定的影响，将使其水量有所增加。

3）影响程度

工程实施后，提排标准由 3 年一遇提高到 5 年一遇，16 座站共增加提排流量 89.69 m³/s，按淮滨水文站淮河干流 10 年一遇洪水流量 7 000 m³/s 计算，流量增加仅为 1.28%。因此，汛期工程提排涝水对淮河干流及其支流白露河、乌龙港水量影响较小。

综上所述，沿淮洼地 16 座提排站的运行不会对河南淮滨淮南湿地自然保护区的方家湖、兔子湖水量产生影响，仅对淮河及其支流白露河、乌龙港有一定的影响。在汛期，提排涝水入河使其水量有所增加，但流量增加仅为 1.28%，影响程度较小，不会对河南淮滨淮南湿地自然保护区生境造成明显影响。

4.汛期水文变化对安徽八里湖自然保护区的影响

1）保护区及工程位置关系

八里河自然保护区位于八里河洼地治理下游约 15 km 处，八里河洼地治理不在八里河自然保护区范围内。

2）保护区与工程的水力关系

八里湖水源主要是天然降水，承接周围 483 km² 的来水，本工程汛期运行时，将保丰沟、红建河、公路河总计约 91 km² 来水（设计 3 日内）排进颍河，以减轻八里湖的防洪压力。

3）影响程度

根据核算，在汛期的 3 日内，将有约 943 488 m³ 的来水不进入八里湖，约占八里湖汛期来水量的 7.3%，八里湖汛期水位将由 21.5 m 降为 20.2 m，而八里湖常年正常蓄水位为 19.5 m。因此，与现状相比，本工程实施后八里湖汛期入湖水量将小幅减少，但水位仍在常年正常蓄水位 19.5 m 以上，也不会影响到湖面面积。

根据著名鸟类专家王岐山教授分析，八里河省级自然保护区受保护的水鸟均为大型越冬水鸟，且种群数量极为稀少，目前除八里河保护区核心区有过白枕鹤越冬记录外，均未见这些大型水鸟非越冬期有所停留，因此本项目实施后不会影响到受保护水鸟的栖息，同时由于汛期八里湖水位在常年正常蓄水位之上，湖面面积也不会发生变化，因此工程实施后对一般水鸟生境也不会发生变化。本工程运行后，八里湖湖泊调蓄能力、湖泊生态系统安全性均将有所提高，将会有助于水鸟生境的进一步改善。

5.汛期水文变化对安徽沱湖自然保护区的影响

1）保护区及工程位置关系

沱湖自然保护区位于沱河洼地治理工程下游约 12 km 处，沱河洼地治理不在沱湖自然保护区范围内。

2）保护区与工程的水力关系

沱湖湖盆主要接纳沱河来水，属雨源河流，经漴潼河注入洪泽湖，水系较简单，其水位主要受降水影响，夏季雨量多，水量补给大，沱湖正常水位湖面约 40 km²。

沱河洼地治理涉及沱湖上游沱河的疏浚工程。

3）影响程度

本次工程主要为对沱湖上游来水沱河的疏浚，不影响沱河正常来水量。沱河按 5 年一遇排涝标准疏浚工程完工后，当濠城闸水位为 17.37 m、樊集水位为 15.63 m 时，沱河河道过流能力将由现阶段的约 380 m³/s 增加至 438 m³/s。经计算，在此情况下，疏浚河道下游的沱湖水位一定时期内（3 d）将会有所抬高，约 3 mm，湖面面积不会发生明显变化。

根据王岐山教授的研究成果，沱湖省级自然保护区受保护的水鸟均为大型越冬水鸟，且种群数量极为稀少，并未见这些大型水鸟非越冬期有所停留的记录，因此本项目实施后不会影响到受保护水鸟的栖息，同时由于汛期沱湖水面不会减小，因此工程实施后对一般水鸟生境也不会发生变化。

6.汛期水文变化对安徽焦岗湖湿地的影响

焦岗湖常年正常蓄水位为 16.2 m，其主要来水支流有浊沟、花水涧和老墩沟，排水河道便民沟是人工河道，沟口有焦岗闸与淮河相通，来水基本上都通过焦岗闸排入淮河。

本工程主要为对焦岗湖周边的现有堤防进行加固及对排水河道便民沟的疏浚，工程实施不会影响焦岗湖的常年正常蓄水位。

根据调查，焦岗湖功能以渔业养殖为主，没有发现全球受胁物种和国家重点保护野生水鸟，工程实施后，水鸟栖息地不发生改变，因此本工程实施后不会影响到当地水鸟的生境。

7.汛期水文变化对安徽高塘湖湿地的影响

高塘湖常年正常蓄水位为 17.5 m，其流域支流较多，主要有沛河、青洛河、严涧河、马厂河和水家湖镇排水河道等，各支流经丘陵、平原区后呈放射状注入高塘湖，总来水面积约 400 多 km²。

本工程主要为高塘湖周边现有堤防的加固以及对其支流水家湖镇排水河道进行疏浚，工程实施后不会影响高塘湖的正常蓄水位，该湖湖面面积不发生变化。

根据调查，高塘湖有越冬水鸟 8 种，除豆雁、绿头鸭和小鹈鹕的数量较多外，其余各种水鸟的数量都很少，未发现全球受胁物种和国家重点保护野生水鸟，由于工程实施后，水鸟自然栖息地不发生改变，因此本工程实施后不会影响到当地水鸟的生境。

8.汛期水文变化对安徽高邮湖湿地的影响

高邮湖为江苏、安徽两省共有，其中属安徽天长县境内的约 70 km²，其水域总面积达 760.67 km²，当湖底高程为 3.5 m、水位为 5.7 m 时，湖区总容积为 8.7 亿 m³。湖泊由淮河和许多小支流供水，水系复杂，为淮河入江水道。

本工程主要为天长县境内高邮湖周边的 12 座排涝泵站建设工程，根据计算，在假设遇大水，12 座排涝站同时开机，排水经支流全部汇入高邮湖的最不利情况下，本项目入高邮湖共新增排涝流量 32.4 m^3/s，将使高邮湖湖面抬高 0.001 mm。因此可以推知，即使在假设最不利条件下，本项目排涝站工程运行对高邮湖的影响也极小。

根据调查，高邮湖安徽境内约有越冬水鸟 23 种，数量多的有罗纹鸭和白骨顶，数量较多的有赤颈鸭、大白鹭、小白鹭、斑嘴鸭、苍鹭、红头潜鸭等，没有见到全球受胁物种和国家重点保护野生水鸟。由于工程实施后，水鸟自然栖息地不发生改变，因此本工程实施后不会影响当地水鸟的生境。

综上所述，工程运行后对各自然栖息地汛期的水文影响均较小，不会使自然栖息地水量、水位和水面面积发生明显改变，对自然栖息地的物种栖息影响较小。

4.3.4　外来物种入侵

项目实施对生物入侵种的影响有两种情况：第一，项目实施是否可能为生物入侵创造条件，造成新的生物入侵；第二，项目实施是否会造成已有的外来入侵种的进一步传播和扩散。研究结合工程特点，从外来入侵种的传入途径、影响外来物种入侵的因素、项目区已有入侵种的生物学特性、传播机制等方面对以上两个问题进行分析。

4.3.4.1　项目实施是否会造成新的生物入侵

定义入侵种的标准是：通过有意或无意的人类活动而被引入一个非本源地区区域；在当地的自然或人造生态系统中形成了自然再生能力；给当地的生态系统或地理结构造成了明显的损害或影响。

我国外来物种主要通过两种途径成功入侵：一是用于农林牧渔业生产、生态环境建设、生态保护等目的引种，然后演变为入侵物种（有意引进）；二是随着贸易、运输、旅游等活动而传入的物种（无意引进）。

本项目实施主要是在原流域、原水系基础上对局部河道进行疏浚、拓宽，新建或加固沿线桥梁、泵站等，不是跨流域、跨国际的项目；项目不涉及国际贸易，不会因为国际贸易而无意引进；本工程属农田水利工程，单个工程的规模较小，不会造成生境和土地利用方式的较大改变；工程一般位于支流水系的支流、支沟，枯水期施工，基本无水或水量很小，不可能通过船只携带和上下游带入。本工程不存在人类有意引入；而且迄今未发现有关改变水文体系（如农业灌溉系统和水坝）促进水生和河滨植物入侵的报道（徐汝梅等，2004）。

工程完成后，对施工区和弃土区进行植被生态恢复时，应尽可能地使用当地物种，尽量避免无意或有意地引入危险外来物种。运行期，提高了地区防洪除涝标准，对于保证地区生态安全，促进生态系统的良性循环，抵御外来物种入侵起着重要作用。

基于以上几点分析，本项目实施不会造成新的生物物种入侵。

4.3.4.2　项目实施是否会造成已有外来物种的进一步传播和扩散

1.项目区内生物入侵种调查

依据国家环境保护总局文件（环发[2003]11 号：关于发布中国第一批外来物种入侵物种名单的通知），并结合实地调查，确定在项目区内（安徽、江苏）有分布的生物入侵物种 2 种：喜旱莲子草（俗称水花生）、凤眼莲（俗称水葫芦）。

　　2.项目实施对生物入侵种的影响

　　1）两种生物入侵种的生物学特性及生长影响因素

　　凤眼莲在很多淡水生境中都能生长繁殖，包括浅水的季节性池塘、沼泽，缓慢流动的水体以及大的湖泊、水库和河流。凤眼莲属静水植物和净水植物，因而在湖泊、水库、沟渠的缓流处和富营养化的水体中更易繁殖。

　　喜旱莲子草既能扎根生于浅水中，也能飘浮于水面上；贫营养的湖泊中和重富营养型的水体中都能生长。一般来说，营养丰富的水体和土壤中的喜旱莲子草的植株密度、叶面积、茎的直径、植株高度享有比低营养区域的大。在污染较严重的池塘、水沟中，缺乏水生植物，会促使喜旱莲子草形成大面积的单优势群。

　　2）项目实施是否会造成已有外来入侵种的进一步扩散和转播分析

　　本工程一般位于支流水系的支流、支沟，枯水期河道，基本无水或水量很小，不可能通过船只携带在上下游传播；各省工程实施同一地区的同一水系，不是跨地区、跨流域项目，不会造成不同水系之间的传播；通过前面分析可知，施工不会加剧水体富营养化程度，从这一点上讲不能为生物入侵种的生长繁殖提供更好的条件；工程施工尤其是河流疏浚可以破坏生物入侵种的生长条件（开挖、打捞），在一定程度上可以抑制生物入侵种的生长繁殖；运行期，由于河流水文情势的改变，流速加快、流量增加、水面面积增大，河流自净能力提高，水质得到改善，生物多样性提高，这在一定程度上能够抑制生物入侵种——凤眼莲、喜旱莲子草的生长、繁殖和扩散。

　　通过以上分析可知，工程实施不会造成凤眼莲、喜旱莲子草的进一步传播和扩散，相反，在一定程度上可以抑制其生长繁殖。

4.3.5　病虫害管理

　　项目区是国内重要的粮、棉、油生产基地，种植的农作物种类主要为水稻、小麦、玉米、大豆、棉花、油菜、花生等，农药使用主要以杀虫剂、杀菌剂、除草剂为主。区内地势低洼，现状排水能力严重不足，洪涝灾害频繁，农作物常因洪涝灾害而减产。本项目实施后，项目区的洪涝灾害得以控制，减少了农作物的受灾情况，使项目区农业生产趋于稳定和提高。本项目的实施对区域农药施用量的影响详见表 4-24。

表 4-24　本项目的实施对区域农药使用量的影响

序号	影响分析	结论
1	本工程的实施没有改变项目区的农业种植结构和规模	工程不会使项目区农作物的农药施用量明显增加
2	项目区农作物施用农药时间与洪涝期不是同一时间	
3	在受灾年，病虫害也较为严重，而且为了抢救淹后的农作物，常常会加大农药的施用量，本工程实施后，将增强项目区抗灾能力，可有效减少受灾农作物的面积，从而减少为抢救受灾作物而增加的农药施用量	

　　从表 4-24 可看出，工程不会造成项目区农作物农药施用量明显增加，为进一步说明

工程对项目区农药施用情况的影响，研究调查了河南重建沟项目区部分村镇受灾年与正常年农药施用量情况，详见表 4-25。

表 4-25　河南重建沟项目区部分村镇受灾年和正常年农药施用量情况对比

年度	乡镇	主要农作物种类												农药使用量（kg）
		小麦			玉米			棉花			花生			
		面积（亩）	产量（t）	每亩单产（kg）	面积（亩）	产量（t）	每亩单产（kg）	面积（亩）	产量（t）	每亩单产（kg）	面积（亩）	产量（t）	每亩单产（kg）	
2004正常年	黄桥	38 295	16 505	431	15 645	3 566	228	21 060	1 086	52	9 675	1 210	125	1 856
	叶埠口	46 440	21 333	459	14 580	5 978	410	25 545	1 163	46	3 270	801	245	1 509
	西夏	50 775	23 561	464	20 400	7 142	350	40 005	1 598	40	3 000	177	59	1 827
	逍遥	42 450	19 778	466	31 545	9 901	314	12 300	576	47	3 585	451	126	4 130
	县农场	2 700	1 226	454	1 050	420	400	1 800	95	53	900	225	250	207
	合计	180 660	82 403		83 220	27 007		100 710	4 518		20 430	2 864		9 529
2005受灾年	黄桥	37 695	14 134	375	20 670	7 491	362	20 055	1210	60	11 430	2 400	210	1 856
	叶埠口	47 565	19 976	420	20 625	7 474	362	18 930	1 228	65	6 840	1 573	230	1 495
	西夏	50 100	21 605	431	19 650	7 102	361	37 080	1 889	51	3 000	297	99	1 827
	逍遥	46 290	19 621	424	30 705	11 043	360	11 205	582	52	3 600	865	240	4 134
	县农场	2 670	1 172	439	1 080	355	329	1 395	90	65	975	247	253	160
	合计	184 320	76 508		92 730	33 465		88 665	4 999		25 845	5 382		9 472

从表 4-25 可以看出，2004 年是正常年，项目区没有受灾，2005 年项目区相对受灾，2004 年和 2005 年相比，项目区农药施用量变化不大。因工程实施不会改变当地的农业耕种结构和规模，故工程不会使项目区农作物的农药用量明显增加；而且工程实施后，将使项目区抗灾能力显著增长，可有效减少受灾作物的面积，减少项目区为抢救受灾作物而增加的农药施用量。

第 5 章 河道疏浚底泥环境影响研究

工程弃土主要为河道疏浚土方，即河道底泥，因此本章重点分析河道疏浚底泥对环境的影响，主要内容包括：①分析项目区主要河流、干沟河道底泥环境质量现状；②识别河道底泥对周围环境产生影响的主要途径，以及受影响的环境要素；③研究河道疏浚底泥对周围环境产生的主要影响。

5.1 河道疏浚底泥环境质量现状

项目区涉及河南、安徽、江苏、山东 4 省，为摸清项目区河道疏浚底泥环境质量现状，本研究对多条河流的底泥进行了环境质量监测。

5.1.1 监测布点原则及方案

5.1.1.1 底泥监测河流、干沟选取原则

底泥监测河流、干沟选取原则如下：

（1）疏浚工程量较大的常年有水的非季节性河流。

（2）同一区域内，排涝沟渠及生产河道的疏浚考虑区域代表性，选取工程量较大河流、污染河流。

（3）城镇周边的河流、干沟（如高塘湖洼地的水湖排涝沟，贾鲁河、颍河下游洼地的芦义沟、双狼沟等）。

5.1.1.2 河流、干沟布点原则

河流、干沟布点原则如下：

（1）疏浚较长的河流在其上、中、下游布置监测点位（如沱河、漷河、济河）。

（2）疏浚长度较短的河流或干沟只在其中游或下游布置监测点位。

（3）在疏浚的河流或干沟经过城镇附近的河段加密布点，同时监测项目区域主要工业污染源情况，若存在工业污染源，则在污染源下游增加布点。

（4）在监测布点时考虑河流之间（上下游、下级支流与上级支流）的连续性与衔接。

5.1.1.3 监测方案

根据以上布点原则，本研究在 4 省共布设了 113 个点位，包括主要疏浚的大河、大沟及支沟，主要为小洪河、贾鲁河、沱河、漷河、架河、高塘湖、八里河、西淝河、高邮湖、焦岗湖、北淝河、泰东河、废黄河、南四湖等。本次底泥监测方案见表 5-1。

5.1.2 样品采集方法

根据现场取样的调查结果，取样点河道底泥一般分三层：①顶部流动浮泥层，该层呈黑色絮凝状，含水量较高，置于水中稍加扰动就能产生再悬浮，使水体变浑、变黑，也是

最易污染上覆水质的部分，该层一般厚 10 cm 左右；②中部黑泥层，有机质含量较高，含水量往下逐渐减小，有明显臭味，含有不易腐烂的工业生活垃圾，包括木屑、塑料薄膜、

表 5-1 底泥监测方案

省份	洼地名称	河流（沟）	监测点位
河南	小洪河下游洼地	小清河	平舆县王东桥、清河三桥、冯桥、邓湾桥
		茅河	党店桥、平舆县陈桥
		杜一沟	上蔡县五里肖村、刘桥、杨集桥
		柳条港	新蔡县周庄、魏庄桥
		戚桥港	大秦庄桥、西时庄桥
		丁港	周庄桥、赵庄桥
		龙口大港	塔王庄桥、冷庄桥、宋圈桥
		南马肠河	潘湾桥、刘中桥
		荆河	十八里庙桥、张万寨桥
		杨岗河	西洪桥、柴冀闸、堤草王桥、洙湖东桥
	贾鲁河、颍河下游洼地	芦义沟	扶沟县城北关闸
		双狼沟	西华县师范新村、护挡城、赵桥
		重建沟	李桥、李长乐桥
		丰收河	毛庄、安庄
安徽	沱河洼地	沱河	濠城闸、樊集河段、宿东闸处、灵璧县吕圩子河段、泗县大梁沟与沱河交汇处、五河县沱浍引河与沱河交汇处、五河县直河与沱河交汇处、五河县泗河沟与沱河交汇处
	澥河洼地	澥河	方店闸、胡洼闸、大营镇河段、怀远县清沟与澥河交汇处、固镇县安集河段、怀远县小李庄河段、固镇县何集桥
	架河洼地	城北湖引水渠	凤台县陈家大桥
	高塘湖洼地	水湖排涝沟	水湖排涝沟铁路桥、长丰县城长新路沟段、长丰县城环南路沟段、水湖排涝沟入高塘湖口
	八里河洼地	保丰沟	保丰沟十里井村段
		建南河	颍上县曾庄闸
		红建沟	罗桥闸
	西淝河下游洼地	济河	龙河闸、济河闸
		港河	固桥镇河段、凤台县港河与永幸河交汇处、凤台县港河朱大桥、凤台县港河岭头西河段
		苏沟	利辛县苏沟与北乌江交汇处、利辛县苏沟与西淝河交汇处
		北新河	颍东区北新河与苏沟交汇处
	高邮湖洼地	滨湖站排涝大沟	天长市滨湖乡小关闸
	焦岗湖洼地	便民沟	毛集区焦岗闸、便民沟与焦岗湖交汇处
	北淝河下游洼地	固镇大洪沟	固镇县小蒋闸、钓鱼台湖与大洪沟交汇处、大洪沟与怀洪新河交汇处
		五河大洪沟	五河县洪一沟入怀洪新河处、大洪沟与石王排涝渠交汇处
		芦干沟	金庄闸
		隔子沟	北淝河与隔子沟交汇处

续表 5-1

省份	洼地名称	河流（沟）	监测点位
江苏	里下河洼地	泰东河	泰东河口、淤溪大桥、读书址大桥、张郭大桥、泰东河与通榆河交叉口、幸福河与泰东河交叉口、先进河与泰东河交叉口
		泰州工程区	王庄河整治河道处、宫涵河与鲍马河交汇处、红旗农场（苏红河桥处、军民河处）、农业开发区西石羊河、农业开发区西南角、农业开发区内部生产河（关庄河、鲍沟圩、南舍、东北角）
	废黄河洼地	废黄河	铁路桥处、李庄闸处、范湖村邓楼桥处
山东	南四湖湖滨洼地	赵王河	105 公路桥、济鱼公路桥
		老万福河	清河桥、鹿洼桥
		老运河微山段	斐口、三河口
		龙拱河	105 公路桥、济鱼公路桥
	沿运洼地	阴平河	4+900、2+900
		越河	2+060、0+250
	郯苍洼地	白马河	安子桥、小马头桥
		吴坦河	4+800、12+200

碎石等杂物，该层一般厚 20～50 cm；③底部黄泥层，以黄色河道自然泥质沉积为主，含水量较低，质地致密，无异味。

本次底泥样品采集按照《水环境监测规范》（SL 219—98）中的水体沉积物要求进行采样，采样时根据河流水文情况确定采样工具，江苏、安徽等流量较大的河流采用抓斗式采样器，河南、山东的一些河流枯水期流量较小，采用铁锹等工具。采样时，一般去除表层砖块、树枝以及生物残体等杂物，取样深度为 0.2~0.5 m。各监测点分别取浅层（距离河底表层 0.2 m 深度）、深层（距离浅层取样位置 0.5 m 深度）泥样。

5.1.3　样品处理和监测方法

样品的处理方法和监测方法按《土壤环境监测技术规范》（HJ/T 166—2004）的要求进行。

5.1.3.1　底泥样品制备与处理

1.样品的制备

样品的制备分为以下几个步骤：

（1）将野外采回的样品，及时捡出杂质、石子、沙砾以及生物残体等杂物后放入搪瓷盘中，按照编号对样品的颜色、性状、质感等特征进行描述和记录，置于烘箱内 105 ℃烘干约 8 h。

（2）烘干的样品放入原布袋中，用木棒将样品砸碎，混匀后过 20 目筛进行缩分，留粗副样。

（3）将缩分的样品进行盘磨，过 50 目筛，运用四分法进行缩分，留下足够分析的样品（约 100 g）。

（4）将样品进一步用玛瑙研磨机研磨，直至全部样品过 80 目筛，放入 250 mL 磨口瓶中，做好标识和特征记录，以备分析检测。

2.样品的消解

称取 0.200 g 样品，置于聚四氟乙烯烧杯中，加浓 HNO_3 10 mL，待剧烈反应停止后，移至低温电热板上，加热分解至液面平静，不产生棕黄色烟。取下，稍冷，加入氢氟酸 5 mL，加热煮沸 10 min。取下，冷却。加入高氯酸 5 mL，蒸发至近干。取下，冷却，再次加入高氯酸 2 mL，蒸发至近干。冷却后加入浓度为 1% HNO_3 25 mL，煮沸溶解，移至 50 mL 容量瓶，加水至标线，摇匀备测。

5.1.3.2　监测项目与监测分析方法

监测因子为 Cu、Pb、Cr、Cd、As、Hg、Ni、Zn。底泥监测因子监测分析方法见表 5-2。

表 5-2　底泥监测因子监测分析方法

监测因子	监测仪器	监测方法	方法来源
Cd	原子吸收光谱仪	石墨炉原子吸收分光光度法	GB/T 17141—1997
	原子吸收光谱仪	KI-MIBK 萃取原子吸收分光光度法	GB/T 17140—1997
Hg	测汞仪	冷原子吸收法	GB/T 17136—1997
As	分光光度计	二乙基二硫代氨基甲酸银分光光度法	GB/T 17134—1997
	分光光度计	硼氢化钾–硝酸银分光光度法	GB/T 17135—1997
Cu	原子吸收光谱仪	火焰原子吸收分光光度法	GB/T 17138—1997
Pb	原子吸收光谱仪	石墨炉原子吸收分光光度法	GB/T 17141—1997
	原子吸收光谱仪	KI-MIBK 萃取原子吸收分光光度法	GB/T 17140—1997
Cr	原子吸收光谱仪	火焰原子吸收分光光度法	GB/T 17137—1997
Zn	原子吸收光谱仪	火焰原子吸收分光光度法	GB/T 17138—1997
Ni	原子吸收光谱仪	火焰原子吸收分光光度法	GB/T 17139—1997

注： 监测方法也可使用规范中列出的其他等效方法。

5.1.4　监测及研究结果

5.1.4.1　河南

根据河南省环境保护局豫环办函[2006]6 号文，底泥研究标准采用《土壤环境质量标准》（GB 15618—1995）中的二级标准（pH 值＞7.5）。监测结果表明，研究区 14 条监测河流各项监测因子均未超出《土壤环境质量标准》（GB 15618—1995）中的二级标准限值。

5.1.4.2　安徽

工程涉及疏浚河流底泥 45 个点位，除高塘湖洼地长丰县水湖排涝沟入高塘湖口测点出现 Cu 因子和 Cd 因子超标外，其余测点各监测因子均未超出标准限值，工程涉及疏浚河段底泥基本可以满足《土壤环境质量标准》（GB 15618—1995）中的二级标准的要求。从长丰县水湖排涝沟入高塘湖口测点各监测因子的监测结果来看，该测点各监测因子均明显高出上游 2 个测点，超标倍数相对较高，研究分析认为，该测点出现 Cu 因子和 Cd 因子超标现象的原因应该与高塘湖水质有关。

5.1.4.3　山东

赵王河、老万福河、老运河微山段、龙拱河、阴平河、越河、白马河、吴坦河共 8

条河流的 16 个监测点位各项因子的污染指数都小于 1，底泥重金属污染程度较低，符合环境质量二级标准，可以作为农田、林地、果园等农用土壤。

5.1.4.4　江苏

工程涉及疏浚河流底泥 16 个点位，除江苏泰东河工程区泰东河读书址大桥处、废黄河、泰州工程区底泥 Cd 超过《土壤环境质量标准》（GB 15618—1995）中的二级标准外，其他监测断面各项因子的污染指数都小于 1，满足《土壤环境质量标准》（GB 15618—1995）中的二级标准限值。所有指标均在《农用污泥污染物控制标准》（GB 4284—84）的规定值范围内。

疏浚河道底泥出现超标的点位监测结果见表 5-3。

表 5-3　疏浚河道底泥出现超标的点位监测结果　　　　（单位：mg/kg）

工程	监测点位置	项目	监测因子							
			Pb	Zn	Cu	Cd	Hg	Cr	As	Ni
水湖排涝沟	水湖排涝沟入高塘湖口	监测值	21.2	270.6	240.3	3.67	0.007	186.2	25.9	23.6
		标准指数	0.06	0.90	2.40	6.12	0.007	0.74	0.86	0.47
泰东河工程	泰东河读书址大桥	监测值	14.3	109.0	41.6	5.72	0.034	187.0	10.2	42.8
		标准指数	0.041	0.363	0.416	9.533	0.034	0.748	0.408	0.71
废黄河	废黄河铁路桥处	监测值	44.19	159.82	18.28	3.11	0.41	26.32	17.64	38.9
		标准指数	0.13	0.18	0.53	5.18	0.11	0.71	0.41	0.65
	废黄河李庄闸处	监测值	36.28	109.41	2.02	1.91	0.10	16.32	4.54	29.8
		标准指数	0.10	0.02	0.37	3.18	0.07	0.18	0.10	0.50
	废黄河范湖村邓楼桥处	监测值	36.04	112.15	1.00	1.90	0.06	34.04	2.52	16.5
		标准指数	0.10	0.01	0.37	3.17	0.14	0.10	0.06	0.28
泰州	宫涵河与鲍马河交汇处	监测值	19.94	51.56	3.99	2.39	0.06	12.76	10.2	27.5
		标准指数	0.04	0.17	0.06	3.98	0.05	0.41	0.06	0.46
	红旗农场（苏红河桥处）	监测值	40.18	94.17	34.35	4.82	0.05	33.15	4.54	21.7
		标准指数	0.34	0.31	0.12	8.03	0.13	0.18	0.05	0.36
《土壤环境质量标准》（GB 15618—1995）限值			350	300	100	0.6	1	250	30	50

5.1.5　底泥毒性浸出试验分析结果

5.1.5.1　安徽

针对安徽省长丰县水湖排涝沟入高塘湖口处的底泥监测结果出现 Cu、Cd 超标的现象，研究对水湖排涝沟的 3 处监测点底泥进行了毒性浸出试验。本次毒性浸出试验的监测点位与水湖排涝沟的 3 处底泥监测点位相同。

底泥毒性浸出试验样品处理方法为：称取烘干后的固体样品 5.0 g，置于 50 mL 试管中，加入 50 mL 去离子水，盖紧瓶盖后垂直固定于往复式水平振荡机上，调节频率为（110 ± 10）次/min，在室温下振荡浸取 8 h，静置 16 h 后取下，用装有 0.45 μm 滤膜的抽滤机抽滤，收集全部滤出液，即为浸出液，摇匀后供分析。

本次底泥毒性浸出试验研究标准执行《危险废物鉴别标准——浸出毒性鉴别》（GB 5085.3—1996），试验分析结果见表 5-4。

表 5-4　底泥毒性浸出试验分析结果　　　　　　（单位：mg/L）

监测点位	监测因子							
	Cu	Zn	As	Cd	Pb	Hg	Ni	Cr
长丰县城长新路沟段	<0.001	<0.05	<0.005	<0.000 1	<0.001	<0.000 05	<0.05	<0.05
长丰县城环南路沟段	<0.001	<0.05	<0.005	<0.000 1	<0.001	<0.000 05	<0.05	<0.05
长丰县水湖排涝沟入高塘湖口	<0.001	<0.05	<0.005	<0.000 1	<0.001	<0.000 05	<0.05	<0.05
标准限值	50	50	1.5	0.3	3	0.05	10	10

由表 5-4 可以看出，监测的 3 处测点底泥各测定因子浓度均远远小于《危险废物鉴别标准——浸出毒性鉴别》（GB 5085.3—1996）中的标准限值，说明工程涉及河流底泥不属于危险固体废弃物，可以作为一般固体废弃物使用或妥善处置。

5.1.5.2　江苏

江苏泰东河工程区泰东河读书址大桥处、废黄河、泰州工程区底泥 Cd 超过《土壤环境质量标准》（GB 15618—1995）中的二级标准，本研究选择超标底泥样在中国科学院南京地理湖泊所进行了毒性浸出试验，结果表明，超标底泥中 Cd 及其化合物的浸出液浓度极低，超标底泥中镉及其化合物的浸出液浓度极低，基本达不到检测限，不属于危险固体废弃物。

5.2　河道疏浚底泥环境影响途径分析

5.2.1　河道疏浚方式

本工程河道疏浚方式有干法施工、湿法施工和水力冲填施工三种。干法施工指枯水期筑挡水围堰陆上机械开挖；湿法施工指挖泥船水下疏浚开挖，排泥至规划的冲填区（排泥场）内；水力冲填施工指采用泥浆泵吸运加挖掘机开挖的方法，排泥至规划的冲填区内，具体见表 5-5。

5.2.2　弃土量及弃土去向

根据施工组织设计，本工程弃土去向为：河道疏浚干法开挖土方就近弃至两岸，湿法开挖土方冲填至堤防两侧规划的冲填区；堤防清基土弃于护堤地或冲填区顶面用于复耕；建筑物开挖土料就近堆放，用于建筑物回填，建筑物工程弃土量较少。工程弃土量及弃土去向见表 5-6。

5.2.3　河道疏浚底泥环境影响途径

工程施工过程中产生河道疏浚底泥，经长期积累，部分河道已受到不同程度的污染，例如：安徽和江苏的局部河段底泥出现重金属超标，根据工程布置，干法施工的弃土就近堆放，湿法施工的弃土排至充填区，可能会对周围的土壤环境、大气环境、水环境造成不利影响。

表 5-5　河道疏浚施工方式

施工方式		方法说明	河道名称	土方量（万 m³）
干法施工	陆上机械施工	河道开挖采用分段法施工，自下而上依次进行。施工段上下游各筑一道施工围堰，用水泵将河道明水排除，并在河道内开挖排水龙沟及集水坑以降低地下水位，使用反铲挖掘机开挖	河南工程：全部疏浚河道 安徽工程：苏沟、济河、濉河、沱河的部分河段及所有干沟、撇洪沟 江苏工程：徐州废黄河河道 山东工程：全部疏浚河道	3 372.7
湿法施工	绞吸式挖泥机船施工	施工时，先进行施工放样并设置明显的易认标志。排泥管陆上部分采用岸管架设；水上部分采用潜管布置或浮管布置。施工前将开挖区内的杂物清除干净，排泥口布设优先沿围堰坡冲填，然后在排泥场上口冲填时由下退水口排水或下口冲填时由上退水口排水，确保排水的泥沙含量不大于 1%	安徽工程：港河、濉河、沱河的部分河段 江苏工程：泰东河	2 117.81
水力冲填施工		排泥管及排泥口的布置与绞吸式挖泥机船施工方式相同，施工程序为测量放样、河床清理、泥浆泵吹填、沉淀、排水	江苏工程：泰州市河道	

表 5-6　工程弃土量及弃土去向

省份	洼地名称	工程弃土量（万 m³）	弃土处置及去向
河南	小洪河下游洼地	99.33	河道疏浚采用干法施工，弃土就近堆放在设计河口以外 2 m 处，弃土堆放边坡 1∶2，高度 2～3 m 堤防清基土临时堆放在护堤地，用于临时占地复耕 建筑物弃土就近堆放
	贾鲁河、颍河下游洼地	185.84	
	沿淮洼地	2.97	
	小计	288.14	
安徽	八里湖洼地	109.41	采用干法施工疏浚的河道（苏沟、济河、濉河、沱河的部分河段及所有干沟、撇洪沟），弃土运到堤后沿线堆放 采用湿法施工疏浚的河道（濉河清沟以下段河道、沱河濠城闸以下段河道），排泥至两岸相对交错布置的冲填区内；濉河清沟以下段布置 13 个冲填区；沱河濠城闸以下段共布置 30 个冲填弃土区 建筑物工程弃土量较少，弃土堆放在附近低洼地
	焦岗湖洼地	282.58	
	正南洼洼地	9.23	
	西淝河下游洼地	529.38	
	架河洼地	7.69	
	高塘湖洼地	34.42	
	北淝河下游洼地	246.95	
	高邮湖洼地	17.56	
	濉河洼地	647.26	
	沱河洼地	634.15	
	天河洼地	2.32	
	小计	2 520.95	

续表 5-6

省份	洼地名称		工程弃土量（万 m³）	弃土处置及去向
江苏	里下河东南片洼地	泰东河工程	1 452.11	泰东河疏浚采用湿法施工，排泥至两岸布置的排泥场内，共布置排泥场 19 个
		盐城市里下河工程	18.28	
		泰州市里下河工程	96.82	徐州市废黄河疏竣采用干法施工，弃土堆置于河道两侧弃土区
	里运河渠北洼地		9.00	
	徐州市废黄河洼地		578.64	泰州市河道疏浚采用水力冲填施工，即泥浆泵吸运加挖掘机开挖方案，排泥至规划的冲填区内
	小计		2 154.85	
山东	南四湖滨湖洼地		141.85	河道疏浚采用干法施工，河道滩地表层腐质土和主河道河底清淤土不能用于筑堤和补坡，作为弃土，堆放在设计河口以外 2 m 处
	沿运洼地		73.68	
	郯苍洼地		166.01	堤防清基土弃于护堤地，用于复耕
	小计		381.54	建筑物弃土就近堆放
	合计		5 345.48	

注：河道疏浚干法施工指枯水期筑挡水围堰陆上机械开挖；湿法施工指挖泥船水下疏浚开挖，排泥至规划的冲填区（排泥场）内；水力冲填施工指采用泥浆泵吸运加挖掘机开挖的方法，排泥至规划的冲填区内。

5.3　河道疏浚底泥环境影响分析

5.3.1　河道底泥的性质

研究对底泥监测共布设了 112 个监测点，包括了主要疏浚的大河、大沟及支沟。以《土壤环境质量标准》（GB 15618—1995）（pH 值＞7.5）中的二级标准进行研究，江苏泰东河读书址大桥处、废黄河和泰州工程区底泥 Cd 超标；安徽高塘湖洼地水湖排涝沟入高塘湖口测点出现 Cu 和 Cd 因子超标；对超标监测点的底泥毒性浸出试验表明，该处底泥不属于危险固体废弃物；其余测点各监测因子均未超出标准要求，重金属含量不超标，可以作为农田、林地、果园等农用土壤使用。

5.3.2　干法施工河道底泥的处置与利用及对环境的影响

采用干法疏浚施工的包括河南工程和山东工程的所有河道和排涝沟，安徽省工程的排涝干沟及撇洪沟、苏沟、济河及濉河清沟以上段和沱河濠城闸以上段的河道，以及江苏省徐州市废黄河河道，这些河道和排涝沟枯水期上游几乎没有来水或来水可通过节制闸控制，因此采用枯水期筑挡水围堰陆上机械施工。

5.3.2.1　河南工程

研究重点对底泥二次污染影响进行分析。本工程疏浚河道 345.77 km，根据国内对河道底泥的研究表明，底泥与河水之间存在着一种吸收与释放的动态平衡，一旦河水污染物含量较少，底泥中污染物的释放量就会增加，它对河水的二次污染也会增大。因此，本次河道疏浚工程不仅提高河道防洪除涝标准，清除污染底泥对保证河流水质也有积极意义。

本工程施工采用干法施工，不会出现底泥扰动污染地表水的现象，但对污染的底泥清淤后如不采取妥善的处置措施露天堆放，其中的有害成分可通过大气、土壤、地表和地下水等直接或间接传播。

本工程沿河道施工，设计单位设计时考虑沿河道弃土，无集中的弃土区。小洪河下游洼地的疏浚底泥用于筑堤，贾鲁河、颍河下游洼地的底泥弃置河道两岸后采取复耕措施。根据研究现场监测的结果，监测河流的底泥均可以满足《土壤环境质量标准》（GB 15618—1995）中的二级标准要求，底泥临时堆放不会对周围的大气环境、水环境和土壤环境造成很大的影响，有筑堤任务的河流，其底泥晾晒后可作为筑堤用土，研究建议多余土方在河道两侧或堤后的空洼地放置填平，采取复耕措施后作为一般农田、蔬菜地、茶园、果园等，其对植物和环境不会造成危害和污染。

5.3.2.2　安徽工程

安徽工程的排涝干沟及撇洪沟、苏沟、济河以及濉河清沟以上段和沱河濠城闸以上段的河道采用干法疏浚，弃土运到堤后沿线堆放，弃土区为临时占地，结束占用后，需进行复耕。

根据底泥监测结果，除高塘湖洼地水湖排涝沟入高塘湖口测点出现 Cu 和 Cd 因子超标外，其余各监测点的底泥均可以满足《土壤环境质量标准》（GB 15618—1995）二级标准要求，达标底泥堆置的弃土区复耕后不会对地下水和土壤环境造成重金属污染。

对超标监测点的底泥毒性浸出试验表明，该处底泥不属于危险固体废弃物。同时，该监测点各因子均在《农用污泥中污染物控制标准》（GB 4284—84）规定的范围内。因此，建议对水湖排涝沟疏浚底泥弃土区采取如下防护措施：在底泥堆放前采用黏土垫底夯实（厚度在 40 cm 以上），周围用土工布防侧漏，底泥堆放后，上面覆盖 30~50 cm 厚土并进行压实处理，弃土区不能用于蔬菜、粮食等作物的栽培地，可作为绿化用地使用。

5.3.2.3　江苏工程

根据工程设计，徐州废黄河疏浚的底泥堆置于河道两侧弃土区，弃土区为临时占地，结束占用后，需进行复耕。

底泥监测结果显示，废黄河疏浚河段底泥 Cd 因子有所超标，其他监测因子均能满足《土壤环境质量标准》（GB 15618—1995）中的二级标准的要求。研究及时将监测结果反馈给设计部门，设计部门拟对该部分底泥采用如下工程措施加以防护：在其堆放前采用黏土垫底夯实（厚度约 40 cm），周围用土工布防侧漏，再在底泥上面覆盖 30~50 cm 厚土并进行压实处理后，采取临时占地的复耕措施。

研究认为，由于超标原因主要是当地土壤中该因子背景值较高，不是由于污染源污染所致，故采取工程措施防护后，该部分底泥不会对地下水和土壤环境产生较大不利影响。同时，建议超标底泥弃土区不能用于蔬菜、粮食等作物的栽培地，可作为林地、绿化用地使用。

5.3.2.4　山东工程

山东工程河道底泥不用于筑堤，作为弃土沿河道堆放在临时占地内，结束占用后，需进行复耕。工程河道治理长度 90.33 km，土方开挖总方量为 438.72 万 m^2，土方填筑 165.67 万 m^2，取土量 58.95 万 m^2，弃土 284.5 万 m^2。

根据底泥监测结果，各监测点的底泥均可以满足《土壤环境质量标准》（GB 15618—1995）中的二级标准要求，不会对地下水和土壤环境造成重金属污染。弃土区结束占用后，可以作为一般农田、蔬菜地、茶园、果园、牧场等土壤进行复耕，对植物和环境基本不造成污染和危害。

5.3.3 湿法施工河道底泥的处置与利用及对环境的影响

采用湿法疏浚施工的河道包括安徽工程潏河清沟以下段河道、沱河濠城闸以下段河道和江苏工程泰东河河道，这些河道常年有水，采用挖泥船水下疏浚开挖，开挖底泥排放到两岸的冲填区堆放。此外，泰州市河道疏浚采用水力冲填施工，即泥浆泵吸运加挖掘机开挖方案，开挖底泥也排到冲填区内堆放。冲填区均为工程临时占地，结束占用后需复耕。

根据工程设计，在每一疏浚河段完成施工后，将冲填区围堰超高部分削平，以利于冲填区排水和加快固结，待冲填区固结半年以后，将顶面就近推平，冲填区顶面平整后，将清基堆存土方运回复耕。冲填区土层剖面示意图见图 5-1。

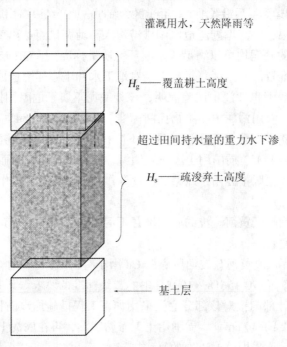

灌溉用水，天然降雨等

H_g——覆盖耕土高度

超过田间持水量的重力水下渗

H_s——疏浚弃土高度

基土层

图 5-1 冲填区土层剖面示意图

5.3.3.1 安徽工程

安徽工程潏河清沟以下段共布置 13 个冲填区，沱河濠城闸以下段共布置 30 个冲填弃土区。根据底泥现状监测结果，本次监测疏浚河流和干沟底泥基本均可以满足《土壤环境质量标准》（GB 15618—1995）中的二级标准要求，只在高塘湖洼地长丰县水湖排涝沟入高塘湖口测点出现 Cu 和 Cd 超标，从其沿线各监测点监测因子的监测结果来看，该测点各监测因子均明显高出上游 2 个测点，超标倍数相对较高，研究分析认为该测点出现 Cu 和 Cd 超标现象的原因与高塘湖水质有关，经底泥毒性浸出试验，该测点底泥各测定因子浓度均远远小于《危险废物鉴别标准——浸出毒性鉴别》（GB 5085.3—1996）中的标准限值，同时该监测点各因子均在《农用污泥中污染物控制标准》（GB 4284—84）

规定的范围内，因此该段疏浚底泥可以作为一般固体废弃物进行使用或妥善处置，不会对当地环境造成显著不利影响。

研究认为，本次工程涉及疏浚范围较大，在城镇排污集中的局部河段存在底泥二次污染的可能，但主要应为有机污染物超标。本工程河道施工基本处于农村区域，周边无工业污染源，大气扩散条件较好，工程疏浚施工产生的底泥堆放短期内不会对周围的大气环境和土壤环境造成明显影响。此外，由于本工程挖泥船疏浚的底泥冲填区要进行复耕，因此本次底泥影响预测还分析了冲填区底泥的影响。

由疏浚设计方案可知，挖泥船疏竣采用的弃土方法为采取围堰冲填的方法，在每一疏浚河段完成施工后，应及时将围堰超高部分削平，以利冲填区排水和加快固结，待冲填区固结半年以后，再次采用推土机将顶面就近推平，平整度为 0.2 m。冲填区顶面平整后，采用铲运机将清基堆存土方运回复耕。冲填区土层剖面示意图见图 5-1。

自然界中含有极微小颗粒，呈现出薄片状构成。诸如长石、云母等原生矿物氧化后生成稳定的次生矿物与原生矿物组合在一起，颗粒非常细小，称为微晶体。由于不完整结晶结果，结晶体结构表现为表面带负电。在岩石风化形成黏土过程中，带正电荷的阳离子（典型的有 K^+、Na^+、Ca^{2+}、Mg^{2+}、Cr^{5+}、Cd^{2+} 等）松散地附在黏土表面，这些阳离子能够与其他阳离子进行交换，或者当黏土与水混合时彻底溶于水中。土壤的阳离子交换容量（CEC）是阳离子数量的量度，用于衡量单位土壤中含阳离子交换容量，即每 100 g 土壤吸附的毫摩尔离子量。由于冲填区复耕后土壤环境质量直接影响到农业生产环境和农业产品质量，为此本研究对复耕后土壤环境质量的变化进行预测。

类比同区域其他疏浚工程底泥研究工作，结合工程底泥监测情况及毒性浸出试验结果可知，首先，本地区土壤质量较好，疏竣复耕底泥中的重金属符合土壤质量二级标准。其次，复耕时表层将覆盖原表土，当地主要农作物水稻、小麦、玉米根系均属须根，一般来说只要表层土厚度达到 0.4 m 以上，下部底泥不会对农作物的产品质量构成影响。因此，研究认为本工程冲填区底泥不会对复耕后农作物产生较大不利影响。

5.3.3.2　江苏工程

江苏工程泰东河疏浚共布置冲填区 19 个，其中北岸 14 个，南岸 5 个；泰州市疏浚工程冲填区布置情况见表 5-7。

表 5-7　泰州市疏浚工程冲填区布置情况

序号	河道名称	冲填区面积（亩）	冲填区数量（个）
1	宫涵河	70.5	3
2	鲍马河	123	3
3	王庄河	75.75	5
4	军民河	220.2	22
5	苏红河	90.15	16
6	内部生产河	240	64

底泥监测结果显示，江苏工程泰东河 5 个底泥监测点中，读书址大桥处监测点 Cd 超标；泰州市工程区各监测点 Cd 均超标，超标的原因是当地土壤中该因子背景值较高；其余监测点各监测因子均能满足《土壤环境质量标准》（GB 15618—1995）中的二级标准

的要求。

本研究将监测结果反馈给设计部门后，设计部门拟对该部分底泥采用如下工程措施加以防护：在其堆放前采用黏土垫底夯实（厚度约 40 cm），再在底泥上面覆盖 30~50 cm 厚土并进行压实处理后，再采取临时占地的复耕措施。研究认为，由于超标原因主要是当地土壤中该因子背景值较高，不是由于污染源污染所致，故采取该工程措施防护后，该部分底泥不会对地下水和土壤环境产生较大不利影响；同时，研究建议超标底泥弃土区不能用于蔬菜、粮食等作物的栽培地，可作为林地、绿化用地使用。

5.4　小　结

研究对底泥监测共布设了 112 个监测点，包括了主要疏浚的大河、大沟及支沟，以《土壤环境质量标准》（GB 15618—1995）（pH 值＞7.5）二级标准进行研究，江苏泰东河读书址大桥处、废黄河和泰州工程区底泥 Cd 超标；安徽高塘湖洼地水湖排涝沟入高塘湖口测点出现 Cu 和 Cd 超标；对超标监测点的底泥毒性浸出试验表明，该处底泥不属于危险固体废弃物，为一般固体废弃物；其余监测点各监测因子均未超出标准要求，重金属含量不超标，不会对地下水和土壤环境造成重金属污染。

因此，达标底泥弃土区结束占用后，可进行复耕，对植物和环境基本不造成污染和危害。对于超标底泥弃土区，研究建议采取黏土垫底夯实及表土覆盖等防护措施。同时，底泥超标弃土区不能用于蔬菜、粮食等作物的栽培地，可作为林地、绿化用地使用。为减免河道底泥对环境的影响，研究建议采取以下环境保护措施：

（1）施工弃土和底泥应在规划的弃土区堆置，不可随意堆放，弃土和干法施工底泥堆置期间进行定期洒水，防止风吹扬尘；堆放过程中要注意控制堆放高度，并采取建设挡栏等措施防止其被冲刷流失。

（2）满足《土壤环境质量标准》（GB 15618—1995）中的二级标准要求的底泥弃土区可进行复耕，研究建议管理部门对复耕的弃土区进行监控，确保弃土区农作物无害后再交给农民耕种。

（3）安徽及江苏工程底泥超标的弃土区，应确保黏土垫底夯实、周围用土工布防侧漏等工程防护措施的落实；同时，研究建议超标底泥弃土区不能用于蔬菜、粮食等作物的栽培地，可作为林地、绿化用地使用。

第 6 章　区域环境累积影响研究

环境累积效应研究始于对环境产生的效应的研究。环境累积效应是指当一项行动与过去、现在以及可合理预见的将来行动结合在一起时，所产生的对环境的累加的影响。特别是指各种行动的单独影响不大，而综合起来的影响却很大的现象。

开展项目实施对区域的环境累积影响评价是环境影响评价工作当中较为关注的内容之一。随着人类环境意识的提高，可持续发展已经成为社会发展的最终目标。在这个目标之下，传统的环境影响评价渐渐暴露出弊端：评价的时间和空间范围狭窄，较少考虑环境的间接影响和累积效应；评价处于被动地位；忽略了相邻区域内同期开展的建设项目或同区内先后开始的工程之间的相互作用等。这就决定了环境影响评价必须向更深、更广的范围发展。

可持续发展是目的和约束，对环境累积影响的管理则是达到这个目的的方法；累积影响评价和可持续发展具有一致的概念、目标和方法。因此，可以认为累积影响评价与可持续发展相吻合，它就是环境影响评价在环境影响的累积作用方向的深入，也是环境影响评价进一步发展完善的重要趋势。

6.1　项目引起的区域环境累积影响识别

所有对环境的影响都可能会累积，但在识别时，一般不必将与项目有关的所有潜在的累积影响问题都进行分析，而是主要考虑具有区域或局部的重大影响。通常通过提出一系列问题识别同拟建项目相关的潜在累积影响：拟建项目实施是否与区域相关规划一致？拟建项目实施对区域的生态重要性如何？经济重要性如何？在同一地理区域中，过去、现在和将来是否有其他与建设项目类似的项目活动发生？其他的人类活动是否产生与建设项目类似的环境影响？拟建项目与其他活动结合起来是否影响自然资源、文化资源、生态系统等？拟建项目是否可能存在改变主要河流或河口的水文状况、当前开发活动对周围居民生产生活的影响等累积环境问题。

按照以上识别方法，开展淮河流域防洪排涝工程的环境累积影响研究工作，主要从以下几方面入手：①分析项目与相关规划的协调一致性，从规划层面分析项目实施是否与区域总体层面规划相一致；②分析项目实施后，区域工程建设体系、水文等因素的变化而引起的区域累积环境影响；③从项目实施对区域自然资源、社会环境、生态环境影响等方面，分析项目实施对区域的有利影响和不利影响；④通过分析项目区域实施过的类似工程，类比分析本类项目实施的区域累积环境影响。

6.2　相关规划协调性分析

开展本次淮河流域防洪排涝工程规划协调性分析工作，主要需考虑到的规划包括：①《关于治理淮河的决定》、《关于进一步治理淮河和太湖的决定》、《加快治淮工程建设规划》（2003～2007年）、《淮河流域防洪规划简要报告》等淮河流域的总体治理方针规划；②淮河流域水污染防治"十五"计划等淮河流域环境治理方面的规划；③区域经济发展规划等淮河流域社会环境方面的规划；④同时本次项目作为一个世界银行贷款项目，还应考虑项目实施与世界银行战略计划的协调性。

6.2.1　项目与淮河流域治理规划的协调性分析

6.2.1.1　本工程在治理淮河中的地位

本次工程项目区地势低洼，汛期受淮河和骨干排水河道高水位顶托，自排概率很小。同时，该地区现状排水能力严重不足，排水标准明显偏低，大部分地区不足3年一遇，致使洪涝灾害频繁发生，因洪致涝已成为这些地区影响最深、影响面最广的灾害。2003年7月洪水，在农作物洪涝受灾面积中，涝灾面积约占三分之二以上。与1991年洪水相比，受涝与"关门淹"的现象没有得到明显改善。严重的洪灾不仅导致农作物受灾，甚至危及部分村庄及工矿区的防洪安全，严重制约当地工农业的发展和人民生活水平的提高，除涝在淮河流域的治理中占有重要地位。

我国政府长期以来十分重视淮河流域的治理工作，早在1950年，中国政府就作出了《关于治理淮河的决定》，制定了"蓄泄兼筹"的治淮方针；1991年江淮大水后，国务院作出了《关于进一步治理淮河和太湖的决定》，确定了19项治淮骨干工程；2003年淮河流域发生特大洪水后，水利部淮河水利委员会编制了《加快治淮工程建设规划》（2003～2007年），强调要加强淮河流域重点平原洼地治理力度，提高防洪除涝标准，并将"重点平原洼地排涝工程"列为加快治淮建设新增三项工程之一。

因此，本次淮河流域重点平原洼地治理工程是淮河流域治理规划的重要组成部分，在淮河流域治理工程中具有重要的地位和作用。

6.2.1.2　与淮河治理规划的一致性

根据《加快治淮工程建设规划》（2003～2007年），"实施重点平原洼地排涝工程建设"是该规划总体布局中的重要组成部分。规划中"流域部分重要支流防洪标准达到10～20年一遇，排涝标准达到3～5年一遇；沿淮洼地排涝标准达到5年一遇，里下河地区排涝标准达到10年一遇"的规划目标也是对本次平原洼地治理工程的要求。

同时，按照《淮河流域防洪规划简要报告》近期规划，湖洼和重要易涝地区治理规划是：近期淮河干流中游沿淮洼地治理标准为防洪标准10～20年一遇，除涝标准达到5年一遇。治理的基本措施是：在最低洼的地方，因地制宜保留一些蓄水面积；对沿湖周边洼地，实行退垦还湖，增加湖泊调蓄能力；对易涝地区，进行产业结构调整，发展湿地经济；实施高水高排，疏整沟渠，新建、加固圩区堤防，扩建涵闸；适当建站，增强外排能力。远期排涝标准将由近期的5年一遇提高到10年一遇，对近期已治理的洼地进一步加强排水工程建设，增建泵站，完善面上配套工程。

本次工程洼地治理标准为：

（1）防洪标准：万亩以下圩口为 10 年一遇，万亩以上圩口及万亩以下居住人口较多的重要圩口为 20 年一遇。

（2）除涝标准：抽排一般圩口为 5 年一遇，居住人口较多的重要圩口为 5 年一遇或略高，自排为 5～10 年一遇。

因此，本次淮河流域重地平原洼地治理工程既符合《淮河流域防洪规划简要报告》的近期规划要求，又符合《加快治淮工程建设规划》（2003~2007 年）总体布局和规划目标要求。

6.2.2　项目与淮河流域治污规划的协调一致性

淮河流域水污染防治"十五"计划的总目标是在保证淮河干流和主要支流生态流量的情况下，淮河干流水质进一步好转，南水北调东线工程水质基本达到地表水 III 类水水质标准。

本工程为流域减灾治理工程，工程建成后，由于洪涝灾害的减少，区域自然环境和生态环境将有所改善，将对淮河流域水污染治理起到促进作用。

6.2.3　项目与区域经济发展规划的协调性分析

淮河流域是洪涝灾害频繁发生的地区。洼地主要在圩区、河流下游平原区、滨湖地带。涝水出现有一定的地域性和反复性，易造成一个地区频繁受灾，阻碍当地工农业的发展，长期危害当地人民的生活稳定。低洼地区一直是流域内十分贫穷的地方。为改变低洼地区的贫困状况，必须有效控制该区的洪涝灾害，彻底进行洼地治理。

本次淮河流域重点平原洼地治理工程实施后，将大大改善低洼地区的排洪排涝条件，对促进流域内国民经济的发展和社会安定、改善人民生活、建设和谐社会具有十分重要的意义。

6.2.4　项目与世界银行对中国战略的协调性分析

世界银行《国别伙伴战略》（2006~2010 年）中提出：减少贫困、不平等和社会排斥现象；推动城镇化均衡发展，维持农村生计，扩大基本社会服务和基础设施服务，尤其是在农村地区。

淮河流域重点平原洼地治理工程实施旨在提高淮河流域防洪排涝能力、除涝标准，保障低洼地区内人民群众生命财产安全，改善低洼地区内人民群众生产、生活条件。因此，本项目实施符合世界银行对中国的战略，与世界银行的战略计划联系紧密。

6.3　区域环境累积影响研究

淮河流域经过多年的治理，已初步建成一系列的治淮工程体系，本次研究从分析项目实施后区域工程建设体系、水文等因素的变化，来开展区域累积环境影响研究工作。

6.3.1 淮河流域治理现状

淮河流域经过多年的治理，目前已初步形成了防御洪水的工程体系：已建成水库 5 700 多座，总库容 265 亿 m^3，其中大型水库 36 座，控制面积 3.45 万 km^2，占山丘区面积的 1/3，总库容 189 亿 m^3，防洪库容 52 亿 m^3。现有行蓄滞洪区 29 处，其中蓄洪区有濛洼、城西湖等 11 处，设计调蓄洪水约 123 亿 m^3；沿淮行洪区有荆山湖、方邱湖等 18 处，使用机遇为 4～15 年一遇，可分泄河道流量的 20%～40%，是淮河防洪体系中的重要组成部分。淮河流域现有堤防 5 万 km，主要堤防 11 000 km，其中淮北大堤、南四湖湖西大堤等一级堤防 1 716 km；茨淮新河堤防、邳苍分洪道堤防等二级堤防 2 143 km。

目前，在上游水库充分拦蓄，中游行蓄洪区充分利用的前提下，淮河干流上游防洪标准接近 10 年一遇；中游防洪标准不足 50 年一遇；下游防洪标准接近 100 年一遇。淮河主要支流现状防洪标准为 10～20 年一遇。沂沭泗水系中下游现状防洪标准为 20 年一遇。

6.3.2 淮河流域治理规划体系及"19+3 工程"简介

6.3.2.1 淮河流域治理规划体系简介

淮河流域治理规划体系简介见表 6-1。

表 6-1 淮河流域治理规划体系简介

序号	规划名称	规划主要内容
1	1991 年《关于进一步治理淮河和太湖的决定》（国发[1991]62 号）	确定建设 19 项治淮骨干工程
2	2001 年《关于加强淮河流域 2001～2010 年防洪建设的若干意见》（水利部 2001 年 12 月）	明确在 19 项治淮骨干工程的基础上，新增建设 7 项工程
3	2003 年《加快治淮工程建设规划（2003～2007 年）》	包括以下三部分内容： （1）2003 年灾后重建 （2）加快建设 19 项治淮骨干工程中的在建和未开工的工程 （3）《关于加强淮河流域 2001～2010 年防洪建设的若干意见》中需提前建设的 3 项重点工程，即：①行蓄洪区调整；②淮河流域堤防达标及河道治理工程；③重点平原洼地排涝工程

从表 6-1 可以看出，《加快治淮工程建设规划》（2003～2007 年）中包含的"治淮 19 项骨干工程"和"3 项重点工程"是目前淮河流域治理的主体框架。

6.3.2.2 "治淮 19 项骨干工程"和"3 项重点工程"简介

"治淮 19 项骨干工程"简介见表 6-2。"3 项重点工程"简介见表 6-3。

表 6-2　"治淮 19 项骨干工程"简介

工程简介	工程进度
（1）入江水道加固工程：入江水道是淮河干流下游主要泄洪通道，位于江苏省淮阴市（现淮安市）、扬州市和安徽省天长市境内，上自洪泽湖三河闸，下至长江三江营，全长 157.2 km。工程按行洪 12 000 m³/s、高邮湖水位 9.5 m 标准进行加固 （2）分淮入沂续建工程：分淮入沂是淮河下游洪水出路之一，位于江苏省淮阴市（现淮安市）境内，南起洪泽湖，北至新沂河交汇口，全长 97.5 km （3）洪泽湖大堤抗震加固工程：按设计水位 16.0、校核水位 17.0 m 进行加固 （4）包浍河初步治理工程：包浍河是河南、安徽两省在淮北地区的主要排水河道之一，包浍河初步治理干流按 20 年一遇防洪标准筑堤，3 年一遇的除涝标准挖河 （5）怀洪新河续建工程：怀洪新河流经安徽远、固镇、五河和江苏泗洪县，干河全长 121 km，是淮河中游的一项战略性骨干工程 （6）淮河入海水道近期工程：淮河入海水道是承泄洪泽湖洪水的重要防洪工程，近期工程按洪泽湖 100 年一遇设计洪水、行洪 2 270 m³/s 确定	已竣工验收并发挥效益的 6 项工程
（7）汾泉河初步治理工程：汾泉河是黄淮海平原跨河南、安徽两省的主要边界排水河道，干流全长 243 km （8）大型水库除险加固工程 （9）临淮岗洪水控制工程	已基本完成的 3 项工程
（10）淮河干流上中游河道整治及堤防加固工程 （11）行蓄洪区安全建设工程 （12）防洪水库工程：包括板桥水库复建、石漫滩水库复建、新建燕山水库和白莲崖水库等 4 项工程 （13）沂沭泗河洪水东调南下工程：本工程是统筹解决沂沭泗水系中下游河道洪水出路、提高防洪标准的战略性骨干工程，一期工程已按 20 年一遇标准基本实施完成 （14）涡河近期治理工程 （15）奎濉河近期治理工程：奎濉河位于淮北平原东部，为江苏、安徽两省骨干排水河道 （16）洪汝河近期治理工程 （17）湖洼及支流治理工程 （18）沙颍河近期治理工程 （19）其他：包括直管病险闸坝加固、边界水利、水土保持、能力建设等方面的建设内容	正在建设的 10 项工程

表 6-3　"3 项重点工程"简介

序号	工程名称	主要内容
1	行蓄洪区调整	采取有退有保、有平有留的方式，取消或减少行洪区，巩固和改建蓄洪区
2	淮河流域堤防达标及河道治理工程	（1）洪泽湖大堤除险加固 （2）入江水道整治 （3）分淮入沂整治 （4）淮河一般堤防除险加固
3	重点平原洼地排涝工程	（1）沿淮洼地治理 （2）里下河易涝区治理 （3）南四湖片及沿运河平原涝洼区治理

6.3.3　水文累积影响分析

6.3.3.1　本项目与"19+3 工程"的关系

"19+3 工程"是《加快治淮工程建设规划》（2003 ~ 2007 年）中确定的近期治淮的主要工程，包括"治淮 19 项骨干工程"和"3 项重点工程"，本项目是"3 项重点工程"之一"重点平原洼地排涝工程"中的一部分，本项目及"19+3 工程"总体目标见表 6-4。

表 6-4　本项目及"19+3 工程"总体目标

项目		本项目目标	"19+3 工程"总体目标
主要内容		（1）防洪标准：万亩以下圩口为 10 年一遇，万亩以上圩口及万亩以下居住人口较多的重要圩口为 20 年一遇 （2）除涝标准：抽排一般圩口为 5 年一遇，居住人口较多的重要圩口为 5 年一遇或略高，自排 5 ~ 10 年一遇	（1）淮河干流上游防洪标准基本达到 10 年一遇，中游淮北大堤保护区在沿淮行蓄滞洪区充分运用并启用临淮岗洪水控制工程的情况下达到 100 年一遇，洪泽湖和下游防洪保护区达到 100 年一遇以上的防洪标准 （2）基本上解决行蓄洪区群众防洪安全和除涝问题 （3）沂沭泗水系中下游达到 50 年一遇防洪标准 （4）淮北跨省骨干河道和流域部分重要支流防洪标准达到 10 ~ 20 年一遇，排涝标准达到 3 ~ 5 年一遇 （5）沿淮洼地排涝标准达到 5 年一遇，里下河地区排涝标准达到 10 年一遇
关系		整体与部分的关系	

6.3.3.2　累积影响分析

本项目选择了 3 个有代表性的典型点对水文累积影响进行了分析。

1.河南泵站工程建设对淮河干流的水文情势累积影响分析

工程区主要河流的防洪除涝标准普遍偏低，本工程实施后，防洪标准提高到 10 ~ 20 年一遇，除涝标准提高到 5 年一遇，区域将建成比较完善的防洪除涝体系，有效提高防洪保护区的防洪标准和全流域抗洪灾风险的能力。

河南省工程增加的提排流量及对淮河干流洪水造成的影响较小。信阳沿淮洼地圩区增建 16 座提排站，新增提排流量 89.69 m³/s。驻马店小洪河洼地新建 4 座排涝泵站，提排流量 5 m³/s。两片洼地共新增排涝流量 94.69 m³/s。

小洪河洼地洪峰与淮河干流洪峰存在一定的错峰时间，且流量很小，因此仅需对沿淮河干流洼地提排流量的洪水影响进行分析。沿淮洼地治理面积 407.13 km²，提排标准由 3 年一遇提高到 5 年一遇，增加提排流量 89.69 m³/s（16 座站）。信阳市淮河流域面积 18 574 km²，沿淮增加的排水面积仅占 2.19%。淮滨水文站淮河干流 10 年一遇洪水流量为 7 000 m³/s，新增提排流量 89.69 m³/s，流量增加仅为 1.28%。因此，无论是排水面积，还是排水流量的增加，对淮河干流洪水造成的影响都很小。

2.工程对沱湖出口的沱河的影响

本工程仅增加了疏浚河道的过流能力，不会使河道的来水总量发生变化。但考虑到在一定时期内，由于河道疏浚后过流能力的增加，河道上游来水将短期内较现在来水情况有所增加，以沱河为例：在濠城闸水位 17.37 m、樊集水位 15.63 m 时，沱河河道过流能力约为 380 m³/s。沱河按 5 年一遇排涝标准疏浚后，在相同水位下，河道过流能力约为 438 m³/s。经计算，目前沱河以下河段干流排水能力相当于 5 年一遇排涝流量的 80%～87%。

再以潲河为例：在李大桥闸水位 22.90 m、方店闸水位 20.5 m 时，潲河河道过流能力约为 321 m³/s。潲河按 5 年一遇排涝标准疏浚后，在相同水位下，河道过流能力约为 416 m³/s。经计算，目前潲河李大桥闸以下河段干流排水能力相当于 5 年一遇排涝流量的 77%～83%。

评价分析，本工程实施后，疏浚河道下游水位一定时期内将会有所抬高，但本工程设计当中已考虑到下游影响因素，因此本次疏浚工程的水文情势影响都是在可控制范围内，不会对下游河道造成较大不利影响。

3.工程对新沭沂河的影响

1）南四湖对新沭沂河的影响分析

南四湖流域面积 31 700 km²，其中湖面面积 1 266 km²，河道汇水面积 30 400 km²。汇集入湖的主要大小河流共有 53 条。本项目共涉及 8 条入湖河道，分别为龙拱河、老赵王河、老泗河、微山老运河、老万福河、小沙河、泥沟河、小沙河故道，其汇水总面积为 1 004.5 km²，只占南四湖总汇水面积的 3.17%，而且该 8 条河道列入本项目前就一直将涝水排入南四湖，即使通过本次治理，其汇水面积也没有增加，只是在该 8 条河道上共有新建泵站 4 座，新增抽排入湖流量 6.5 m³/s。南四湖内的洪涝水是通过韩庄运河、中运河排入骆马湖，经骆马湖滞蓄后再通过新沂河排入黄海，该新增流量对正在实施扩挖洪道和复堤，按照 50 年一遇设计标准实施病险工程处理的新沂河整治工程来说，基本不存在影响。

2）白马河与吴坦河对新沭沂河的影响分析

白马河洪涝水是经江苏省邳州于扬庄附近入沂河，然后进入骆马湖，吴坦河洪涝水是排入邳苍分洪道，经中运河入骆马湖。两河的洪涝水均经骆马湖滞蓄后再通过新沂河排入黄海，且本次治理该两河上没有新建泵站，无新增排水流量，两河的洪涝水在无本项目前就是通过此途径排出的，所以通过整治两河，只会增加洪涝水的下泄速度，对于正在实施扩挖洪道和复堤，按照 50 年一遇设计标准实施病险工程处理的新沂河整治工程来说，基本不存在影响。

6.4 区域环境有利影响分析

6.4.1 直接有利影响

6.4.1.1 对区域防洪排涝能力的影响

1.项目区洪涝灾害概况

淮河流域平原面积广，干支流中下游河道比降平缓，地面高程大部分在干支流洪水位之下，经常出现因洪致涝、洪涝并发的局面。重点平原洼地治理工程项目区地势低洼，自排概率小，现状排水能力严重不足，排水标准明显偏低，大部分地区不足 3 年一遇，洪涝灾害频繁发生。1991 年和 2003 年涝灾或因洪成灾的损失约占全部灾害损失的 2/3 以上，且每次大水后退水时间长，严重影响群众的生产生活，这些地区也成为淮河流域贫困人口最为集中的地区。

以 2003 年为例，治理区内受灾面积达 812 万亩，大部分绝收。项目区历年洪涝灾害面积统计详见表 6-5。

表 6-5　项目区历年洪涝灾害面积统计　　　　　（单位：万亩）

年份	河南	安徽	江苏	山东	合计
1970	21.05		36.60	110.48	168.13
1971	46.81	6.20	24.70	105.10	182.81
1972	33.69	34.70	24.60	36.30	129.29
1973	42.80		4.10	78.80	125.70
1974	29.04		23.90	130.65	183.59
1975	165.54	34.50	22.10	48.10	270.24
1976	24.11		27.80	53.62	105.53
1977	17.22		16.12	19.76	53.10
1978	3.01		5.00	50.49	58.50
1979	172.16		17.50	32.77	222.43
1980	76.37	40.80	34.30	24.72	176.19
1981	9.55		15.88	11.12	36.55
1982	172.86	51.00	7.60	18.33	249.79
1983	96.72	53.60	36.10	11.60	198.02
1984	269.01	49.80	33.44	38.02	390.27
1985	34.10		28.30	76.40	138.80
1986	5.87		30.60	21.85	58.32
1987	30.02	15.30	8.20	15.13	68.65
1988	21.60		10.20	12.84	44.64
1989	87.30	13.50	33.98	10.23	145.01
1990	3.76	13.60	32.20	72.08	121.64
1991	149.21	229.40	58.56	105.01	542.18
1992	15.74		0	21.28	37.02
1993	1.73		17.70	124.68	144.11
1994	2.06		0	19.62	21.68
1995	3.17		17.30	45.76	66.23
1996	103.14	148.30	20.00	14.34	285.78
1997	98.01	32.80	4.50	41.90	177.21
1998	203.26	122.70	38.93	51.79	416.68
1999	27.36		9.10	7.05	43.51
2000	201.46	33.40	26.10	6.00	266.96
2001	87.89		14.90	6.60	109.39
2002	10.21	11.30	13.90	8.20	43.61
2003	246.76	301.60	72.40	191.16	811.92

2.项目建设增强了区域抵御洪涝灾害的能力

本项目通过疏浚河道和加固堤防，提高现有河道的排涝防洪能力，通过新建、重建、扩建、维修加固现有建筑物，使治理区形成一个完整的防洪排涝体系。项目实施后，防洪标准提高到 10～20 年一遇，除涝标准提高到 5～10 年一遇，有效提高了项目区抵抗洪涝灾害的能力。

1）除涝效益

根据设计部门计算成果，项目区内多年平均除涝减灾面积约 99.41 万亩，多年平均除涝效益为 37 252.86 万元。其中，河南、安徽、江苏、山东 4 省多年平均除涝减灾面积分别为 27.34 万亩、42.4 万亩、6.292 万亩、23.38 万亩，多年平均除涝效益分别为 8 523 万元、21 637 万元、3 042.86 万元、4 050 万元。

2）防洪效益

根据设计部门计算成果，淮河流域重点平原洼地治理工程实施后，项目区内多年平均防洪减淹面积 40.49 万亩，多年平均防洪效益为 26 558.07 万元。

6.4.1.2　对区域社会经济的影响

1.促进了区域社会经济的发展

项目建成后，提高了项目区防洪除涝标准和抗灾能力，减少了由洪涝灾害引发的人员伤亡、城乡房屋、设施和物资损坏以及工矿停产、商业停业、交通及电力和通信中断造成的损失等。同时，项目运行后，可改善项目区水环境，对改善这些地区的经济贫困状况，增强农业发展的后劲，改善和提高人民的生活水平都具有巨大的推动作用。虽然工程占地造成项目区耕地的减少和损失，但安置补偿和移民搬迁也给地区发展带来了机遇，移民安置资金的投入为地区经济结构调整提供了机会。

2.解决因涝致贫带来的一些社会问题

项目区洪涝灾害频繁发生，给当地人民生活带来沉重的负担，因洪致涝已成为这些地区影响最深、影响面最广的灾害。尤其是近年来，因涝致贫带来的一些问题集中、突出地显现出来：因交不了学费或务工挣钱，适龄儿童被迫辍学，无法实现国家制定的九年制义务教育目标；隐性疾病进入高发期，高额的医疗费用压得患病家庭无法承受，生活悲观；农民赖以生存的基本物质条件无法保障，外出打工收入全部补贴到吃饭穿衣上，几年积蓄毁于一水的情况时有发生，不安全因素严重威胁着当地的社会稳定，涝灾的减少也使各种流行病和传染病少了传播途径。

项目建成后，提高了项目区的抗灾能力，项目洪涝灾害得以减少，在一定程度上解决了上述因涝致贫带来的一些社会问题。

3.解决地方三农问题

项目区人口居住稠密，人力资源丰富。由于涝灾的威胁，大部分强壮劳动力被迫留在家中防护水涝灾害，困扰了大量的劳动力，地方三农问题十分突出。

本项目建成后，有利于当地农民外出务工，扩大农民创收门路，是使农民脱贫致富的重要举措，对人民安居乐业、地区社会经济发展有十分重要的意义，为实现国家的共同致富目标打下了基础。

6.4.2　间接有利影响

6.4.2.1　项目建设改善了区域生态环境

项目建设将提高区域抵御涝灾的能力，减少涝灾对自然系统的危害，区域自然环境和生态环境将得到逐步改善，生物生产力得到提高，生态系统稳定性增强，生态系统的抗干扰能力和扰动后的恢复能力都将得到改善。

此外，工程水土保持措施实施后，可以提高项目区的植被覆盖率，人工种植的林木和自然生长的草类、灌木等相结合，可起到涵水、固土、造氧、生产林木蓄积方及减少土壤肥力流失等功能，美化当地自然景观，改善当地的生态环境和当地群众的生产、生活条件。

6.4.2.2　项目建设促进了人与环境协调发展

工程实施后，防洪除涝标准的提高，消除了每年汛期，尤其是高水位时项目区居民紧张、焦躁，甚至是恐惧的心理。涝灾的减少，环境的改善，会使人们真正意识到环境的重要性以及保护环境的紧迫性，人与自然灾害矛盾的解决有助于促进人与环境的协调发展。

6.4.2.3　工程其他效益

1.灌溉效益

灌溉效益主要为江苏、山东 2 省项目的引水效益。据设计部门统计，江苏省减少垦区缺水面积 43 万亩，多年平均减少现状农业灌溉缺水的效益为 38 086 万元；山东省项目新增灌溉面积 34.14 万亩，多年平均灌溉效益为 1 444.1 万元。

2.航运效益

航运效益主要体现在江苏工程泰东河航道等级由现状五级提高到三级后，带来的船舶绕行费用的节约和船舶运输经济成本的节约。

6.5　区域环境不利影响分析

本项目对区域环境的不利环境影响主要有两类：一类是占压土地资源，另一类是工程施工和移民安置对环境产生的短期不利影响。这些不利影响已在本书第 5 章中进行了详述，对于占压土地资源，是为取得工程效益所必须付出的资源与环境代价，但受工程占地影响的居民也同时是工程效益的直接受益者；对于工程施工和移民安置导致的不利影响，可通过采取一定的环境保护措施进行减免和降低。

6.6　已建同类工程实例

本项目建设包括河道疏浚，堤防加固以及泵站、涵闸、桥梁等建筑物工程建设，这些工程类型均是淮河流域治理和国内水利工程中常见的工程措施，有着成熟的施工技术和丰富的施工经验。

本项目通过走访淮河水利委员会和河南、安徽、江苏、山东 4 省水利部门，调查了部分已建同类工程的效益和环境影响情况，详见表 6-6。

表 6-6　已建同类工程的效益和环境影响情况

省份	工程名称	工程内容	环境影响	工程效益
河南	小洪河治理工程	河道疏浚堤防加固河道险工维修、改建跨河、穿堤建筑物	永久占地 4 650 亩，临时占地 12 083 亩，搬迁人口 5 334 人 施工过程中产生的废水、机械噪声、废气和扬尘、建筑垃圾和生活垃圾等给项目区的环境造成一定的不利影响 工程施工中采用洒水、降尘及垃圾掩埋等处理措施，对环境影响较小	发挥防洪除涝效益约 3.8 亿元促进了项目区的生态环境改善
山东	湖东堤工程	堤防工程涵闸工程桥梁工程滨湖排灌工程	永久占地 7 539 亩，临时占地 8 404 亩，搬迁人口 2 968 人 工程堤防及建筑物工程位于南四湖自然保护区的缓冲区与试验区之间，施工、取土、筑堤等对南四湖的生态环境造成一定影响	11.77 万亩耕地排涝标准由现状 3 年一遇提高到 5 年一遇，多年平均防洪效益为 1.35 亿元，多年平均排涝效益为 0.01 亿元，多年平均灌溉效益为 0.02 亿元 有利于保护微山湖湿地，有利于项目区生态环境的改善

从表 6-6 可以看出，已经实施的小洪河治理和湖东堤工程内容与本项目工程内容相近，从其建设和运行实际情况来看，项目建设未对区域环境造成显著不利影响；项目运行后，发挥了显著防洪除涝效益，促进了项目区社会经济发展，提高了当地人民生活水平。

6.7　小　结

6.7.1　工程正效益

本工程正效益主要体现在：①增强了区域抵御洪涝灾害的能力；②促进了区域社会经济的发展；③解决因涝致贫带来的一些社会问题；④改善了区域生态环境；⑤促进了人与环境协调发展。

6.7.2　工程负效益

本工程负效益主要体现在：①占压土地资源；②工程施工和移民安置对环境产生的短期不利影响。

6.7.3　综合分析

从长远来看，工程的正效益要远远大于负效益，在各项补偿措施和环境保护措施落实的基础上，不利影响可有效降低。

第 7 章　环境保护措施研究

　　本项目采取的环境保护措施，主要是结合国家对淮河流域的相关要求，从保护、恢复、补偿、建设等方面提出和论证实施保护措施的基本框架，并按工程不同的实施时段，分别列出不同的环境保护工程内容。特别需注意的是，措施要落实到具体的时间段和指定的位置上，对于本项目而言，还需特别关注施工期的环境保护措施。

　　本项目提出的环境保护措施可分为工程措施和非工程措施两大类，同时贯穿项目始终的环境监测工作是环境保护措施的重要组成部分。

7.1　工程环境保护措施

　　本项目工程环境保护措施包括：①工程设计环境保护措施；②施工期环境保护措施；③运行期环境保护措施。

7.1.1　工程设计中应考虑环境保护措施

　　工程设计中提出环境保护措施，有助于在项目实施的前期，识别项目环境影响，寻求解决环境不利影响的措施，开展项目初期的环境保护预防工作。

　　本工程设计中应考虑的环境保护措施见表 7-1。

表 7-1　本工程设计中应考虑的环境保护措施

工程类型	保护措施	实施机构	监督机构
河道工程	工程设计时要综合考虑，根据周边环境设计，应进一步细化永久占地计划，合理使用土地，少占耕地 　设计中，应尽可能考虑在河道整治完成后，在河道两侧植树种草，建立条状绿化带，在城区段沿河岸形成观赏价值较高的各种花卉、草坪、树木绿化景观 　项目设计单位必须制订施工疏浚底泥堆置方案，建设单位在底泥堆置过程中应积极采取防渗措施，使底泥堆存对环境的影响减到最小程度 　做好水土保持规划，其总体布局既要充分考虑工程施工所造成水土流失的类型、方式和危害程度，同时要结合工程运行期管理区的总体规划 　设计过程中，应根据不同河段具体情况，合理布置施工期临时堆渣场和施工结束后的永久堆渣场，建立防洪拦渣和防污拦渣工程，使弃渣得以集中控制，保证弃渣不出沟、不下河 　设计中施工期人群健康应引起高度重视，工棚居住条件不宜过于简陋和拥挤，同时应选择周围环境较好的区域作为施工人员居住区，防止传染病的传入、蔓延	设计单位	省环境管理办公室

续表 7-1

工程类型	保护措施	实施机构	监督机构
建筑物工程	由于建筑物工程施工过程中，施工噪声较大，工程设计时应根据需要采取合理的隔声降噪措施，防止施工对周围居民产生噪声污染 　　由于堆场内积尘较多，工程设计时应合理布置其位置，尽量避免施工人员居住区。同时，设计中应考虑在进出堆场的道路上采取防尘设施，如铺设竹笆、草包等，以减少由汽车经过和风吹引起的道路扬尘 　　工程建设中取弃土要综合考虑，填挖应相互结合，减少施工中的弃土量。施工弃土回填至原取土区时，建设单位应积极采取防渗措施，使施工弃土对环境的影响减到最小程度。应做好堆土区绿化设计，防止水土流失 　　应考虑建筑物工程完成后，其周边环境绿化设计 　　由于部分施工路段较繁忙，设计中应预留临时便道，减少对当地公路的交通压力	设计单位	省环境管理办公室

7.1.2　施工期环境保护措施及施工合同条款中的环境保护要求

7.1.2.1　施工期环境保护和减缓措施

　　施工期的环境保护和减缓措施，是项目实施过程中降低环境不利影响的一个重要环节，其措施提出要依据项目施工期特点，针对不同污染因素，切实可行。

　　以本项目为例，工程施工期环境保护和减缓措施见表 7-2。

表 7-2　工程施工期环境保护和减缓措施

环境要素	环境保护和减缓措施	实施机构	监督机构
移民安置	（1）落实移民安置规划，确保移民生活质量不低于安置前水平： 　　①对临时占地在占用期间进行产值补偿，结束占用后，进行复耕归还移民 　　②对永久征地进行合理补偿，按安置规划对土地进行调整，并利用占地补偿资金，通过改造中低产田、调整种植结构、发展养殖业和加工业等措施，确保所有受工程影响的人（包括移民和安置区居民）生活条件和收入水平恢复到征地拆迁前的水平 　　③移民拆迁房屋或其他财产的补偿为重置价，货币补偿或实物补偿（如产权调换）后，应至少满足在相同地区购买相等面积、相近条件的房屋；同时，移民在搬迁过渡期和搬迁过程中应得到补偿，安置区需具备基础设施和服务设施 　　④对受影响的企事业单位给予搬迁补助和停产停业损失补助 　　⑤对基础设施和专项设施给予补偿，用于受影响基础设施的迁建及功能恢复 　　⑥对弱势群体给予合理照顾，帮助他们选择安置房屋并协助其搬家 　　⑦重视受影响人员的抱怨和投诉，及时、合理地帮助他们解决征地拆迁过程中遇到的困难和不便 　　⑧由业主对移民安置实施情况实行内部监测，并聘请独立监测单位进行外部监测，定期向世界银行提交监测报告，全部活动完成以后进行移民安置工作评价	承包商当地政府	省环境管理办公室

续表 7-2

环境要素	环境保护和减缓措施	实施机构	监督机构
移民安置	（2）农村移民安置环境保护措施： ①开发荒地应符合相关政策，避免产生水土流失，禁止开发25°以上的荒坡地 ②进行土地改造应推广施用有机肥、农家肥，严格控制化肥和有机磷农药的施用，以防残留物随地表径流污染河流水体 ③对移民安置区应加强饮用水管理，可以乡（镇）为单位，派专人定期对移民饮用水进行水质监测，并定期消毒；此外，应注意在饮用水水源附近不修建厕所、渗水坑，不堆放废渣、垃圾 ④移民迁入新居时必须对居住地及周围环境进行卫生清理，灭蝇、灭蚊、灭鼠，清除建筑垃圾，对道路进行平整，铲除房前屋后杂草，填充废弃水坑，生活垃圾统一规划堆放点 ⑤在移民拆迁安置过程中，注意卫生保健和人群健康，防止疾病的发生；加强对公众传染病的预防检疫工作，对移民区居民进行防疫抽检 （3）城镇移民安置环境保护措施： 城镇住宅拆迁应加强拆迁施工管理和环境保护，减少拆迁施工活动和建筑弃渣等对城市居民和环境的不利影响 （4）企事业单位迁建、专项设施复建环境保护措施： 需要搬迁的企事业单位可采取先建后迁的方式，企事业单位迁建和专项设施复建过程中应加强施工管理和环境保护，注意水土保持，防止水土流失，减少施工活动对环境的不利影响	承包商 当地政府	省环境管理办公室
固体废弃物	（1）施工弃土和底泥应在规划的弃土区堆置，不可随意堆放，弃土和干法施工底泥堆置期间进行定期洒水，防止风吹扬尘；堆放过程中要注意控制堆放高度，并采取建设挡栏等措施防止其被冲刷流失 （2）满足《土壤环境质量标准》（GB 15618—1995）中的二级标准要求的底泥弃土区可进行复耕，EA建议管理部门对复耕的弃土区进行监控，确保弃土区农作物无害后再交给农民耕种 （3）安徽及江苏工程底泥超标的弃土区（江苏泰东河读书址大桥处、废黄河和泰州工程区，安徽高塘湖洼地水湖排涝沟），应确保弃土区防护措施的落实（在底泥堆放前采用厚度约40 cm的黏土垫底夯实，周围用土工布防侧漏，再在底泥上面覆盖30~50 cm厚土并进行压实处理）；同时，超标底泥弃土区不能用于蔬菜、粮食等作物的栽培地，可作为林地、绿化用地使用 （4）废铁、废钢筋等生产废料可回收利用，应指定专人负责回收利用 （5）建筑垃圾应分类堆放，能回收利用的尽量回收利用，建筑物改建拆除的建筑废料尽量粉碎后作为新建构筑物的填充料使用，也可以用做新建道路的建材使用 （6）在施工区和施工营地设置垃圾箱，垃圾箱需经常喷洒灭害灵等药水，防止苍蝇等传染媒介滋生；设专人定时进行卫生清理工作，委托当地环卫部门进行定期清运，集中将施工生活垃圾就近运往各工程区附近的垃圾填埋场进行填埋处理 （7）施工结束后，对混凝土拌和系统、施工机械停放场、综合仓库等施工用地及时进行场地清理，清理建筑垃圾及各种杂物，对其周围的生活垃圾、厕所、污水坑进行场地清理，并用生石灰、石炭酸进行消毒，做好施工迹地恢复工作	承包商	省环境管理办公室

续表 7-2

环境要素	环境保护和减缓措施	实施机构	监督机构
土地资源	（1）合理优化施工布置，严格划定施工区域，尽量减少占用土地；施工过程中临时建筑尽可能采用成品或简易拼装方式，尽量减轻对土壤及植被的破坏 （2）施工取土过程中应严加管理，严格控制取土方式和范围，严禁随意取土。取土点应尽量选择在土壤较差地，严格控制取土深度，严禁深挖，防止土壤退化，肥力大幅度降低 （3）确保工程设计中临时占地的复垦还耕措施的落实： ①取土区临时占地复垦措施：取土前先将表层土清理并堆放一边，取土完成后，采用工程弃土或外河滩地土回填，将弃于一旁的表层土覆盖在表层，平整翻松，并根据取土区周边沟渠道路现状恢复取土区田间灌排沟渠、耕作道路，同时要恢复修建临时占地取土区对外灌排沟渠的连接，以保证取土区复垦后能满足耕地灌排的基本要求，保障复垦还耕措施的落实 ②弃土区临时占地复垦措施：表层覆土，表面平整，配套相应的排、灌设施 ③施工布置占用耕地复垦措施：a.清除施工遗留不利于作物生长的杂物；b.场地平整过程中掺入适量的作物秸秆或者农家肥增加土壤有机质含量；c.表层土翻松和田间灌排沟渠的配套恢复	承包商	省环境管理办公室
水土流失	（1）规范工程施工，加强水土保持监督管理： ①合理安排施工时间，尽量避开雨季和汛期；不能避免时，应做好雨季施工防护及排水工作，保证施工期间排水通畅，不出现积水浸泡工作面的现象 ②土石方工程应及时防护，随挖随运，随填随夯，不留松土，减少疏松地面的裸露时间。做到施工一段、保护一段，以减少新增水土流失。堤防施工过程中应边开挖、边回填、边碾压、边采取保坎和护坡措施 ③建筑物拆除弃渣、弃土（排泥）时，要防止沿河随意排弃，根据设计要求按规划的弃土（渣）场、排泥场排弃，应先建挡土墙及排水设施，做到"先拦后弃"，后堆放弃土泥浆，再布置植物措施，并考虑弃土弃渣综合利用。施工道路应经常洒水防止尘土飞扬 ④施工时，施工机械和施工人员要按照规划的施工平面位置和通道进行操作，不得乱占土地，施工机械、土石及其他建筑材料不能乱停乱放，防止破坏植被，加剧水土流失 ⑤施工期加强对水土保持监督、监理、监测工作管理和实施 （2）主体工程区：施工时应严格执行水土保持方案提出的水土保持措施： ①河道工程区：主体工程中一般对河道岸坡和堤防边坡的险工段已采取直立式浆砌块石挡土墙结合浆砌块石护坡或模袋混凝土护坡，以及堤防坡面排水设施；有的主体工程中也已设计河道堤防的草皮防护措施，这些工程措施均已满足水土保持功能。还需对主体工程中没有设计草皮护坡的堤段和河岸坡采取防护措施，一般岸坡（设计水位以上）采取草皮防护 ②堤防工程区：除保留并沿用主体工程已有的堤防迎水坡和背水坡草皮护坡、局部堤段砌石护坡外，水土保持措施主要对工程管理范围内的护堤地和堤顶采取植物防护措施。堤顶不与路结合段采取撒播狗牙根草籽或栽植乔灌木防护，江苏省境内对堤防青坎区多采取乔草结合的植物措施防护。护堤地多采取种植乔木或乔草结合防护措施	承包商	省环境管理办公室

续表 7-2

环境要素	环境保护和减缓措施	实施机构	监督机构
水土流失	③泵站工程区：需新增的措施主要有上下游引河防治分区、泵站枢纽及厂区防治分区的防护措施。即泵站站区平台的绿化美化措施，站区平台外坡、引水渠、出水渠堤防背水侧、泵站前池和进水池两侧设计水位以上戗台以及出水池两侧设计水位以上戗台的边坡防护措施。主要采取植物防护措施，将防护措施与站区建设、美化环境相结合 ④涵闸工程区：需新增的措施主要有闸室上下游明渠（航道）防治分区、闸站枢纽防治分区的防护措施。主要采取植物防护措施，将防护措施与闸站区建设、美化环境相结合 ⑤工程管理区：需新增管理区周围空地的绿化、美化措施 （3）取土区：主体工程中所需取土的工程主要有加固堤防、新筑堤防、修筑施工围堰等。主体工程施工组织中已对取土区采取了合理调配土方、科学安排施工时序，以及取土结束后，对有条件复耕的取土区采取复耕措施，对于挖深较大，无条件回填的，已考虑作为鱼塘。取土区需新增水土保持措施主要有施工期临时堆土场的拦挡和对主体施工工序的监督管理 （4）弃土弃渣场：弃土弃渣场水土保持措施包括工程措施、植物措施、土地整治措施和临时措施四部分。有排水要求的弃土弃渣场顶面、坡面和坡脚设置排水沟，将上游产生的汇水和弃土弃渣场产流集中排到下游沟道；弃渣造地的需要分层碾压密实，并铺腐殖土以利庄稼生长。在施工过程中建筑物施工区设置的临时弃土弃渣场，可能遭受雨洪水冲刷，应设置临时防护和排水措施 （5）临时占地区：施工时应严格执行水土保持方案提出的水土保持措施： ①施工道路区：施工中新建或改建的临时道路，施工中应注意路基开挖，边坡按设计要求施工，及时采取临时排水设施进行防护，待施工结束后，结合主体工程复耕或进行防护。如施工道路是永久、临时结合的，还应增加在公路两旁的绿化措施，以起到防风固土作用 ②施工生产生活区：施工生产生活区包括预制厂、钢筋制造厂、金属结构装配厂、临时施工管理区和施工生活区等临时工程。生产生活区结束使用后，按要求及时进行施工迹地清理，恢复原有土地功能或平整覆土恢复为农田。施工结束后拆除的建筑垃圾应及时进行清运，并就近填入堤内洼地。对临建工程的施工工序加强监督管理，防止将临时弃土乱堆乱弃	承包商	省环境管理办公室
地表水环境	安徽蚌埠市天河备用水源地： 天河为蚌埠市备用水源地，本项目有 2.85 km 的堤防加固工程位于取水口下游约 4 km 处，工程不会对该水源地造成明显不利影响。但是，在此段工程施工过程中应严格禁止施工废水排入 江苏姜堰市水产良种繁殖场： 姜堰市水产良种繁殖场位于泰东河岸边，施工期间水体中悬浮物浓度的增加可能会对繁殖场水质产生一定影响，但由于繁殖场内部有较完善的储水设施，能保证一定时间的养殖用水，只要繁殖场错开取水与施工时间错开就可以避免工程对其产生影响。在泰东河施工过程中应考虑到位于泰东河岸边的姜堰市水产良种繁殖厂取水要求，合理安排施工时间，保证繁殖厂的养殖用水，避免工程对其产生影响		

续表 7-2

环境要素	环境保护和减缓措施	实施机构	监督机构
地表水环境	基坑排水主要为地下渗水和降水，水质相对较好，在确保其他施工废水不混入其中的情况下，可直接排放，不会对地表水环境造成污染影响，但不得排入水源地和渔塘等敏感保护目标 混凝土拌和养护系统和砂石料冲洗废水统一收集混合，使废水 pH 值降低后，进沉淀池处理，沉淀池的大小以保障废水停留时间 6 h 以上为标准，处理后废水全部回用于砂石料再冲洗或混凝土的拌和养护 本工程施工机械和车辆的修理及冲洗利用工程附近已有的修配厂，施工现场仅考虑机械零配件的更换，因此机械车辆检修冲洗含油废水可利用修配厂原有的隔油池和油水分离器等处理设施处理，原来没有处理设施的机械车辆修配厂，应在修配厂四周布置集水沟，并设置隔油池处理含油废水，处理后的废水尽量回用不外排 工程大部分位于农村区域，施工人员生活营地多利用周边村庄现有生活设施，根据农村地区实际生活状况，粪便可作为农肥使用；未利用现有生活设施的临时生活区需设置简易厕所，粪便定期清除用做农肥 在施工生活营地设置生活污水处理设施，对生活污水进行处理，严禁直接排入水体 各施工单位必须落实施工生产废水、生活污水的各项处理措施，保证废水达标排放 考虑河道接纳污水能力，合理规划导流方案，施工导流以不恶化周边地区水环境为原则；导流过程中，严格管理和监督工程施工，防止任意导流带来的不利影响；导流期对导流河道沿岸两侧缺口、引水口等要封堵，不得随意导入周边水质较好河道或农田、水塘，不得跨河转移污染物质；施工导流不能安排在施工河段水体受到严重污染时，导流水体水质与受纳水体水质相当时，导流施工才能进行 施工用水尽量做到节约用水，重复利用 加强施工管理，严格控制施工机械的跑冒滴漏 做好弃土区排水系统及水土保持措施，防止弃土堆放水土流失对水环境造成影响 加强施工人员的环境保护教育，提高施工人员的环境意识，施工人员不得乱扔、乱倒废物、污水	承包商	省环境管理办公室
自然栖息地	位于焦岗湖和高塘湖湖周的工程施工及龙拱河河道在南四湖湖口处的施工，应避免对湖内侧水体、河岸水草的扰动，施工期尽量避开湖内定居性鱼类的产卵期和水禽越冬、繁殖期；噪声源和施工人员活动应尽量远离水禽栖息地，并禁止夜间施工，防止夜间灯光对水禽栖息的影响；渔业养殖适当转移，避开施工地点 位于淮滨淮南湿地自然保护区周围提排站工程施工，施工时间应尽量避开候鸟聚集时间，并禁止夜间施工；施工车辆禁止鸣笛，各噪声源和施工人员活动应尽量远离鸟类和兽类栖息地；施工活动须严格执行自然保护区管理规定，严禁施工人员捕捉鸟类 施工结束后，施工方应对施工区垃圾进行清理，并采取相应措施进行植被恢复 加强施工生态管理和宣传，设专人负责施工其生态管理和宣传工作，制订施工人员生态保护守则，落实各项生态保护措施，并接受监督机构的监督	承包商	省环境管理办公室

续表 7-2

环境要素	环境保护和减缓措施	实施机构	监督机构
水生生态	对施工生产废水和生活污水采取治理措施，减免对河流水质和水生生物的影响 堤防加固、河道疏浚等工程的施工活动应尽量减少对河岸带植被的破坏，施工完成后，应及时对破坏的河岸带植被进行修复，但要注意在进行植被恢复时，应采用本土物种，避免造成生物入侵	承包商	省环境管理办公室
陆生生态	施工前进行陆生植物的全面调查，合理优化施工场地的布置，尽量减少施工活动范围，降低工程实施对植被的破坏程度 施工所需外购建筑材料，如砖、石、沙、水泥、木材等，随用随运，尽量少占地、少破坏植被 工程完工后，及时清理施工现场，对施工迹地进行绿化，最大可能地恢复已被破坏地的植被 及时发现和掌握动物栖息信息，工程取土、弃土应尽量避免对野生动物洞穴的扰动和破坏	承包商	省环境管理办公室
生物入侵	工程结束后，在对施工区和弃土区进行植被生态恢复时，应采用本土物种，避免引入外来物种 对于河道整治工程打捞的凤眼莲、喜旱莲子草根茎应妥善处理，防止造成已有生物入侵种的扩散和传播 工程结束后，林业部门尽量定期对项目区的生物物种数量和组成进行调查和监测，一旦发现某物种数量发生明显增多时，应及时鉴定该物种是否为外来物种，若该物种具有潜在的入侵性或已经入侵，应该尽快采取清除、抑制或控制等措施，以降低负面影响	承包商	省环境管理办公室
人群健康	（1）在工程动工以前，结合场地平整工作，对施工区进行一次清理消毒 （2）妥善处理各种废水和生活垃圾，定期进行现场消毒 （3）为了保证施工人员的身心健康，工程建设管理部门及施工单位管理者应为施工人员提供良好的生活条件 （4）制订相应的制度，安排专人负责，搞好施工营地的卫生防疫工作： ①在施工队进驻前，承包商应对建筑工地进行饮用水监测，经监测水质不合格的，受检单位应采取有效措施，并在 7 天内将重新处理后的水样进行复检 ②对施工人员进行定期体检，体检项目应包括肝炎等传染疾病的检查；发现患有传染病或是病源携带者，应及时予以必要的隔离治病直至医疗保健机构证明其不具有传染性时，方可恢复工作 ③做好性传播疾病的预防、宣传和治疗工作，保护施工人员健康，包括向施工人员宣传性传播疾病防治的卫生知识；对于早期发现性传播疾病感染者和病人，要进行及时有效的治疗，对与病人接触的物品要进行常规消毒 ④工地食堂和操作间必须有易于清洗、消毒的条件和控制传染疾病的设施 ⑤工地发生传染病和食物中毒时，工地负责人要尽快向上级主管部门和当地卫生防疫机构报告，并积极配合卫生防疫部门进行调查处理及落实消毒、隔离、应急接种疫苗等措施，防止传染病的传播流行 （5）加强对移民安置区的卫生管理，采取消毒、灭鼠等预防疾病的措施	承包商	省环境管理办公室

续表 7-2

环境要素	环境保护和减缓措施	实施机构	监督机构
环境空气	施工原材料场地堆放整齐以减少受风面积，水泥等容易产生粉尘的物料在临时存放时必须采取防风遮盖措施，如适当加湿或盖上苫布 　　混凝土拌和系统必须采取防尘除尘措施，达到相应的环境保护要求 　　拆除房屋时应注意洒水，用遮盖物遮盖 　　每个施工区配备 1~2 台洒水车，注意洒水降尘 　　料场在大风天气或空气干燥易产生扬尘的天气条件下，采用洒水等措施，减少扬尘污染 　　临时堆放的土方表面要经常洒水保持一定湿度 　　燃油机械和车辆尽量使用优质燃料 　　燃油机械和车辆必须保证在正常状态下使用，并安装必须的尾气净化和消烟除尘装置，保证废气达标排放，并定期对尾气净化器和消烟除尘等装置进行检测与维护 　　加强运输车辆的管理 　　土方和水泥等材料在运输过程中要用挡板和蓬布封闭，车辆不应装载过满，以免在运输途中震动洒落 　　配备洒水车对施工道路定时洒水 　　给施工人员配备一定的防护用品 　　对于穿城或在城郊施工以及距离河道较近的城镇或村庄施工时，应注意洒水	承包商	省环境管理办公室
声环境	各施工单位要合理安排工期，做好申报登记，并采取必要的降噪防噪措施 　　对施工强度、机械及车辆操作人员、操作规程等管理方面要严格要求，必要时运输车辆可考虑安装消声装置 　　施工过程中要尽量选用低噪声设备，对机械设备精心养护，保持良好的运行工况，降低设备运行噪声 　　降低混凝土振动器噪声，将高频振动器施工改为低频率振动器以减少施工噪声 　　各施工点要根据施工期噪声监测计划对施工噪声进行监测，监测昼夜间噪声值，并根据监测结果调整施工进度 　　混凝土搅拌机等高噪声机械现场作业人员，应配备必要的噪声防护物品，操作人员每天工作时间不得超过 6 h 　　对沿线村镇附近施工区，应合理安排施工时间，尽量停止夜间段 22:00 至翌日 06:00 的高噪声源作业活动 　　当车辆经过居民区时，运输车辆宜限速行驶，禁鸣高音喇叭，并合理安排运输时间，尽量避免车辆噪声影响居民休息 　　在工程沿线 50 m 以内的村庄附近施工时，应设置临时隔声墙	承包商	省环境管理办公室
文物	在施工前和施工过程中应加强宣传，提高施工人员的文物保护意识 　　工程施工期间如发现文物、古墓等文化遗产，应暂时停止现场施工，并通知有关文物部门，派专业人员现场考察，进行抢救或挖掘	承包商	省环境管理办公室

7.1.2.2　施工合同条款中的环境保护要求

　　在施工阶段，环境保护是承包商的责任，在对承包商的施工合同条款中，应纳入 EA 制订的施工期环境影响减缓措施。

　　以本项目为例，EA 制订了施工期承包商应执行的环境保护规范，详见表 7-3。

表 7-3 施工期承包商应执行的环境保护规范

项目	承包商应执行的环境保护规范
水污染防治	（1）各承包商和其他经营单位必须把保护环境、保证水资源的有效利用纳入工作计划，落实污水处理措施 （2）各承包商应根据当地环境保护部门确定的水域功能执行相应的污水排放标准，并不得有碍于水域现有使用功能的发挥 （3）各承包商和其他经营单位的生产和生活污水排放执行国家《污水综合排放标准》（GB 8978—1996） （4）生产、生活污水必须采取 EA 规定的治理措施： 混凝土拌和养护系统和砂石料冲洗废水统一收集混合，使废水 pH 值降低后，进沉淀池处理，沉淀池的大小以保障废水停留时间在 6 h 以上为标准，处理后废水全部回用于砂石料再冲洗或混凝土的拌和养护 本工程施工机械和车辆的修理及冲洗利用工程附近已有的修配厂，施工现场仅考虑机械零配件的更换，因此机械车辆检修冲洗含油废水可利用修配厂原有的隔油池和油水分离器等处理设施处理，原来没有处理设施的机械车辆修配厂，应在修配厂四周布置集水沟，并设置隔油池处理含油废水，处理后的废水尽量回用不外排 工程大部分位于农村区域，施工人员生活营地多利用周边村庄现有生活设施，根据农村地区实际生活状况，粪便可作为农肥使用；未利用现有生活设施的临时生活区需设置简易厕所，粪便定期清除用做农肥 在施工生活营地设置生活污水处理设施，对生活污水进行处理，严禁直接排入水体。 （5）考虑河道接纳污水能力，合理规划导流方案，施工导流以不恶化周边地区水环境为原则；导流过程中，严格管理和监督工程施工，防止任意导流带来的不利影响；导流期对导流河道沿岸两侧缺口、引水口等要封堵，不得随意导入周边水质较好河道或农田、水塘，不得跨河转移污染物质；施工导流不能安排在施工河段水体受到严重污染时，导流水体水质与受纳水体水质相当时，导流施工才能进行 （6）承包商和其他经营单位应对本单位排放的污水及其对受纳水体的影响按评价要求进行监测 （7）排放污水超标或排污造成受纳水体功能受到实质性影响，排污单位必须采取必要治理措施进行纠正 （8）为防止地表水污染，禁止向水体排放油类、酸液、碱液及其他有毒废液，禁止在水体中清洗装贮过油类或其他有毒污染物的容器，禁止向水体排放、倾倒生产废渣、生活垃圾及其他废物 （9）工地饮用水井周围 150 m 范围内为水质保护区，区内不得存在医疗点、畜禽饲养场、渗水厕所、渗水坑，不得堆放垃圾、粪便、废渣和设置污水沟等 （10）安徽蚌埠市天河备用水源地，工程施工过程中应严格禁止施工废水排入 （11）江苏姜堰市水产良种繁殖场，在泰东河施工过程中应考虑到位于泰东河岸边的姜堰市水产良种繁殖厂取水要求，合理安排施工时间，保证繁殖厂的养殖用水，避免工程对其产生影响
弃土、弃渣管理和固体废弃物处置	（1）施工弃土弃渣和固体废弃物必须以国家《中华人民共和国固体废物污染环境防治法》为依据，按设计与合同文件要求送到指定地点，不随意堆放。一切储存弃渣、固体废弃物的场所，必须按设计要求采取工程和水土保持措施，避免边坡失稳和弃渣流失 （2）禁止将施工弃土和河道疏浚底泥随意倾倒或直接埋入地下，必须按 EA 提出的要求进行处置

续表 7-3

项目	承包商应执行的环境保护规范
弃土、弃渣管理和固体废弃物处置	①施工弃土和底泥应在规划的弃土区堆置，不可随意堆放，弃土和干法施工底泥堆置期间进行定期洒水，防止风吹扬尘；堆放过程中要注意控制堆放高度，并采取建设挡栏等措施防止其被冲刷流失 ②满足《土壤环境质量标准》（GB 15618—1995）中的二级标准要求的底泥弃土区可进行复耕，EA 建议管理部门对复耕的弃土区进行监控，确保弃土区农作物无害后再交给农民耕种 ③安徽及江苏工程底泥超标的弃土区（江苏泰东河读书址大桥处、废黄河和泰州工程区，安徽高塘湖洼地水湖排涝沟），应确保弃土区防护措施的落实（在底泥堆放前采用厚度约 40 cm 的黏土垫底夯实，周围用土工布防侧漏，再在底泥上面覆盖 30~50 cm 厚土并进行压实处理）；同时，超标底泥弃土区不能用于蔬菜、粮食等作物的栽培地，可作为林地、绿化用地使用 （3）各承包商和其他经营单位必须设置临时垃圾储存设施，防止流失，并定期把垃圾送到指定垃圾场或填埋点
土地利用	（1）各单位要按设计与合同文件规定节约利用土地。作业面表层土壤要妥善保存，以便临时用地恢复时作为覆土用 （2）施工取土过程中应严加管理，严格控制取土方式和范围，严禁随意取土。取土点应尽量选择在土壤较差地，严格控制取土深度，严禁深挖，防止土壤退化肥力大幅度降低 （3）确保工程设计中临时占地的复垦还耕措施的落实： ①取土区临时占地复垦措施：取土前先将表层土清理堆放一边，取土完成后，采用工程弃土或外河滩地土回填，将弃于一旁表层土覆盖在表层，平整翻松，并根据取土区周边沟渠道路现状恢复取土区田间灌排沟渠、耕作道路，同时要恢复修建临时占地取土区对外灌排沟渠的连接，以保证取土区复垦后能满足耕地灌排的基本要求，保障复垦还耕措施的落实 ②弃土区临时占地复垦措施：表层覆土，表面平整，配套相应的排、灌设施 ③施工布置占用耕地复垦措施：a.清除施工遗留不利于作物生长的杂物；b.场地平整过程中掺入适量的作物秸秆或者农家肥增加土壤有机质含量；c.表层土翻松和田间灌排沟渠的配套恢复
水土保持	（1）各承包商和其他经营单位在施工活动中必须严格按《水土保持方案》的要求采取措施，防止水土流失，防治破坏植被和其他环境资源 （2）施工期间，砍伐树木、清除地面余土或其他地物时，不得超出设计范围，严禁乱砍、滥伐林木或破坏草灌等植被 （3）应按水土保持要求，施工期间采取临时措施，施工结束及时采取植物措施，防止水土流失 （4）承包商不得因施工弃渣等阻碍施工区内的河道，造成水土流失加剧
生态保护	（1）各单位在施工和经营活动中，必须注意保护动植物资源，在尽量减轻损坏现有生态环境的前提下，创造一个新的有利于良性循环的生态环境 （2）各承包商和其他经营单位要加强保护野生动植物的宣传教育，提高保护野生植物的生态环境的认识。发现或疑为珍稀动植物及其栖息生长地时，必须立即采取保护措施，并及时报告环境监理工程师进行处置 （3）应严格划定施工界限，在自然保护区范围内（淮滨淮南湿地自然保护区，南四湖自然保护区，八里湖自然保护区，沱湖自然保护区），严禁捕猎

续表 7-3

项目	承包商应执行的环境保护规范
生态保护	（4）位于焦岗湖和高塘湖湖周的工程施工及龙拱河河道在南四湖湖口处的施工，应避免对湖内侧水体、河岸水草的扰动，施工期尽量避开湖内定居性鱼类的产卵期和水禽越冬、繁殖期；噪声源和施工人员活动应尽量远离水禽栖息地，并禁止夜间施工，防止夜间灯光对水禽栖息的影响；渔业养殖适当转移，避开施工地点 （5）位于淮滨淮南湿地自然保护区周围提排站工程施工，施工时间应尽量避开候鸟聚集时间，并禁止夜间施工；施工车辆禁止鸣笛，各噪声源和施工人员活动应尽量远离鸟类和兽类栖息地；施工活动须严格执行自然保护区管理规定，严禁施工人员捕捉鸟类
人群健康	（1）卫生防疫和检疫： ①各承包商和其他经营单位应对其雇员每年至少进行一次体检，并建立个人卫生档案，体检项目应包括肝炎等传染性疾病 ②食品从业人员应按《食品卫生法》要求获得上岗证书，持证上岗 ③各承包商和其他经营单位要密切监视传染病疫情情况，发现疫情，必须立即报告当地卫生防疫部门并采取适当紧急控制措施，同时将疫情报告环境监理工程师 ④做好性传播疾病的预防、宣传和治疗工作，保护施工人员健康，包括向施工人员宣传性传播疾病防治的卫生知识；对于早期发现性传播疾病感染者和病人，要进行及时有效的治疗，对与病人接触的物品要进行常规消毒 （2）施工区内业主、承包商和各分包商及其他经营单位都必须做好灭鼠、灭蚊虫工作，预防鼠害、虫害，定期对居住和工作环境及设施消毒和卫生清扫。灭鼠、灭蚊、灭蝇所用的药剂，既不能对人的健康构成危害，也不能对环境产生二次污染 （3）业主、承包商和各分包商及其他经营单位必须做好生活饮用水卫生管理，预防介水疾病，生活用水执行国家"生活饮用水卫生监督管理办法"和《生活饮用水卫生标准》（GB 5749—2006） （4）对生活饮用水水质应按环境影响评价要求进行监测，发现问题在环境监理工程师的指导下及时处理并报环境管理办公室
大气污染防治	生活营地和其他非施工作业区大气环境质量执行国家《环境空气质量标准》（GB 3095—1996） 施工和生产过程中，产生的废气、粉尘必须符合国家《大气污染物综合排放标准》（GB 16297—1996）的相应要求 砂石料加工及拌和工序必须采取防尘除尘措施，达到相应的环境保护和劳动保护要求，防止污染环境或危害职工健康 为防止运输扬尘污染和物料滑落伤人，装运水泥、石灰、垃圾等一切易扬尘的车辆，必须覆盖封闭 为防止公路二次扬尘污染，各施工场内路面必须按合同条款规定洒水 严禁在施工区内焚烧会产生有毒或恶臭气体的物质，确实要焚烧时，必须采取防治措施，在环境监理工程师监督下执行 各承包商和其他经营单位应对其施工现场的大气环境质量按环境影响评价要求进行监测，并建立相应档案

续表 7-3

项目	承包商应执行的环境保护规范
噪声污染防治	生活营地和其他非施工作业区执行国家《城市区域环境噪声标准》（GB 3096—93） 各施工点噪声执行《建筑施工厂界噪声限值》（GB 12523—90）的相应标准限值 为防止噪声危害，在生活营地和其他非施工作业区内：任何单位或个人不准使用高音喇叭；进入营地和生活区的车辆不准使用高音或怪音喇叭；广播宣传或音响设备要合理安排时间，不得影响公众办公、学习、休息 凡产生强烈噪声和振动扰民的单位，必须采取降噪降振措施，采用低噪弱振设备和工艺，对固定噪声源系统可安装消音器等，对流动噪声源的的操作人员，须配备耳塞等隔音器具 靠近生活营地和村庄施工的各单位必须合理安排作业时间，减少或避免噪声扰民，并妥善解决由此而产生的环境纠纷，承担应负的责任 对沿线村镇附近施工区，应合理安排施工时间，尽量停止夜间段 22:00 至翌日 06:00 的高噪声源作业活动 在工程沿线 50 m 以内的村庄附近施工时，应设置临时隔声墙 各承包商和其他经营单位应对其责任区域内的噪声按环境影响评价要求监测，若有必要，环境监理工程师可要求承包商在其他时间、地点进行噪声监测
文物保护	各承包商和其他经营单位要加强文物保护知识的宣传和教育，提高保护文物的自觉性 一切地上、地下文物都归国家所有，不允许任何单位或个人窃为私有 在施工过程中，若发现文物（或疑为文物），承包商必须立即停止施工，采取合理的保护措施，防止移动或损坏，并立即将情况通知环境监理工程师和文物主管部门，执行文物管理部门关于处理文物的指示 任何团体和个人未经当地文物保护单位许可，不得在工程区域内进行任何考古调查和发掘
其他	在施工过程中，承包商要与项目所在区域的群众进行沟通和协商，在每个施工单元竖立公告牌，通知公众具体的施工活动和施工时间，同时提供联系人和联系电话，以便公众对建设活动进行投诉和提供建议

7.1.3　项目运行期环境保护措施

项目运行期的环境保护措施主要针对项目实施后的潜在环境不利影响，提出必要的减免或减缓措施。

以本项目为例，经识别，项目运行期环境保护主要针对涵闸和提排站工程，包括以下几个方面：

（1）较大规模的涵闸应建立规范的运行管理和操作责任制度，搞好设备维护。如一旦出现不可抗拒的外部原因导致大量污水下泄，应及时上报上级环境主管部门，并对下游沿岸发出通报，提醒有关方面采取防范措施。

（2）对提排站周围进行绿化，选择对噪声吸收率高的物种。定期对周围敏感点的声环境进行监测，如有超标，需采取必要的治理措施。

（3）定期走访居民，听取意见。

（4）提排站泵房工作时应关闭门窗，以确保周围声环境满足标准要求。

7.2　非工程环境保护措施

本项目的非工程环境保护措施主要体现在环境管理方面。良好的环境管理计划和机构设置，是保证项目环境保护措施有效实施的重要保障。

7.2.1　环境管理机构的设置

环境管理机构的设置是整个环境管理计划的基础，它不同于国内项目环境管理工作，往往过多依赖于环境保护职能部门，本项目中该项工作是一个多方参与的环境管理体系。

以本项目为例，河南、安徽、江苏、山东 4 省项目管理办公室下分别设置省环境管理办公室，建立了一套以环境管理办公室为中心的环境管理体系，如图 7-1 及表 7-4 所示。

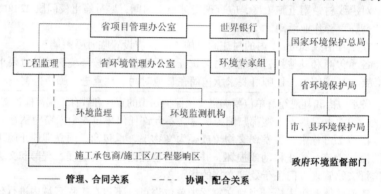

图 7-1　环境管理机构

表 7-4　环境管理机构组成

机构性质	机构名称	机构任务
管理机构	省项目管理办公室	项目管理机构
	省环境管理办公室	项目环境管理机构
监督机构	世界银行	监督、检查环境管理计划实施
	省、市、县环境保护局	政府行政监督管理机构
实施机构	承包商	实施机构，落实施工期环境保护措施
咨询服务机构	环境专家组	受项目环境管理机构委托，实施环境审查、咨询、技术支持
	环境监理	受项目环境管理机构委托，对承包商进行环境监督管理
	工程监理	环境监理与承包商之间正式函件往来签收、签发通道
	环境监测机构	受项目环境管理机构委托，承担专业环境监测任务

同时，为协调 4 省环境保护工作，本项目在中央项目办下设置一个环境管理综合协调办公室，该办公室与 4 省环境管理办公室关系如图 7-2 所示。

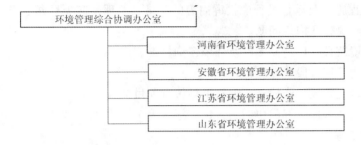

图 7-2　环境管理综合协调办公室设置示意图

7.2.2　环境管理体系各机构的职责

在世界银行项目环境管理体系中，有些是项目内部机构，有些是项目聘请咨询服务机构，有些则是项目外机构。这些机构共同构成完整的项目环境管理体系，但各自承担不同工作内容，具有不同职责范围。以本项目为例，不同机构的不同职责如下。

7.2.2.1　环境管理综合协调办公室

环境管理综合协调办公室的主要职责是：

（1）检查与协调各省环境管理办公室的工作。

（2）负责安排世界银行环境专家的考察活动。

（3）汇总 4 省编制的环境管理阶段及专题报告，提交世界银行审阅。

7.2.2.2　省项目管理办公室

省项目管理办公室的主要职责是：

（1）建立省环境管理机构。

（2）负责向世界银行报告，落实世界银行环境管理要求及建议。

（3）负责向政府主管部门报告，与其他有关部门协调，解决重大环境问题。

7.2.2.3　省环境管理办公室

省环境管理办公室对本工程的环境保护工作负全责，是本工程环境管理的核心机构，其主要任务是保障由环境影响评价确定的环境管理计划在工程的实施和运行期间切实得到有效实施，使工程对环境的不利影响降低到最低或可接受的程度，同时使工程的环境效益得到充分发挥。其主要工作任务包括以下几个方面：

（1）编制、监督实施有关环境管理规章制度。

（2）督促、保证环境影响评价要求的环境保护设计措施落实，工程设计满足环境影响评价要求。

（3）督促、保证工程施工承包合同中包含 EA 提出的环境保护措施。

（4）聘请、监督、协调环境监理（资格、职责、管理）。

（5）聘请、监督、协调环境监测（资格、职责、结果分析、管理）。

（6）组织、实施环境管理培训计划。

（7）聘请、组织、安排、协助环境专家组及其他咨询专家。

（8）环境专项工作（取弃土场治理等）。

（9）组织专题研究或调查工作（底泥调查，水文影响研究等）。

（10）负责工程施工及运行过程中投诉内容的记录、整理，向项目办汇报，并向公众解答处理结果，解决公众抱怨问题。

（11）审查环境监理、环境监测以及环境咨询报告。

（12）编制环境管理阶段或专题报告。

（13）接待、接受环境工作检查（包括世界银行项目检查）。

（14）其他（文档管理、部门协调、宣传、报道等）。

7.2.2.4　环境监理工程师

环境监理工程师受项目环境管理办公室的委托，在施工承包商的施工区域和生活营地对承包商进行现场监督管理，确保承包商在施工过程中遵守中国有关环境保护的法律法规、落实环境影响评价报告确定的各项环境保护措施。其主要职责包括以下几个方面：

（1）监督检查施工区生活污水处理、生产废水处理、水土流失防护措施，废气、粉尘、噪声控制措施，生产、生活垃圾和底泥处理，卫生防疫等；此外，环境监理工程师还负责对移民安置区的环境保护工作进行监督检查。

（2）对承包商在施工活动中遇到的有关环境保护问题提出解决方案。

（3）确保承包商编制和提交环境月报。

（4）检查环境月报，就工作中遇到的各种问题提出正式或非正式的处理意见，必要时，可通过工程监理工程师沟通、协调与承包商之间的意见。

（5）观察施工活动对施工区周围人群的影响，确定承包商是否需要采取额外的保护措施；如果承包商采取措施不力，对承包商处以罚款。

7.2.2.5　环境监测机构

环境监测单位受项目环境管理办公室的委托，定期或不定期地对工程施工区和影响区的重要参数进行监测。对发现的重要环境影响问题，提出纠正措施建议。

7.2.2.6　环境专家组

环境专家组由省环境管理办公室根据世界银行贷款协议要求聘请国内、国外环境咨询专家组成，定期对工程环境保护工作进行咨询、检查，并提出咨询建议和改进办法。此外，还可根据需要不定期聘请国内有关专家对环境管理事项进行咨询，如进行环境管理培训、专题研究等。

7.2.2.7　世界银行

按照中国政府与世界银行贷款协议要求，世界银行每年派出检查团负责对工程实施进行专项检查，检查项目贷款协议执行情况、环境管理计划实施情况等。

7.2.2.8　各级环境保护部门

各级环境保护局是环境行政主管部门，依法对本工程进行全过程环境监督管理，包括项目环境影响评价报告的批准、工程施工和运行等阶段的环境监督管理。

7.2.2.9　承包商

承包商是工程的实施机构，也是施工期环境保护措施的实施机构。

在工程施工的整个过程中，承包商应当执行 EA 制订的各项施工期环境保护措施，并接受环境监理工程师、世界银行和各级环境保护部门在环境保护方面的监督和检查。

7.2.3　环境管理所需的人员配备

为了满足环境管理工作需要，环境管理人员往往包括项目管理人员、项目环境监理人员和项目环境监测人员等。本项目环境管理所需人员配备如下。

7.2.3.1　省环境管理办公室

为更好地履行环境管理职责，河南、安徽、江苏、山东 4 省省环境管理办公室按表 7-5 的要求配备了相关人员。

表 7-5　省环境管理办公室人员设置一览

时段	人员设置	资质要求
准备期	主管：1 人　　环境工程师：1 人	主管、日常环境管理人员、投诉接待人员要求具备环境及管理方面的专业知识
施工期	主管：1 人 环境管理人员：2 人（负责日常环境管理） 投诉接待人员：1 人（负责投诉受理与解决） 环境工程师：1 人（负责环境专业技术问题) 各片洼地环境管理人员：每片洼地 1~3 人（负责每片洼地的日常环境管理、投诉解决等）	
运行期	主管：1 人　　环境工程师：1 人	

7.2.3.2　环境监理

各省根据本省工程规模及环境监理工作量聘请相应数量的环境监理工程师，每省分别设环境总监 1 名，全面负责该省环境监理工作，每片洼地施工现场设环境监理工程师 1~3 人。

7.2.3.3　环境监测

环境监测一般委托当地具备相应资质的环境监测单位完成。

7.2.4　环境管理培训

7.2.4.1　培训目的

环境管理培训的目的是保证环境管理工作的顺利、有效开展，使相关人员熟悉环境管理的内容和程序，提高环境管理人员的环境管理能力，确保各项环境保护措施的有效落实。环境能力建设的主要对象是环境管理者和环境监理，他们的培训是项目的技术支持组成部分之一。培训课程在项目的实施过程中也培训建设方和工人。在项目施工开始前，所有的施工单位和运营单位及建筑监理员要求参加强制的环境、健康、安全培训。

7.2.4.2　培训对象

培训对象为环境管理办公室全体人员、环境监理全体人员、环境监测机构代表、项目管理办公室代表、主要承包商代表等。

7.2.4.3　培训内容

环境管理培训内容主要有：

（1）世界银行环境政策和国内环境保护法律法规、环境标准的掌握和运用。

（2）世界银行贷款项目的环境管理模式及贷款协议中的环境条款。

（3）本项目环境影响评价和环境管理计划。

（4）本项目环境管理规定（重点为施工期环境管理规定）。

（5）环境管理人员、环境监理人员、环境监测人员、承包商的职责及相互关系。

（6）环境管理工作报告、环境监理工作报告、环境监测报告、承包商月报的编写。

7.2.4.4　培训计划

1.环境管理办公室全体人员、环境监理全体人员、项目管理办公室代表

环境管理办公室人员、环境监理人员培训和项目管理办公室代表由各省项目办在项目实施前集中组织进行，具体培训内容由环境技术专家执行。培训时间 3 d，培训内容如下：

（1）学习世界银行安保政策、为建设方制订的环境保护细则。

（2）学习项目的环境影响和要求监测的环境项目。

（3）培训项目现场操作过程，包括组织、交流、角色和责任，决策过程，报告和标准的观察程序。

（4）学习世界银行环境信息存档、公开、交流、报告机制。

（5）学习世界银行健康与安全检查和申报过程。

此外，培训还应包括一次先进工艺和环境管理考察。

2.环境监测机构代表

环境监测机构代表培训由各省项目办在项目实施前集中组织进行，具体培训内容由环境技术专家执行。培训时间 2 d，培训内容如下：

（1）学习世界银行安保政策。

（2）学习项目的环境影响和要求监测的环境项目。

（3）学习设备的使用包括标准、测试、方法、样品转运、数据质控培训。

（4）学习世界银行环境信息存档、公开、交流、报告机制。

3.主要承包商代表

主要承包商代表培训由各市项目办在项目实施前集中组织进行，具体培训内容由环境技术、卫生健康专家执行。培训时间 1 d，培训内容如下：

（1）介绍与环境相关的环境影响因素和环境保护措施。

（2）明确建筑区域内环境特别敏感区域和问题的介绍。

（3）介绍环境管理人员，环境监理的角色和责任及环境问题的报告要点。

（4）健康和安全常识。

（5）违犯规定、法律法规的罚款。

7.3　项目各阶段的环境管理任务

在项目实施的不同阶段，项目环境管理有着不同的工作任务，如图 7-3 所示。

7.3.1　可行性研究阶段

项目可行性研究阶段的主要环境管理工作是建设项目的环境评价，主要包括环境评价报告和环境管理计划的编制。

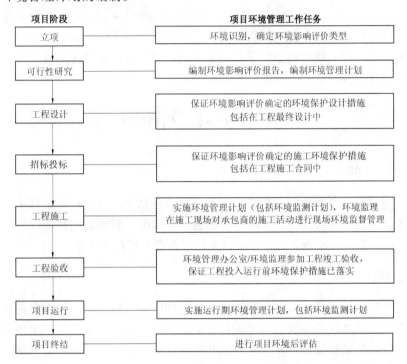

图 7-3　项目实施的不同阶段的环境管理工作任务

7.3.2　设计阶段

项目设计阶段的主要的环境管理工作是检查工程的最终设计报告，确保 EA 提出的各项环境保护措施（工程设计环境保护措施、施工期环境保护措施、运行期环境保护措施），包括在工程的最终设计之中。

7.3.3　招标投标阶段

项目招标投标阶段的主要环境管理工作是确保 EA 提出的施工期环境保护措施包括在工程的施工合同之中。

7.3.4　施工阶段

项目施工阶段的主要环境管理工作是实施 EA 提出的施工期环境保护措施和施工期监测计划。

施工期环境保护措施由承包商负责具体实施，环境监理在施工现场对承包商的施工活动进行现场监督管理。

7.3.5 运行阶段

项目运行阶段的主要环境管理工作是实施 EA 提出的运行期环境保护措施和运行期监测计划。

综上所述,环境管理计划最重要的工作任务就是确保 EA 提出的各项环境保护措施得到切实有效的落实,包括:①在项目设计、施工合同中纳入 EA 提出的环境保护措施;②在项目施工中通过环境监理监督承包商对于施工期环境保护措施的落实情况;③实施环境监测检查环境保护措施的有效性和落实情况。

7.4 环境监测计划

7.4.1 监测目的

环境监测包括施工期和运行期两个阶段,其目的是全面、及时地掌握拟建项目的污染动态,了解项目建设对所在地区的环境质量变化程度、影响范围及运行期的环境质量动态,及时向主管部门反馈信息,为项目的环境管理提供科学依据。

7.4.2 监测计划

根据环境影响预测结果,结合施工期和运行期的污染情况,监测内容选择受影响较大的环境要素,监测因子根据工程污染性质确定,监测分析方法采用国家环境保护局颁布的《环境监测技术规范》中相应项目的监测分析方法,评价标准执行环境影响评价确认的国家标准。以本次项目为例进行说明。

7.4.2.1 施工期环境监测计划

根据工程与环境特点,EA 确定各省项目施工期的环境监测内容分别见表 7-6~表 7-9。

7.4.2.2 运行期环境监测计划

本次工程建设完成后,堤防加固及疏浚河道造成原有堤防植被破坏,以及可能带来的水土流失问题,运行期环境监测主要内容为加固堤防的植被恢复情况以及由于本次工程的进行可能带来的水土流失情况。

工程施工结束后应根据工程施工过程中对地表植被的破坏程度及恢复措施的执行情况进行水土流失监测,以便掌握工程建成后工程影响区域的植被恢复情况以及由于工程施工带来的水土流失情况。

监测时段:运行期前三年。

监测频率:考虑到林草恢复期,在工程完成后进入运行期后 3 年,还需进行观测,监测区观测原则上每年汛前、汛后各做一次,调查监测逐年进行。

运行期监测计划见表 7-10。

表 7-6　河南省项目施工期的环境监测内容

洼地名称	环境要素		监测点位及数量	监测项目	监测频率	单价（元）	总费用（万元）	监测机构	监督机构
贾鲁河、颍河下游洼地	环境空气		芦义沟：史老庄、张庄　双狼沟：傅屯、栗楼岗	TSP	1 期/2 月，2 天/天，共计 40 点次	400	1.6		
	噪声		芦义沟：史老庄、张庄　双狼沟：傅屯、栗楼岗	LeqdB(A)	1 期/2 月，1 天/期，昼夜各 1 次，共计 8 点次	750	0.6		
	水质	地表水	双狼沟：晋桥、赵口　芦义沟：二十里店桥、人贾鲁河口上游 50 m	pH 值，DO，SS，氨氮，高锰酸盐指数	3 期/年，枯、丰、平水期各监测 1 期，3 天/期，1 次/天，共计 36 点次	1 000	3.6	周口市环境监测站	周口市环境保护局
		生产废水	双狼沟：淮李、史老庄　芦义沟：张庄	pH 值，SS，COD，氨氮，石油类	施工期监测 1 次，共计 4 点次	1 000	0.4		
		生活废水	双狼沟：淮李、史老庄　芦义沟：张庄	pH 值，SS，COD，氨氮，石油类	施工期监测 1 次，共计 4 点次	1 000	0.4		
		饮用水	扶沟：大王王庄、曹营　西华：护挡城、迟营	pH 值、总硬度、铁、锰、铝、锌、镉、挥发酚、硫酸盐、溶解性总固体、氯化物、六价铬、氰化物、氟化物、汞、砷、硒、硝酸盐、多环芳烃（苯并芘类共六项）、细菌总数、总大肠菌群数　共 27 项	施工期监测 1 次，共计 4 点次	4 000	1.6		
	疏浚底泥		双狼沟：西华师范桥　重建沟：李桥	Cu、Pb、Cr、Cd、As、Hg、Ni、Zn	施工期监测 1 次，共计 2 点次	3 000	0.6		
	人群健康监测		全部放牧员及 20%的施工人员，400 人	介水传染病、病毒性肝炎、疟疾等传染性疾病	1 次/（人·年）	100	4.0	各县卫生防疫部门	周口市卫生部门
	小计						12.8		

续表 7-6

注地名称	环境要素		监测点位及数量	监测项目	监测频率	单价(元)	总费用(万元)	监测机构	监督机构
小洪河下游	环境空气		杨岗河：雷庄 南马肠河：樊寨 小清河：平舆县城	TSP	1期/2月，2天/期，2次/天，共计30点次	400	1.2	驻马店市环境监测站	驻马店市环境保护局
	噪声		杨岗河：雷庄 南马肠河：樊寨 小清河：平舆县城	LeqdB(A)	1期/2月，1天/期，昼夜各1次，共计6点次	750	0.45		
	水质	地表水	南马肠河：入小洪河口上游50 m，杜一沟入南马肠河口下游100 m 杨岗河：后楼桥，入小洪河口上游100 m 龙口大港：大李庄桥，入小洪河口上游100 m	pH值，DO，SS，氨氮，高锰酸盐指数	3期/年，枯、平、丰，平水期各监测1期，3天/期，1次/天，共计54点次	1 000	5.4		
		生产废水	南马肠河：周楼 新庄 杨岗河：阳岗 龙口大港：宋圈	pH值，SS，COD，氨氮，石油类	施工期监测1次，共计4点次	1 000	0.4		
		生活废水	南马肠河：周楼 新庄 杨岗河：阳岗 龙口大港：宋圈	pH值，SS，COD，氨氮，石油类	施工期监测1次，共计4点次	1 000	0.4		
		饮用水	上蔡：后楼，堤草王 平舆：后楼，安庄 汝南：刘营，马庄 新蔡：西时庄，重庄	pH值，总硬度，铁，锰，铜，铅，锌，镉，挥发酚，硫酸盐，溶解性总固体，氟化物，氯化物，砷，硝酸盐，汞，硒，六价铬，多环芳烃(苯并芘类共六项)，细菌总数，总大肠菌群数	施工期监测1次，共计8点次	4 000	3.2		
	疏浚底泥		杜一沟：五里肖 小清河：清河三桥	Cu, Pb, Cr, Cd, As, Hg, Ni, Zn	施工期监测1次，共计2点次	3 000	0.6		
	人群健康监测		全部牧事员及20%的施工人员，540人	介水传染病、病毒性肝炎、疟疾等传染性疾病	1次/(人·年)	100	5.4	各县卫生防疫部门	驻马店市卫生部门
小计							17.05		

续表 7-6

淹地名称	环境要素	监测点位及数量	监测项目	监测频率	单价(元)	总费用(万元)	监测机构	监督机构
沿淮淹地	环境空气	来龙圩区：刘小寨 芦集圩区：新硬 城郊圩区：张湾 谷堆圩区：桥头、费湾 王岗圩区：赵东	TSP	1 期/2 月，2 天/期，2 次/天，共计 60 点次	400	2.4		
	噪声	来龙圩区：刘小寨 芦集圩区：新硬 城郊圩区：张湾 谷堆圩区：桥头、费湾 王岗圩区：赵东	LeqdB(A)	1 期/2 月，1 天/期，昼夜各 1 次，共计 12 点次	750	0.9		
	水质-地表水	淮河干流淮滨、潢川水文站	pH 值、DO、SS、氨氮、高锰酸盐指数	3 期/年，丰、枯、平水期各监测 1 期，3 天/期，1 次/天，共计 18 点次	1 000	1.8	信阳市环境监测站	信阳市环境保护局
	生产废水	来龙圩区：王大台、刘小寨 芦集圩区：新硬 城郊圩区：南国 谷堆圩区：桥头	pH 值、SS、COD、氨氮、石油类	施工期监测 1 次，共计 5 点次	1 000	0.5		
	生活废水	来龙圩区：王大台、刘小寨 芦集圩区：新硬 城郊圩区：南国 谷堆圩区：桥头	pH 值、SS、COD、氨氮、石油类	施工期监测 1 次，共计 5 点次	1 000	0.5		
	饮用水	潢川：新里集、刘小集、谷堆 淮滨：王岗	pH 值、总硬度、铁、锰、铜、铝、锌、镉、挥发酚、氯化物、硫酸盐、氰化物、砷、汞、硒、氟化物、硝酸盐、六价铬、多环芳烃（苯并芘类共六项）、溶解性总固体、细菌总数、总大肠菌群数	施工期监测 1 次，共计 4 点次	4 000	1.6		
				小计		29.5		
沿淮淹地	生态-鸟类	淮滨淮南湿地自然保护区	区内受重点保护鸟类种类和数量	施工期监测 1 次	20 000	20	具备生态监测资质单位	
	人群健康监测	全部牧事员及 20%的施工人员，180 人	介水传染病、病毒性肝炎、疟疾等传染性疾病	1 次/（人·年）	100	1.8	各县卫生防疫部门	信阳市卫生部门
				总计		59.35		

表 7-7 安徽省洼地治理工程施工期的环境监测内容

洼地名称	环境要素	监测点位及数量	监测项目	监测频率	单价(元)	总费用(元)	监测机构	负责机构	监督机构
八里河洼地	环境空气	2008~2012年度，每年度1处新开工项目工地，4个点	TSP	1期/3月，2天/期，2次/天	400	6 400			
	噪声	2008~2012年度，每年度1处新开工项目工地，4个点	LeqdB(A)	1期/3月，1天/期，昼夜各1次	750	6 000			
	水质 地表水	建南河、保丰河、红建河、公路沟4条干河，4个点	pH值、DO、SS、氨氮、高锰酸盐指数	3期/年，枯、丰、平水期各监测1期，3天/期，1次/天	2 000	72 000	项目所在市的环境监测部门	各市级项目办环境管理办公室	项目所在市环境保护局
	水质 生产废水	施工区砂石料冲洗废水、机械修配及保养场机械冲洗废水排放口各选1处，8个点	pH值、SS、COD、氨氮、石油类	4期/年，1天/期，1次/天	1 000	32 000			
	水质 生活废水	选择2处施工期长的驻地监测，8个点	pH值、SS、COD、氨氮、石油类	4期/年，1天/期，1次/天	1 000	32 000			
	饮用水	选择2处施工期长的驻地取地取水点监测，8个点	《城市供水水质标准》(CJ/T 206—2005)常规检测项目共40项	施工期监测1次	4 000	32 000			
	生态 水生生态	建南河，1个点	1.挺水植物种类及分布；2.沉水植物种类及分布；3.浮游生物种类及数量；4.鱼类种类及数量	施工期监测1次	20 000	20 000			
	生态 陆生生态	曾庄闸施工区，1个点	1.种植面积，复种指数；2.作物种类、总产量；3.林地面积，覆盖率；4.树种种结构及分布；5.动植物种种类及数量	施工期监测1次	20 000	20 000			
	鸟类	八里湖保护区，1个点	区内受重点保护鸟类种类和数量	施工期监测1次	20 000	20 000			
	疏浚底泥	建南河、保丰河、红建河、公路沟4条干沟疏浚弃置区各选1处，总计4个点	Cu、Pb、Cr、Cd、As、Hg、Ni、Zn	施工期监测1次	3 000	12 000			
	人群健康监测	全部炊事员及20%施工人员，每年度计100人次	介水传染病、病毒性肝炎、疟疾等传染性疾病	1次/(人·年)	100	40 000	项目所在县级疾控中心		项目所在市卫生部门
	小计					292 400			

续表 7-7

洼地名称	环境要素	监测点位及数量	监测项目	监测频率	单价（元）	总费用（元）	监测机构	负责机构	监督机构
焦岗湖洼地	环境空气	2008～2012 年度，每年度 1 处浙开工项目工地，4 个点	TSP	1 期/3 月，2 天/期，2 次/天	400	6 400			
	噪声	2008～2012 年度，每年度 1 处浙开工项目工地，4 个点	LeqdB(A)	1 期/3 月，1 天/期，昼夜各 1 次	750	6 000			
	地表水	高排沟、便民沟、老墩沟 3 条干沟，3 个点	pH 值、DO、SS、氨氮、高锰酸盐指数	3 期/年，枯、平水期各监测 1 期，3 天/期，1 次/天	2 000	54 000	项目所在市的环境监测部门	各市级项目办环境管理办公室	项目所在市环境保护局
	水质 生产废水	施工区砂石料冲洗废水排放口、机械修配及保养场机械冲洗废水排放口各选 1 处，8 个点	pH 值、SS、COD、氨氮、石油类	4 期/年，1 天/期，1 次/天	1 000	32 000			
	生活废水	选择 2 处施工期长的驻地监测，8 个点	pH 值、SS、COD、氨氮、石油类	4 期/年，1 天/期，1 次/天	1 000	32 000			
	饮用水	选择 2 处施工期长的驻地取水点监测，8 个点	《城市供水水质标准》（CJ/T 206—2005）常规检测项目共 40 项	施工期监测 1 次	4 000	32 000			
	水生态 生态	老墩沟，1 个点	1.挺水植物种类及分布；2.沉水植物种类及数量；3.浮游生物种类及数量；4.鱼类种类及数量	施工期监测 1 次	20 000	20 000			
	陆生生态	杨湖圩，1 个点	1.种植面积、复种指数；2.作物种类、总产量；3.林地面积、覆盖率；4.树种结构及分布；5.动植物种类及数量	施工期监测 1 次	20 000	20 000			
	鸟类	焦岗湖湿地，1 个点	区内受重点保护鸟类种类和数量	施工期监测 1 次	20 000	20 000			
	疏浚底泥	老墩沟、便民沟、高排沟 3 条干沟疏浚弃置区各选 1 处，总计 3 个点	Cu、Pb、Cr、Cd、As、Hg、Ni、Zn	施工期监测 1 次	3 000	9 000			
	人群健康监测	全部炊事员及 20%的施工人员，每年度计 100 人次	介水传染病、病毒性肝炎、疟疾等传染性疾病	1 次/（人·年）	100	40 000	项目所在县级疾控中心		项目所在市卫生部门
				小计		271 400			

续表 7-7

淮地名称	环境要素		监测点位及数量	监测项目	监测频率	单价（元）	总费用（元）	监测机构	负责机构	监督机构
正南洼淮淮地	环境空气		五里排涝站工地，1个点	TSP	1期/3月，2天/期，2次/天	400	3 200			
	噪声		五里排涝站工地，1个点	LeqdB(A)	1期/3月，1天/期，昼夜各1次	750	3 000			
	水质	地表水	—	—	—	—	—	项目所在市的环境监测部门	各市级项目办环境管理办公室	项目所在市环境保护局
		生产废水	施工区砂石料冲洗废水排放口、机械修配及保养场机械冲洗废水排放口各选1处，8个点	pH值、SS、COD、氨氮、石油类	4期/年，1天/期，1次/天	1 000	32 000			
		生活废水	选择1处施工期长的驻地监测，4个点	pH值、SS、COD、氨氮、石油类	4期/年，1天/期，1次/天	1 000	16 000			
		饮用水	选择1处施工期长的驻地取水点监测，4个点	《城市供水水质标准》(CJ/T 206—2005)常规检测项目共40项	施工期监测1次	4 000	16 000			
	生态	水生生态	—	—	—	—	—			
		陆生生态	建设圩，1个点	1.种植面积、复种指数；2.作物种类、总产量；3.林地面积、覆盖率；4.树种结构及分布；5.动植物种类及数量	施工期监测1次	20 000	20 000			
		鸟类	—	—	—	—	—			
	疏浚底泥		—	—	—	—	—			
	人群健康监测		全部炊事员及20%的施工人员，每年度计100人次	介水传染病、病毒性肝炎、疟疾等传染性疾病	1次/（人·年）	100	40 000	项目所在县级疾控中心		项目所在市卫生部门
小计							130 200			

续表 7-7

灌地名称	环境要素	监测点位及数量	监测项目	监测频率	单价（元）	总费用（元）	监测机构	负责机构	监督机构
	环境空气	永幸河排涝站项目工地，1 个点	TSP	1 期/3 月，2 天/期，2 次/天	400	3 200			
	噪声	永幸河排涝站项目工地，1 个点	LeqdB(A)	1 期/3 月，1 天/期，昼夜各 1 次	750	3 000			项目所在市环境保护局
水质	地表水	苏沟、济河、港河 3 条河流，3 个点	pH 值、DO、SS、氨氮、高锰酸盐指数	3 期/年，枯、丰、平水期各监测 1 期，3 天/期，1 次/天	2 000	54 000			
	生产废水	施工区砂石料冲洗废水排放口，机械修配及保养场冲洗废水排放口各选 1 处，8 个点	pH 值、SS、COD、氨氮、石油类	4 期/年，1 天/期，1 次/天	1 000	32 000	项目所在市的环境监测部门	各市级项目办环境管理办公室	
	生活废水	选择 2 处施工期长的驻地监测，8 个点	pH 值、SS、COD、氨氮、石油类	4 期/年，1 天/期，1 次/天	1 000	32 000			
	饮用水	选择 2 处施工期长的驻地取水点监测，8 个点	《城市供水水质标准》CJ/T 206—2005 常规检测项目共 40 项	施工期监测 1 次	4 000	32 000			
生态	水生生态	济河，1 个点	1.挺水植物种类及分布；2.沉水植物种类及分布；3.浮游生物种类及数量；4.鱼类种类及数量	施工期监测 1 次	20 000	20 000			
	陆生生态	永幸河排涝站工地，1 个点	1.种植面积、复种指数；2.作物种类、总产量；3.林地面积、覆盖率；4.树种结构及分布；5.动植物种类及数量	施工期监测 1 次	20 000	20 000			
	鸟类	—	—	—	—	—			
	疏浚底泥	苏沟、济河、港河 3 条河流随意弃置区各选 1 处，总计 3 个点	Cu、Pb、Cr、Cd、As、Hg、Ni、Zn	施工期监测 1 次	3 000	9 000			
西淝河下游灌地	人群健康监测	全部炊事员及 20%的施工人员，每年度计 100 人次	介水传染病、病毒性肝炎、疟疾等传染性疾病	1 次/（人·年）	100	40 000	项目所在县级疾控中心		项目所在市卫生部门
					小计	245 200			

续表 7-7

洼地名称	环境要素		监测点位及数量	监测项目	监测频率	单价（元）	总费用（元）	监测机构	负责机构	监督机构
架河湖洼地	环境空气		城北湖站工地，1个点	TSP	1期/3月，2天/期，2次/天	400	3 200			
	噪声		城北湖站工地，1个点	LeqdB(A)	1期/3月，1天/期，昼夜各1次	750	3 000			
	水质	地表水	—	—	—	—	—	项目所在市的环境监测部门	各市级项目办环境管理办公室	项目所在市环境保护局
		生产废水	施工区砂石料冲洗废水排放口，机械修配及保养场机械冲洗废水排放口各选1处，8个点	pH值、SS、COD、氨氮、石油类	4期/年，1天/期，1次/天	1 000	32 000			
		生活废水	选择1处施工期长的驻地监测，2个点	pH值、SS、COD、氨氮、石油类	4期/年，1天/期，1次/天	1 000	8 000			
		饮用水	选择1处施工期长的驻地取水点监测，2个点	《城市供水水质标准》（CJ/T 206—2005）常规检测项目共40项	施工期监测1次	4 000	8 000			
	生态	水生生态	—	—	—	—	—			
		陆生生态	城北湖站工地	1.种植面积，复种指数；2.作物种类、总产量；3.林地面积，覆盖率；4.树种结构及分布；5.动植物种类及数量	施工期监测1次	20 000	20 000			
		鸟类	—	—	—	—	—			
	疏浚底泥		—	—	—	—	—			
	人群健康监测		全部炊事员及20%的施工人员，每年度计100人次	介水传染病、病毒性肝炎、疟疾等传染性疾病	1次/（人·年）	100	30 000	项目所在县级疾控中心		项目所在市卫生部门
	小计						104 200			

续表 7-7

连地名称	环境要素	监测点位及数量	监测项目	监测频率	单价(元)	总费用(元)	监测机构	负责机构	监督机构
高塘湖连地	环境空气	水湖排涝沟, 1个点	TSP	1期3月, 2天/期, 2次/天	400	1 600			
	噪声	水湖排涝沟, 2个点	LeqdB(A)	1期3月, 1天/期, 昼夜各1次	750	3 000			
	地表水	水湖排涝沟, 炉桥圩撇洪沟2条干沟, 2个点	pH值, DO, SS, 氨氮, 高锰酸盐指数	3期/年, 枯、平水期监测1期, 3天/期, 1次/天	2 000	36 000	项目所在市的环境监测部门	各市级项目办环境管理办公室	项目所在市环境保护局
	水质 生产废水	施工区砂石料冲洗废水排放口, 机械修配及保养场机械冲洗废水排放口各选1处, 8个点	pH值, SS, COD, 氨氮, 石油类	4期/年, 1天/期, 1次/天	1 000	32 000			
	生活废水	选择2处施工期长的驻地监测, 8个点	pH值, SS, COD, 氨氮, 石油类	4期/年, 1天/期, 1次/天	1 000	32 000			
	饮用水	选择2处施工期长的驻地取水点监测, 8个点	《城市供水水质标准》(CJ/T 206—2005) 常规检测项目共40项	施工期监测1次	4 000	32 000			
	水生生态	水湖排涝沟, 1个点	1.挺水植物种类及分布; 2.沉水植物种类及数量及分布; 3.浮游生物种类及数量; 4.鱼类种类及数量	施工期监测1次	20 000	20 000			
	陆生生态	炉桥圩, 1个点	1.种植面积; 2.作物种类、复种指数、总产量; 3.林地面积、覆盖率; 4.树种结构及分布、物种种类及数量; 5.动植物种类及数量	施工期监测1次	20 000	20 000			
	鸟类	高塘湖湿地, 1个点	区内受重点保护鸟类种类和数量	施工期监测1次	20 000	20 000			
	疏浚底泥	水湖排涝沟, 炉桥圩撇洪沟2条干沟疏浚弃置区各选1处, 总计2个点	Cu, Pb, Cr, Cd, As, Hg, Ni, Zn	施工期监测1次	3 000	6 000			
	人群健康监测	全部牧事人员及20%的施工人员, 每年度计100人次	介水传染病、病毒性肝炎、疟疾等传染性疾病	1次/(人·年)	100	20 000	项目所在县级疾控中心		项目所在市卫生部门
小计						222 600			

续表 7-7

洼地名称	环境要素	监测点位及数量	监测项目	监测频率	单价（元）	总费用（元）	监测机构	负责机构	监督机构
北淝河下游洼地	环境空气	2008~2012年度，每年度1处开工项目工地，4个点	TSP	1期/3月，2天/期，2次/天	400	6 400	项目所在市的环境监测部门	各市级项目环境管理办公室	项目所在市环境保护局
	噪声	2008~2012年度，每年度1处开工项目工地，4个点	LeqdB(A)	1期/3月，1天/期，昼夜各1次	750	6 000			
	水质 地表水	大洪沟、隔子沟、五河大洪沟、芦干沟4条干沟各1个点	pH值、DO、SS、氨氮、高锰酸盐指数	3期/年，平水期、枯、丰水期各监测1期，3天/期，1次/天	2 000	72 000			
	水质 生产废水	施工区砂石料冲洗废水排放口、机械修配及保养场机械冲洗废水排放口各选1处，8个点	pH值、SS、COD、氨氮、石油类	4期/年，1天/期，1次/天	1 000	32 000			
	水质 生活废水	选择2处施工驻地的驻地监测，8个点	pH值、SS、COD、氨氮、石油类	4期/年，1天/期，1次/天	1 000	32 000			
	水质 饮用水	选择2处施工期长的驻地取水点监测，8个点	《城市供水水质标准》（CJ/T 206—2005）常规检测项目共40项	施工期监测1次	4 000	32 000			
	生态 水生生态	大洪沟，1个点	1.挺水植物种类及分布；2.沉水植物种类及分布；3.浮游生物种类及数量；4.鱼类种类及数量	施工期监测1次	20 000	20 000			
	生态 陆生生态	曹老集圩，1个点	1.种植面积，复种指数；2.作物种类、总产量；3.林地面积，覆盖率；4.树种种类及数量；5.动植物种类数量	施工期监测1次	20 000	20 000			
	生态 鸟类	—	—	—	—	—			
	疏浚底泥	大洪沟、隔子沟、五河大洪沟、芦干沟4条干沟疏浚弃置区各选1处，4个点	Cu、Pb、Cr、Cd、As、Hg、Ni、Zn	施工期监测1次	3 000	12 000			
	人群健康监测	全部炊事员及20%的施工人员，每年度计100人次	介水传染病、病毒性肝炎、疟疾等传染性疾病	1次/（人·年）	100	40 000	项目所在县级疾控中心		项目所在市卫生部门
	小计					272 400			

续表 7-7

洼地名称	环境要素		监测点位及数量	监测项目	监测频率	单价（元）	总费用（元）	监测机构	负责机构	监督机构
高邮湖洼地	环境空气		湖滨排涝站、护桥排涝站、军田排涝站工地，3个点	TSP	1期/3月，2天/期，2次/天	400	4 800			
	噪声		湖滨排涝站、护桥排涝站、军田排涝站工地，3个点	LeqdB(A)	1期/3月，1天/期，昼夜各1次	750	4 500			
	水质	地表水	湖滨站排涝干沟，1个点	pH值、DO、SS、氨氮、高锰酸盐指数	3期/年，枯、平、丰水期各监测1期，3天/期，1次/天	2 000	18 000	项目所在市的环境监测部门	各市级项目办环境管理办公室	项目所在市环境保护局
		生产废水	施工区砂石料冲洗废水排放口、机械修配及保养场机械冲洗废水排放口各选1处，6个点	pH值、SS、COD、氨氮、石油类	4期/年，1天/期，1次/天	1 000	24 000			
		生活废水	选择1处施工期长的驻地监测，3个点	pH值、SS、COD、氨氮、石油类	4期/年，1天/期，1次/天	1 000	12 000			
		饮用水	选择1处施工期长的驻地取水点监测，3个点	《城市供水水质标准》（CJ/T 206—2005）常规检测项目共40项	施工期监测1次	4 000	12 000			
	生态	水生生态	湖滨站排涝干沟，1个监测点	1.挺水植物种类及分布；2.沉水植物种类及分布；3.浮游生物种类及数量；4.鱼类种类及数量	施工期监测1次	20 000	20 000			
		陆生生态	湖滨排涝站，1个点	1.种植面积、复种指数、总产量；2.作物种类；3.林地面积、覆盖率；4.树种结构及分布；5.动植物种类及数量	施工期监测1次	20 000	20 000			
		鸟类	高邮湖湿地，1个点	区内受重点保护鸟类种类和数量	施工期监测1次	20 000	20 000			
	疏浚底泥		湖滨站排涝干沟疏浚弃置区1处，1个点	Cu、Pb、Cr、Cd、As、Hg、Ni、Zn	施工期监测1次	3 000	3 000			
	人群健康监测		全部牧事员及20%的施工人员，每年度计100人次	介水传染病、病毒性肝炎、疟疾等传染性疾病	1次/（人·年）	100	30 000	项目所在县级疾控中心		项目所在市卫生部门
小计							168 300			

续表 7-7

连地名称	环境要素	监测点位及数量	监测项目	监测频率	单价（元）	总费用（元）	监测机构	负责机构	监督机构
濉河洼地	环境空气	濉河沿线施工区，3个点	TSP	1期/3月，2天/期，2次/天	400	4 800			
	噪声	濉河沿线施工区，3个点	LeqdB(A)	1期/3月，1天/期，昼夜各1次	750	4 500			
	地表水水质	濉河，上、中、下游3个点	pH值、DO、SS、氨氮、高锰酸盐指数	3期/年，枯、丰、平水期各监测1期，3天/期，1次/天	2 000	54 000	项目所在市的环境监测部门	各市级项目办环境管理办公室	项目所在市环境保护局
	生产废水	施工区砂石料冲洗废水排放口、机械修配及保养场机械冲洗废水排放口各选1处，4个点	pH值、SS、COD、氨氮、石油类	4期/年，1天/期，1次/天	1 000	16 000			
	生活废水	选择1处施工期长的驻地监测，3个点	pH值、SS、COD、氨氮、石油类	4期/年，1天/期，1次/天	1 000	12 000			
	饮用水	选择1处施工期长的驻地取水点监测，3个点	《城市供水水质标准》（CJ/T 206—2005）常规检测项目共40项	施工期监测1次	4 000	12 000			
	水生生态	濉河，1个点	1.挺水植物种类及分布；2.沉水植物种类及分布；3.浮游生物种类及数量；4.鱼类种类及分布；5.动物种类及数量	施工期监测1次	20 000	20 000			
	陆生生态	方店闸工地，1个点	1.种植面积、复种指数；2.作物种类、总产量；3.林地面积、覆盖率；4.树种种类及数量	施工期监测1次	20 000	20 000			
	鸟类	—	—	—	—	—			
	疏浚底泥	濉河疏浚弃置区上、中、下游3处，3个点	Cu、Pb、Cr、Cd、As、Hg、Ni、Zn	施工期监测1次	3 000	9 000			
	人群健康监测	全部炊事员及20%的施工人员，每年度计100人次	介水传染病、病毒性肝炎、疟疾等传染性疾病	1次/（人·年）	100	30 000	项目所在县级疾控中心		项目所在市卫生部门
小计						182 300			

续表 7-7

连地名称	环境要素		监测点位及数量	监测项目	监测频率	单价(元)	总费用(元)	监测机构	负责机构	监督机构
沱河连地	环境空气		沱河沿线施工区，3个点	TSP	1期/3月，2天/期，2次/天	400	4 800	项目所在市的环境监测部门	各市级项目办环境管理办公室	项目所在市环境保护局
	噪声		沱河沿线施工区，3个点	LeqdB(A)	1期/3月，1天/期，昼夜各1次	750	4 500			
	水质	地表水	沱河，上、中、下游3个点	pH值、DO、SS、氨氮、高锰酸盐指数	3期/年，枯、丰、平水期各监测1期，3天/期，1次/天	2 000	54 000			
		生产废水	施工区砂料冲洗废水排放口、机械修配及保养场机械冲洗废水排放口各选1处，4个点	pH值、SS、COD、氨氮、石油类	4期/年，1天/期，1次/天	1 000	16 000			
		生活废水	选择1处施工期长的驻地监测，3个点	pH值、SS、COD、氨氮、石油类	4期/年，1天/期，1次/天	1 000	12 000			
		饮用水	选择1处施工期长的驻地取水点监测，4个点	《城市供水水质标准》（CJ/T 206—2005）常规检测项目共40项	施工期监测1次	4 000	16 000			
	生态	水生态	沱河，上、中、下游3个监测点	1.挺水植物种类及分布；2.沉水植物种类及数量；3.浮游生物种类及数量；4.鱼类种类及数量	施工期监测1次	20 000	20 000			
		陆生生态	宿东闸工地，1个点	1.种植面积，复种指数；2.作物种类，总产量；3.林地面积，覆盖率；4.树种结构及分布；5.动植物种类及数量	施工期监测1次	20 000	20 000			
		鸟类	沱湖自然保护区，1个点	区内受重点保护鸟类种类和数量	施工期监测1次	20 000	20 000			
	疏浚底泥		沱河疏浚弃置区上、中、下游3处，3个点	Cu、Pb、Cr、Cd、As、Hg、Ni、Zn	施工期监测1次	3 000	9 000			
	人群健康监测		全部炊事员及20%的施工人员每年度计100人次	介水传染病、病毒性肝炎、疟疾等传染性疾病	1次/（人·年）	100	40 000	项目所在县级疾控中心		项目所在市卫生部门
小计							216 300			

续表 7-7

淮地名称	环境要素	监测点位及数量	监测项目	监测频率	单价（元）	总费用（元）	监测机构	负责机构	监督机构
天河淮地	环境空气	冯西圩工地，1 个点	TSP	1 期/3 月，2 天/期，2 次/天	400	1 600	项目所在市的环境监测部门	各市级项目办环境管理办公室	项目所在市环境保护局
	噪声	冯西圩工地，1 个点	LeqdB(A)	1 期/3 月，1 天/期，昼夜各 1 次	750	1 500			
	地表水水质	天河，1 个点	pH 值、DO、SS、氨氮、高锰酸盐指数	施工期监测 1 期，3 天/期，1 次/天	2 000	18 000			
	生产废水	施工区砂石料冲洗废水排放口，机械修配厂及保养场机械冲洗废水排放口各选 1 处，2 个点	pH 值、SS、COD、氨氮、石油类	施工期监测 1 期，1 天/期，1 次/天	1 000	2 000			
	生活废水	冯西圩施工区驻地监测，1 个点	pH 值、SS、COD、氨氮、石油类	施工期监测 1 期，1 天/期，1 次/天	1 000	1 000			
	饮用水	冯西圩施工区驻地取水点监测，1 个点	《城市供水水质标准》（CJ/T 206—2005）常规检测项目共 40 项	施工期监测 1 次	4 000	4 000			
	水生生态	—	—	—	—	—			
	陆生生态	冯西圩工地，1 个点	1.种植面积，复种指数；2.作物种类，总产量；3.林地面积，覆盖率；4.树种结构及分布；5.动植物种类及数量	施工期监测 1 次	20 000	20 000			
	鸟类	—	—	—	—	—			
	疏浚底泥	—	—	—	—	—			
	人群健康监测	全部炊事员及 20%的施工人员，每年度计 100 人次	介水传染病、病毒性肝炎、疟疾等传染性疾病	1 次/（人·年）	100	10 000	项目所在县级疾控中心		项目所在市卫生部门
小计						58 100			
合计						2 163 400			

表 7-8 江苏省洼地治理工程施工期的环境监测内容

洼地名称	环境要素		监测点位及数量	监测项目	监测频率	单价（元）	总费用（元）	监测机构	负责机构	监督机构
泰东河整治工程	环境空气		溱溪居民区、圩堤居民区，共 2 个点	TSP	1 期/3 月，2 天/期，2 次/天	1 600	28 800	项目所在市环保护局	各市级项目办环境管理办公室	项目所在市环境保护局
	噪声		溱潼中学、溱潼医院、溱潼居民区，时堰居民区，共 4 个点	LeqdB(A)	1 期/3 月，1 天/期，昼夜各 1 次	750	27 000			
	水质	地表水	溱潼镇水厂取水口、东台镇饮用水水源保护区、姜堰市水产良种繁殖场，共 3 个点	pH 值、DO、SS、氨氮、高锰酸盐指数	3 期/年，枯、丰、平水期各监测 1 期，3 天/期，1 次/天	2 000	54 000	项目所在市环境监测部门		
		生产废水	施工区砂石料冲洗废水排放口及保修机械冲洗废水放口各选 4 处	pH 值、SS、COD、氨氮、石油类	4 期/年，1 天/期，1 次/天	1 000	72 000			
		生活废水	施工人员居住地	pH 值、SS、COD、氨氮、石油类	4 期/年，1 天/期，1 次/天	1 000	7 000			
		饮用水	各施工生活区取水点	pH 值、镉、铁、铜、铝、总硬度、挥发酚、溶解性总固体、硫酸盐、氯化物、氰化物、多种、汞、六价铬、硝酸盐、砷、硒（苯并芘类共六项）、细菌总数、总大肠菌群数共 27 项	施工期监测 1 次	4 000	28 000			
	生态	水生生态	溱溪大桥处	1.挺水植物种类及分布；2.沉水植物种类及数量；3.浮游生物种类及数量；4.鱼类种类及数量	施工期监测 1 次	20 000	20 000			
		疏浚底泥	读书址大桥	Cu、Pb、Cr、Cd、As、Hg、Ni、Zn	施工期监测 1 次	3 000	3 000			
	人群健康监测		全部炊事员及 20%的施工人员共 350 人次	介水传染病、病毒性肝炎、疟疾等传染性疾病	1 次/（人·年）	100	140 000	项目所在市县级疾病预防监控中心		项目所在市卫生部门
小计							379 800			

续表 7-8

淮地名称	环境要素	监测点位及数量	监测项目	监测频率	单价（元）	总费用（元）	监测机构	负责机构	监督机构
泰州里下河洼地	环境空气	五叉河闸站处，共1个点	TSP	1期/3月，2天/期，2次/天	1 600	17 600			
	噪声	西郊乡森北村、引东村一组、引东村二组、九龙村二组、泰州职校家属区、响铃村、泰州春兰大厦、忠南村、红旗农场居民，共9个点	LeqdB(A)	1期/3月，1天/期，昼夜各1次	750	74 250			
	地表水	引江河与新通扬运河交汇处、开发区美家舍处、森南河与九龙河过农业、宫涵河与鲍马河交汇处、王庄河忠南庄处、苏红河与新通扬运河交汇处，共7个点	pH值、DO、SS、氨氮、高锰酸盐指数	3期/年，枯、丰、平水期各监测1期，3天/期，1次/天	2 000	126 000	项目所在市的环境监测部门	各市级项目办环境管理办公室	项目所在市环境保护局
	生产废水	施工区砂石料冲洗废水排放口、机械修配及保养场机械冲洗废水排放口各选5处	pH值、SS、COD、氨氮、石油类	4期/年，1天/期，1次/天	1 000	120 000			
	生活废水	施工人员居住地	pH值、SS、COD、氨氮、石油类	4期/年，1天/期，1次/天	1 000	5 000			
	水质 饮用水	各施工生活区取水点	pH值、总硬度、铁、锰、铜、铝、硫酸盐、溶解性总固体、挥发酚、氟化物、氯化物、砷化物、氰化物、硝酸盐、汞、六价铬、硒、细菌总数、总大肠菌群数（苯并芘类共六项）、总数共27项	施工期监测1次	4 000	20 000			
	水生生态	苏红河与新通扬运河交界处、军民河与新通扬运河交界处各布置1个监测点	1.挺水植物种类分布；2.沉水植物种类分布；3.浮游生物种类及数量；4.鱼类种类及数量	施工期监测1次	20 000	40 000			
	疏浚底泥	五叉河与新通扬运河交汇处、宫涵河与九龙河泰州职业学院处）、红旗农场（苏红河桥处），共4个点	Cu、Pb、Cr、Cd、As、Hg、Ni、Zn	施工期监测1次	3 000	12 000			
	人群健康监测	全部炊事员及20%的施工人员共250人次	介水传染病、病毒性肝炎、疟疾等传染性疾病	1次/（人·年）	100	100 000	项目所在县级疾病预防监控中心		项目所在市卫生部门
	小计					514 850			

续表 7-8

建地名称	环境要素		监测点位及数量	监测项目	监测频率	单价（元）	总费用（元）	监测机构	负责机构	监督机构
淮安渠北里运河淮地	环境空气		里运河若飞桥处，1个点	TSP	1期/3月，2天/期，2次/天	1 600	9 600	项目所在市市的环境监测部门	各市级项目办环境管理办公室	项目所在市环境保护局
	噪声		运河村九组、西郊村五组、周恩来童年读书处、工学校、若飞桥小学及居民小区、石桥小学及居民、清隆村、山阳村、淮关、若亭桥北组、穿运九组，共12个点	LeqdB(A)	1期/3月，1天/期，昼夜各1次	750	54 000			
	水质	地表水	五叉河口、板闸、小穿运洞、西郊泵站处(养殖场)，共4个点	pH值、DO、SS、氨氮、高锰酸盐指数	3期/年，枯、平、丰水期各监测1期，3天/期，1次/天	2 000	40 000			
		生产废水	施工区砂石料冲洗废水排放口、机械修配及保养场机械冲洗废水排放口各选2处	pH值、SS、COD、氨氮、石油类	4期/年，1天/期，1次/天	1 000	20 000			
		生活废水	施工人员居住地	pH值、SS、COD、氨氮、石油类	4期/年，1天/期，1次/天	1 000	5 000			
		饮用水	各施工生活区取水点	pH值、总硬度、铁、锰、铜、铅、锌、镉、挥发酚、硫酸盐、溶解性固体、氟化物、硝酸盐、氯化物、砷、汞、硒、六价铬、细菌总数、多环芳烃（苯并比类六项）、总大肠菌群数27项	施工期监测1次	4 000	20 000			
	生态	水生生态	清隆桥处	1.挺水植物种类及分布；2.沉水植物种类及数量；3.浮游生物种类及数量；4.鱼类种类及数量	施工期监测1次	20 000	20 000			
	人群健康监测		全部牧事员及20%的施工人员 共320人次	介水传染病、病毒性肝炎、疟疾等传染性疾病	1次/（人·年）	100	64 000	县疾病预防控制中心		市卫生部门
				小计			232 600			

续表 7-8

灌地名称	环境要素	监测点位及数量	监测项目	监测频率	单价（元）	总费用（元）	监测机构	负责机构	监督机构
	环境空气	废黄河铁路桥处，共1个点	TSP	1期/3月，2天/期，2次/天	1600	6400			
	噪声	汉桥小学、铁桥小区、李庄、范湖村，共4个点	LeqdB(A)	1期/3月，1天/期，昼夜各1次	750	12000			
	水质　地表水	铁路桥处、李庄闸处、邓楼桥处，共3个点	pH值、DO、SS、氨氮、高锰酸盐指数	3期/年，丰、枯、平水期各监测1期，3天/期，1次/天	2000	18000			
	生产废水	施工区砂石料冲洗废水排放口、机械修配及养护场机械冲洗废水排放口各选2处	pH值、SS、COD、氨氮、石油类	4期/期，1天/期，1次/天	1000	16000			
	生活废水	施工人员居住地	pH值、SS、COD、氨氮、石油类	4期/年，1天/期，1次/天	1000	3000	项目所在市的环境监测部门	各市县项目办环境管理办公室	项目所在市环境保护局
徐州废黄河灌地	饮用水	各施工生活区取水点	pH值、总硬度、铁、锰、铜、铝、溶解性总固体、挥发酚、硫酸盐、氰化物、砷、镉、氟化物、六价铬、氯化物、汞、硒、六六六、多环芳经（苯并芘类共六项）、硝酸盐、总大肠菌群数、细菌总数27项	施工期监测1次	4000	12000			
	施工导流水质监测	铁路桥		施工期监测1次	1000	1000			
	生态　水生生态	铁路桥处	1.挺水植物种类及分布；2.沉水植物种类及分布；3.浮游生物种类及数量；4.鱼类种类及数量	施工期监测1次	20000	20000			
	疏浚底泥		Cu、Pb、Cr、Cd、As、Hg、Ni、Zn	施工期监测1次	3000	9000			
	人群健康监测	全部炊事员及20%施工人员共180人次	介水传染病、病毒性肝炎、疟疾等传染性疾病	1次/（人·年）	100	36000	县级疾病预防监控中心		市卫生部门
	小计					133400			
	合计					1260650			

表 7-9　山东省洼地治理工程施工环境监测计划

洼地名称	环境要素	监测点位及数量	监测项目	监测频率	单价（元）	总费用（元）	监测机构	负责机构	监督机构
南四湖滨湖洼地	环境空气	老万福河陈家口，共1个点	TSP	1期/3月，2天/期，2次/天	1 600	6 400			
	噪声	老涧河马坡小学、西张庄、龙拱河加河、大辛庄、陈家口、丁岗、孙桥，共8个点	LeqdB(A)	1期/3月，1天/期，昼夜各1次	750	24 000			
	水质 地表水	龙拱河、老赵王河、老运河、老涧河、老万福河5条河导流处	pH值、DO、SS、氨氮、高锰酸盐指数	3期/年，枯、丰、平水期各监测1期，3天/期，1次/天	20 000	30 000	项目所在市的环境监测部门	各市级项目办环境管理办公室	项目所在市环境保护局
	生产废水	施工区砂石料冲洗废水排放口、机械修配及保养场机械冲洗废水排放口各选1处	pH值、SS、COD、氨氮、石油类	4期/年，1天/期，1次/天	1 000	8 000			
	生活废水	选择2处施工期长的驻地监测	pH值、SS、COD、氨氮、石油类	4期/年，1天/期，1次/天	1 000	8 000			
	饮用水	老赵王河、龙拱河、老万福河、老涧河、微山老运河5条河道治理施工生活饮水区取水点	《城市供水水质标准》（CJ/T 206—2005）常规检测项目共40项	施工期监测1次	4 000	20 000			
	生态 水生生态	老万福河上游清河村、下游郭庙桥各设1个监测点	1.挺水植物种类及分布；2.沉水植物种类及数量；3.浮游生物种类及数量；4.鱼类种类及数量	施工期监测1次	20 000	20 000			
	鸟类	南四湖保护区	区内受重点保护鸟类种类和数量	施工期监测1次	20 000	20 000			
	疏浚底泥	老赵王河、龙拱河、老万福河、老涧河、微山老运河5条河疏浚填充区各选1处	Cu、Pb、Cr、Cd、As、Hg、Ni、Zn	施工期监测1次	3 000	15 000			
	人群健康监测	全部炊事员及20%的施工人员共400人次	介水传染病、病毒性肝炎、疟疾等传染性疾病	1次/（人·年）	100	40 000	项目所在县级疾控中心		项目所在市卫生部门
小计						191 400			

续表 7-9

淮地名称	环境要素	监测点位及数量	监测项目	监测频率	单价（元）	总费用（元）	监测机构	负责机构	监督机构
沿运淮地	环境空气	小沙河株桥村，共1个点	TSP	1期/3月，2天/期，2次/天	1 600	6 400			
	噪声	小沙河株桥村、彭楼村、东泥河西万村，共3个点	LeqdB(A)	1期/3月，1天/期，昼夜各1次	750	9 000			
	水质 地表水	新沟河、越河、二支沟、阴平沙河、薛城小沙河、小沙河故道、东泥河7条河导流处	pH值、DO、SS、氨氮、高锰酸盐指数	3期/年，枯、丰、平水期各监测1期，3天/期，1次/天	2 000	42 000	项目所在市环境监测部门	各市级项目办环境管理办公室	项目所在市环境保护局
	生产废水	施工区砂石料冲洗废水排放口机械修配及保养场机械冲洗废水排放口各选1处	pH值、SS、COD、氨氮、石油类	4期/年，1天/期，1次/天	1 000	8 000			
	生活废水	选择2处施工长的驻地监测	pH值、SS、COD、氨氮、石油类	4期/年，1天/期，1次/天	1 000	8 000			
	饮用水	新沟河、越河、二支沟、阴平沙河、薛城小沙河、小沙河故道、东泥河7条河道治理施工生活区取水点	《城市供水水质标准》（CJ/T 206—2005）常规检测项目共40项	施工期监测1次	4 000	28 000			
	生态 水生生态	小沙河设1个监测点	1.挺水植物种类分布；2.沉水植物类及分布；3.浮游生物种类及数量；4.鱼类种类及数量	施工期监测1次	10 000	10 000			
	疏浚底泥	新沟河、越河、二支沟、阴平沙河、薛城小沙河、小沙河故道、东泥河7条河流浚填充区各选1处	Cu、Pb、Cr、Cd、As、Hg、Ni、Zn	施工期监测1次	3 000	21 000			
	人群健康监测	全部炊事员及20%的施工人员共400人次	介水传染病、病毒性肝炎、疟疾等传染性疾病	1次/（人·年）	100	40 000	项目所在县级疾控中心		项目所在市卫生部门
小计						172 400			

续表 7-9

注地名称	环境要素		监测点位及数量	监测项目	监测频率	单价(元)	总费用(元)	监测机构	负责机构	监督机构
郑苍注地	环境空气		白马河小马头，1个点	TSP	1期/3月，2天/期，2次/天	1 600	6 400	项目所在市的环境监测部门	各市级项目办环境管理办公室	项目所在市环境保护局
	噪声		吴坦河李宅、圣庄、长屯村，白马河吴庄、小马头、大坊，共6个点	LeqdB(A)	1期/3月，1天/期，昼夜各1次	750	18 000			
	水质	地表水	吴坦河、白马河疏浚渠段上下游各设1个监测点，共4个点	pH值、DO、SS、氨氮、高锰酸盐指数	3期/年，平水期、枯、丰，水期各监测1期，3天/期，1次/天	2 000	24 000			
		生产废水	施工区砂石料冲洗废水排放口，机械修配及保养场机械冲洗废水排放口各选1处	pH值、SS、COD、氨氮、石油类	4期/年，1天/期，1次/天	1 000	8 000			
		生活废水	选择2处施工期长的驻地监测	pH值、SS、COD、氨氮、石油类	4期/年，1天/期，1次/天	1 000	8 000			
		饮用水	吴坦河、白马河2条河道治理施工生活取水点	《城市供水水质标准》(CJ/T 206—2005)常规检测项目共40项	施工期监测1次	4 000	8 000			
	生态	水生生态	吴坦河、白马河安子桥、小马头桥各设1个监测点	1.挺水植物种类及分布；2.沉水植物种类及分布；3.浮游生物种类及数量；4.鱼类种类及数量	施工期监测1次	10 000	20 000			
	疏浚底泥		白马河、吴坦河2条河疏浚填充区各选1处	Cu、Pb、Cr、Cd、As、Hg、Ni、Zn	施工期监测1次	3 000	6 000			
	人群健康监测		全部炊事员及20%的施工人员共350人计	介水传染病、病毒性肝炎、疟疾等传染性疾病	1次/(人·年)	100	35 000	项目所在县级疾控中心		项目所在市卫生部门
					小计		133 400			
					合计		497 200			

表 7-10　运行期监测计划

监测范围	监测计划	监测频次	监测机构	负责机构	监督机构
各洼地主要建筑施工地点、渣场、弃土场、取土场等	施工场地周围人工植被的存活率、种植密度和覆盖率 弃渣场和取料场植物存活率、种植密度和覆盖率，调查弃渣场、取料场水土流失情况	半年一次	各县林业部门	各市项目办环境管理办公室	各市水利、林业部门

7.4.3　监测报告程序

世界银行项目中的监测报告程序，是为评估项目环境保护工作的成绩以及环境影响和超过预期是否需要增加环境保护措施的依据。其报告往往是根据项目具体情况，分阶段、分级别不同报送。

以本项目为例，监测结果每年 2 次、监测报告每季度 1 次，由各地（市）级项目办以正式书面材料的形式提交给各省水利厅项目办，由各省水利厅项目办资料管理员整理、保管，并报送淮委中央项目办汇总整理、保管。本项目监控、监测报告程序如图 7-4 所示。

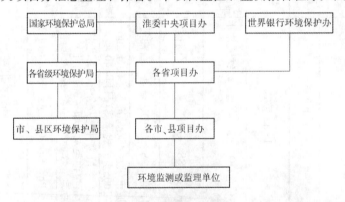

图 7-4　监控、监测报告程序

7.5　小　结

本项目的环境保护措施，从工程措施方面，要分别从设计阶段、施工阶段和运行阶段对项目环境保护措施的实施提出具体方案；从非工程措施方面，要对项目的环境管理机构设置及其职责进行建议和规定，特别是环境管理机构要由管理机构、监督机构和实施机构组成，负责工程环境管理、环境监测和环境监理等工作；此外，项目的环境保护措施工作还包括分施工期和运行期制订环境监测计划，并明确环境监测报告程序。

第 8 章　世界银行贷款项目环境影响评价特点研究

淮河流域防洪排涝工程为世界银行贷款项目，在采用环境影响评价方法进行工程环境影响研究时，必须充分考虑且贯彻实施世界银行关于环境评价的有关政策、程序和要求，本章以淮河流域防洪排涝工程为例，对世界银行贷款项目的环境影响评价特点进行了研究，并分析了世界银行与我国在环境评价的程序、环境评价报告书的分类和内容、环境管理计划、公众参与和替代方案等方面的异同点。

8.1　世界银行及其环境保护机构

世界银行是国际复兴开发银行和国际开发协会的通称。它与国际金融公司、多边投资担保机构及解决投资争端国际中心共同构成世界银行集团。世界银行也是当今最大的政府间金融机构之一。世界银行现有 180 多个成员，每年向发展中国家提供低息贷款、无息贷款和赠款，用于包括教育、卫生、公共管理、基础设施、金融和私营部门发展、农业以及环境和自然资源管理投资在内的多重目的。

世界银行自 1970 年首次设立环境事务顾问以来，对环境问题的关注就成为其业务不可分割的重要内容。世界银行内部管理环境事务的机构几经改革，在 1987 年世界银行改组时就设立了环境总局，在 4 个地区技术局中各设立了 3 个环境处。目前，世界银行已建立起一套比较健全的机构体系，保证环境保护政策的执行。世界银行的环境机构涉及它的各个部门，根据是否专门从事环境保护工作，世界银行的内部环境机构可大致分为两类：专业类和业务类。专业类机构包括环境总局、地区环境处、法律局副行长室、发展经济学副行长室、世界银行学院及环境委员会；业务类机构主要有地区副行长和地区管理组、地区专业局和国别管理组。

8.2　世界银行环境政策的发展历史

20 世纪 70 年代，环境问题突显，西方国家一些民众和非政府组织也将"环境运动"的矛头指向了世界银行，认为世界银行援助的一些大型项目在执行过程中造成了对环境的破坏。

1975 年，世界银行发布了"项目环境发展的指导方针"（Guidelines on Environmental Devepments of Projects），由于"项目环境发展的指导方针"并不是强制性的，在世界银行的业务活动中，环境问题并未受到重视。此后世界银行在这一问题上一直受到指责。世界银行在要求改革的内外压力之下逐步将环境保护工作纳入议事日程，并将环境保护的要求纳入到它的政策文件中。1984 年，世界银行在其"业务手册"（Operational Directives,

OD）、"业务政策"（Operational Policy，OP）、"业务程序"（Bank Procedure，BP）和"良好操作"（Good Practices，GP）中都包含了环境政策，并且对这些环境政策进行了不断修改和整合。

2001 年 7 月 17 日，世界银行执行董事会又通过了新的环境保护战略（New Environment Strategy），将重点放在发展中国家的紧要问题上，并提出三个目标：提高生活质量，提高发展质量，保护诸如气候、水源、森林、生物多样性等地区性和全球性的共同资源。

世界银行在环境保护问题上的步步深入，是其所采取的发展观念和发展模式发生不断变革的反映。从 20 世纪 70 年代和 80 年代的"减少破坏"（Mitigate Damages）、"无破坏"（Do No Harm）发展到今天的有目标的、长期的环境保护援助，世界银行走过了曲折的过程，这一过程也正说明了国际社会在发展问题上认识的进步。

8.3　安全保障政策

8.3.1　安全保障政策主要内容

世界银行的安全保障政策是为了确保对世界银行所资助项目带来的社会影响和环境影响给予适当的考虑，包括对可能影响的分析和减缓负面影响的措施。目前，世界银行共有 10 项安全保障政策，主要包括环境评价政策以及旨在预防对第三方和环境的非预期负面影响的政策，分别为：

（1）业务政策　OP 4.01　　环境评价（Environmental Assessment）
（2）业务政策　OP 4.04　　自然栖息地（Natural Habitats）
（3）业务政策　OP 4.09　　病虫害管理　（Pest Management）
（4）业务政策　OP 4.36　　林业（Forestry）
（5）业务政策　OP 4.37　　大坝安全（Safety of Dams）
（6）业务政策　OP 4.11　　物质文化遗产（Cultural Property）
（7）业务政策　OP 4.12　　非自愿移民（Involuntary Resettlement）
（8）业务政策　OP 4.10　　少数民族（Indigenous Peoples）
（9）业务政策　OP 7.50　　国际水道项目（Projects on International Waterways）
（10）业务政策　OP 7.60　　有争议地区项目（Projects in Disputed Areas）

其中，环境评价、自然栖息地、病虫害管理、林业、大坝安全是与环境相关的政策，其他是与社会和法律相关的政策。

8.3.2　与环境相关的政策简介

与环境相关的政策主要有以下几个方面：

（1）环境评价政策。对拟使用世界银行资金的项目，世界银行要求进行环境评价，以确保这些项目对环境方面没有影响，而且具有可持续性，从而有助于进行决策。项目环境评价的广度、深度和分析类型取决于项目本身的特性、规模和潜在的环境影响。环境评价包括：评价一个项目潜在的环境风险及其对受影响区域产生的影响；检验项目的替代方案；通过预防、削减、缓解或补偿不良的环境影响以及增强有利的环境影响等措施，来改进项目筛选、选址、规划设计和实施等活动；在项目的整个实施过程中采取措施，缓解那些不良的环境影响。在任何可行的情况下，世界银行总是支持预防性的措施，其次才是缓解或补偿性措施。环境评价的业务政策和世界银行程序详见附录 2 和附录 3。

（2）大坝安全政策。任何大坝的所有人，无论其资金来源或建设阶段如何，均有责任在大坝的整个寿命期间保证采取适当的措施并提供足够的资源，以便确保大坝的安全。世界银行关注其资助建造的新坝和其资助项目所直接隶属的已建大坝的安全，强调独立的国际专家小组在大坝的勘测、设计和施工以及启用初期进行审查等方面的作用，如有必要，在适当情况下，世界银行工作人员将作为同借款国政策对话的一部分，讨论加强该国大坝安全管理机构、立法和管制框架所需要采取的措施。

（3）林业政策。世界银行介入林业部门的目的是减少森林退化、增加林区对环境的贡献、促进绿化造林、减少贫困和鼓励经济发展。为实现这些目标，世界银行采取了以下政策：世界银行不资助商业性质的采伐活动或购买用于采伐原始热带雨林的设备，并在林业和森林保护方面采取全方位的工作方法，确立政府承诺对林业进行可持续经营和注重保护的从事借贷业务条件等。

（4）自然栖息地政策。自然栖息地的保护在长期可持续性发展中起着至关重要的作用，因此世界银行的经济调研、项目贷款和政策对话等诸项工作都支持对自然栖息地及其功能的保护、维护和恢复活动。世界银行支持并期望借款方在自然资源管理方面采取防御性的措施，以确保环境的可持续发展。

（5）病虫害管理政策。在帮助借款方防治影响农业或公共健康的病虫害时，世界银行所倡导和支持的战略是：推广使用生物的或环境的控制方法，减少对化学合成杀虫剂的依赖。世界银行在对涉及病虫害管理的项目进行项目评估时，应对该国的法规框架和机构能力进行评价，看其是否能够推广和支持安全的、有效的和对环境有利的病虫害管理工作。

8.4　环境评价程序

8.4.1　世界银行的环境评价程序

环境评价是借款人的责任，但世界银行对此项工作亦给予协助和监督。借款人在世界银行的帮助下选择环境评价工作人员和咨询顾问，拟定环境评价工程程序、环境评价内容和工作时间表，并应和世界银行取得一致意见。一般来说，环境评价包括以下步骤。

8.4.1.1　环境筛选和项目分类

通过环境筛选，世界银行确定每一拟议项目环境评价的范围和种类。根据项目的类型、位置、敏感度和规模，以及潜在环境影响的特性和大小，世界银行将拟议的项目分为以下四类：A 类、B 类、C 类和 FI 类（具体分类要求见 8.5 节）。

8.4.1.2　环境评价方法的确定

世界银行的环境评价方法包括：环境影响评价（EIA），区域性或行业环境评价，环境审计，危害或风险评价，以及环境管理计划(EMP)。环境评价可以使用上述一个或多个方法，或适当使用其中的某些部分。当项目可能产生行业或区域性影响时，需要作行业或区域性环境评价。

8.4.1.3　环境评价工作大纲

项目工作组将协助借款人起草环境评价报告所需的工作大纲（TOR），明确环境评价的覆盖范围、方法、报告和进度。地区环境部门将审核工作大纲的覆盖范围，以保证机构间充分协作，以及与受影响群体和当地非政府组织充分磋商。

8.4.1.4　环境评价的实施

项目工作组根据业务政策 OP 4.01 的规定开展环境评价。在环境评价报告的编制过程中，世界银行有关人员将就环境评价报告书草稿与环境评价编制单位讨论。

8.4.1.5　公众协商

对世界银行资助的 A 类及 B 类项目，在环境评价过程中，借款人需就项目所涉及的环境诸方面问题与受影响的群体和非政府组织进行协商，并考虑他们的意见。借款人应尽早开展此类协商工作，对 A 类项目至少需协商两次：①环境筛选后不久，环境评价工作大纲最终确定之前；②环境评价报告的草稿完成后。另外，借款人有必要在项目的整个实施过程中，就环境影响问题与之商议。

8.4.1.6　信息公开

在公众协商或项目咨询前应提供相关材料，材料的格式和语言应通俗易懂，并保证被协商对象能及时获得。就 A 类环境评价，借款人应在初次协商或咨询时，提供一份概要材料，包括拟建项目的目标、内容和潜在影响；在环境评价报告草稿完成后，借款人应提供环境评价报告的结论概要。

一旦借款人将 A 类、B 类项目环境评价报告正式提交给世界银行，世界银行将把摘要（英文）分发给执行董事，并通过其信息中心将报告公开。

对 A 类及 B 类项目，项目工作组和地区环境部门共同审核环境评价的结论，以确保所有的环境评价报告都同与借款人商定的工作大纲一致。

8.4.1.7　项目评审

一般情况下，在正式收到环境评价报告并经初审后，世界银行才确定进行评审工作。A 类项目的评估团里应有一个或多个相关领域的环境专家。评审内容主要为：

（1）同借款人共同审核环境评价程序及实质性内容。

（2）解决所发现的问题。

（3）根据环境评价发现的问题，评估环境管理机构的能力。

（4）保证环境管理计划资金安排的充足性。

（5）判定环境评价的建议在项目设计和经济分析方面是否给予足够重视。对 A 类和 B 类项目，如果在项目决策阶段确定的环境约束条件在项目评估和谈判时发生变化，项目工作组应负责征求地区环境部门和法律局的同意。

8.4.1.8　项目检查与评估

在项目实施期间，世界银行工作组根据环境评价的结论和建议、法律协议中的措施、环境管理计划（EMP）以及其他项目文件的有关规定，协同地方环境部门、法律部门定期审核借款人在项目进展中对环境措施的执行情况，尤其是环境管理计划、缓解措施、监测和管理措施的施行情况，并评定借款人是否遵守了环境方面的条款，提出补救方法。世界银行同借款人应就改善情况进行跟踪。

在完工报告中进行环境评估，内容包括回顾项目的环境影响，分析这些影响是否在环评中被预测；分析回顾项目中采取的缓解措施的有效性。

8.4.2　国内建设项目环境评价程序

我国建设项目环境影响评价工作一般分三个阶段，即前期准备、调研和工作方案阶段，分析论证和预测评价阶段，环境影响评价文件编制阶段。具体流程见图 8-1。

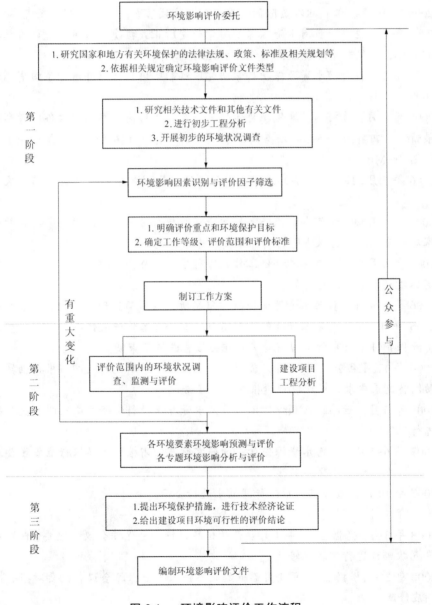

图 8-1　环境影响评价工作流程

8.4.3 淮河流域防洪排涝工程环境评价程序实例

根据世界银行项目分类，本项目属于 A 类项目，需编制环境影响报告书和环境管理监测计划，项目环境评价采用环境影响评价（EIA）和区域性环境评价的方法进行，本项目在实施工作时的具体程序如下：

淮河流域防洪排涝工程环境影响评价工作程序

2005 年 4~8 月，工作组进行现场踏勘、收集资料、开展环境现状调查和监测以及第一次公众参与工作。

2005 年 10 月，工作组人员陪同世界银行认定团官员及专家进行现场考察。

2005 年 11~12 月，黄河水资源保护科学研究所正式接受该项目环境评价总报告编制工作委托，并编制了环境评价工作技术大纲（中英文）。

2006 年 1 月，黄河水资源保护科学研究所编制了培训教材并承担了四省环境评价培训工作。

2006 年 4 月，黄河水资源保护科学研究所及四省陪同世界银行准备团考察本项目的进展情况；四省向世界银行准备团专家提交了四省项目环境评价报告（EA）和环境管理计划（EMP）初稿。

2006 年 5 月，按准备团备忘录要求进行环境现状调查补充工作，开展第二次公众参与工作。

2006 年 6 月初，黄河水资源保护科学研究所与淮河水资源保护科学研究所邀请国内专家对四省环境评价报告进行内部审查和专家咨询。

2006 年 6 月底，四省环境评价工作组进行集中办公，黄河水资源保护科学研究所对四省环境评价报告进行定稿。

2006 年 6~9 月，黄河水资源保护科学研究所完成本项目环境评价总报告初稿。

2006 年 10 月，世界银行准备协助团对环境评价工作进展情况进行了检查，对黄河水资源保护科学研究所及四省提交的相关报告进行了审阅。

2006 年 11 月至 2007 年 4 月，黄河水资源保护科学研究所及四省根据世界银行准备协助团备忘录要求，对环境评价报告进行了修改和完善。

2007 年 5 月，世界银行预评估团对黄河水资源保护科学研究所及四省提交的相关报告进行了审阅。

2007 年 6~7 月，黄河水资源保护科学研究所及四省根据世界银行准备团要求，对环境评价报告进行了修改和完善。

2007 年 10 月，报告在世界银行网站上进行公示。

2008 年 1 月，答疑。

2008 年 3 月，根据 2008 年 1 月召开的世界银行安全保障会议的纪要、世界银行于 2008 年历次邮件进行了相应修改。

2008 年 3 月，根据 2008 年 1 月召开的世界银行安全保障会议的纪要对报告摘要进行了相应修改。

　　2008 年 5 月，根据世界银行环境专家意见，补充摘要中大坝安全等内容。

　　2008 年 6 月，根据世界银行环境专家意见，对一些细节（如公众参与的报告公示等）进行完善。

8.5　世界银行环境评价报告的要求

8.5.1　环境评价报告分类要求

8.5.1.1　世界银行环境评价报告分类要求

　　根据项目的类型、位置、敏感度和规模，以及潜在环境影响的特性和大小，世界银行将拟议的项目分为以下四类：

　　A 类：如果拟议项目将会产生重大的不良环境影响，而且这些影响是敏感、多种或空前的，同时有可能超出工程的现场或设施范围，则将该项目划为 A 类。A 类项目的环境评价将分析项目潜在的积极和消极的环境影响，与其他可行的替代方案（包括"无项目"情况）相比较，并推荐可用于预防、削减、缓解或补偿不良影响及改善环境性能的各种措施。

　　B 类：如果拟议项目对人群或重要环境地区（包括湿地、森林、草地和其他自然栖息地）产生的不良环境影响小于 A 类项目，则划为 B 类。这些影响仅限于现场；很少是不可逆的；在大多数情况下，设计缓解措施比 A 类项目更容易。B 类项目的环境评价范围虽然随项目不同有差异，但都比 A 类项目范围小。与 A 类项目环境评价一样，B 类项目环境评价将审查项目潜在的积极和消极的环境影响，推荐可用于预防、削减、缓解或补偿不良影响及改善环境性能的各种措施。

　　C 类：拟议项目对环境的不良影响很小或没有影响。环境筛选后，C 类项目不需要进一步作环境评价。

　　FI 类：如果世界银行资金是通过金融中介进行投资，其子项目可能会导致不良环境影响时，属 FI 类项目。

　　据此分类要求，本项目属于 A 类项目。

8.5.1.2　国内环境评价报告分类要求

　　我国亦根据建设项目对环境的影响程度，对建设项目的环境影响评价实行分类管理，具体如下：

　　（1）可能造成重大环境影响的，应当编制环境影响报告书，对产生的环境影响进行全面评价。

　　（2）可能造成轻度环境影响的，应当编制环境影响报告表，对产生的环境影响进行分析或者专项评价。

　　（3）对环境影响很小、不需要进行环境影响评价的，应当填报环境影响登记表。

　　建设项目的环境影响评价分类管理名录，由国务院环境保护行政主管部门制订并公布。根据该名录要求，本项目属于编制环境影响报告书的项目。

8.5.1.3　区别与联系

世界银行与我国对环境评价主要都根据项目的类型、规模、地点（是否位于生态敏感区），判断环境影响的性质和严重程度，据此对环境评价作不同要求。我国《环评分类管理名录》规定了量化指标阈值，由此确定项目需做环境评价报告书/表等，世界银行则采用定性分类标准，由专家作出判断。根据环境评价政策，环境影响是"显著的、没有先例的、敏感的、不可逆转的或影响范围大的"为 A 类项目，需作全环境评价，相当于我国的环境影响评价报告书；环境影响很小或可忽略的为 C 类，无须作环境评价，相当于我国仅在环境保护局填表备案；居于中间的是 B 类，工作深度与国内环境影响评价报告表的深度相近。世界银行判断项目的环境影响时，除了考虑项目的类型、规模、地点及其敏感性，还要综合考虑其社会影响。即使某项目环境影响中等，但若涉及多项安全保障政策，说明其环境与社会综合影响大，在项目准备和实施中需要更多关注，因此一般被世界银行定为较高类别。

8.5.2　环境评价报告内容要求

8.5.2.1　世界银行环境评价报告内容要求

世界银行根据项目类别不同，对环境评价报告的要求也不同，各类项目需提交的报告为：

（1）A 类项目：环境评价报告，环境评价摘要、环境管理计划（EMP）。

（2）B 类项目：环境评价报告，环境评价摘要、环境管理计划（EMP）。

（3）C 类项目：一般不需要进行环境评价。

环境评价报告一般包括以下内容：

（1）执行摘要：简要论述重要的发现及建议采取的行动。

（2）政策、法律及管理框架：叙述开展环境评价的相关政策、法律和管理体制，介绍融资方相关环境要求，列出项目所在国已签署的相关国际环境协议。

（3）项目描述：简要描述拟议项目本身，相关地理、生态、社会以及其他信息，包括项目现场外的配套投资（例如，专用管道、出入现场的道路、发电厂、供水、住房以及原材料和产品的储存设施）。要说明是否需要移民安置计划或少数民族发展计划。

（4）现有数据：评价被研究地区的变化趋势，并描述该地区相关的自然、生态和社会经济条件，包括项目进行之前对变化趋势的预测。也应考虑项目地区内与本项目无直接联系的当前和拟议的开发活动。数据应与项目的位置、设计、运行和缓解措施的决策相关联。本部分还需说明数据的准确性、可靠性和数据来源。

（5）环境影响：尽可能用定量方法预测和评价项目可能产生的正面影响和负面影响，确定缓解措施以及遗留的不能缓解的负面影响。探讨加强环境管理的可能，确定并估计现有数据的数量和质量、主要数据缺口、预测的不确定性，并说明无须进一步关注的问题。

（6）替代方案的分析：对拟议项目的选址、技术、设计和运行的各种可行的替代方案进行系统的比较，包括"无项目"方案。比较内容包括潜在的环境影响，减轻这些影响的可能性，资本金和经常性开支，在当地条件下的适应性，以及对机构、培训和监测的要求。对每一种替代方案，应尽可能将环境的影响量化，并在适当之处加入经济价值。陈述选择某一项目设计的依据，并说明所提排放标准及预防和减污措施的理由。

（7）环境管理计划（EMP）：包括缓解措施、监测和机构能力建设。

（8）附件：

①参加环境评价报告准备的人员名单：包括个人和机构。

②参考文献：在研究工作中使用的已出版和未出版的书面材料。

③部门会议及征求意见会议的记录，包括收集受影响人群的当地非政府组织（NGOs）意见活动。记录还应详细说明除征求意见（如调查）外所采用的其他获取意见的途径。

④正文提及的表格，或汇总的数据表格。

⑤相关数据报告的清单（如移民安置计划或少数民族发展计划）。

8.5.2.2　国内环境影响评价报告内容要求

国内建设项目环境影响评价报告书一般包括下列内容：

（1）建设项目概况：说明建设项目的基本情况，组成，主要工艺路线，工程布置及与原有、在建工程的关系。对建设项目的全部组成和施工期、运营期、服务期满后所有时段的全部行为过程的环境影响因素及其影响特征、程度、方式等进行分析与说明。

（2）建设项目周围环境现状：根据当地环境特征、建设项目特点和专项评价设置情况，从自然环境、社会环境、环境质量和区域污染源等方面选择相应内容进行现状调查与评价。

（3）建设项目对环境可能造成影响的分析、预测和评估：给出预测时段、预测内容、预测范围、预测方法及预测结果，并根据环境质量标准或评价指标对建设项目的环境影响进行评价。

（4）建设项目环境保护措施及其技术、经济论证：明确建设项目拟采取的具体环境保护措施。结合环境影响评价结果，论证建设项目拟采取环境保护措施的可行性，并按技术先进、适用、有效的原则，进行多方案比选，推荐最佳方案。

（5）建设项目对环境影响的经济损益分析：根据建设项目环境影响所造成的经济损失与效益分析结果，提出补偿措施与建议。

（6）对建设项目实施环境监测的建议：根据建设项目环境影响情况，提出设计、施工期、运营期的环境管理及监测计划要求，包括环境管理制度、机构、人员、监测点位、监测时间、监测频次、监测因子等。

（7）方案比选：建设项目的选址、选线和规模，从是否与规划相协调、是否符合法规要求、是否满足环境功能区要求、是否影响环境敏感区或造成重大资源经济和社会文化损失等方面进行环境合理性论证。如要进行多个厂址或选线方案的优选，应对各选址或选线方案的环境影响进行全面比较，从环境保护角度，提出选址、选线意见。

（8）环境影响评价的结论：总结建设项目实施过程各阶段的生产和生活活动与当地环境的关系，明确一般情况下和特定情况下的环境影响，规定采取的环境保护措施，从环境保护角度分析，得出建设项目是否可行的结论。

8.5.2.3　区别与联系

目前，世界银行与我国对环境评价报告内容要求基本一致。世界银行环境评价报告要求的"替代方案的考虑和分析"、"公众协商和信息公开"这些内容，国内近几年亦作了相应要求，在国内环境影响评价导则和公众参与暂行条例中增加了相应要求之后，世界银行与我国对环境影响评价报告的内容基本一致。

8.6　环境管理计划（EMP）的要求

8.6.1　世界银行环境管理计划（EMP）的要求

世界银行的环境管理计划包括一系列在项目执行和运行中实施的缓解、监测和机构建设措施，以消除或补偿此项目对环境和社会的不良影响，或将其降低至可接受的水平。主要包括：①确定一系列针对潜在不良影响的具体措施；②制订相关要求，以确保这些针对措施能够及时、有效地实施；③为满足上述要求而采取的方法。

8.6.1.1　减缓措施

对应于环境影响评价所确定的负面影响及其程度和范围，按照设计、施工和运营阶段，制订具体的、可操作的防治措施，并明确由谁来实施和监督，由此为项目建设和运营过程提供行动指南，也为项目检查和监督提供依据。EMP 尤其应该：

（1）鉴别并总结所有预计发生的重大不良环境影响（包括有关对少数民族或非自愿移民的影响）。

（2）对每一条缓解措施进行详细描述，包括相关的影响类型及发生条件（如连续的或偶然的）。必要时，还要包括技术设计、设备描述和操作程序。

（3）估计这些措施可能产生的任何潜在环境影响。

（4）提出项目所需的其他相关缓解计划（例如，非自愿移民、少数民族或文物）。

8.6.1.2　监测

（1）分别针对施工和运营阶段，制订环境监测方案（包括技术细节），包括监测的参数、监测方法、采样位置、监测频率、检测限值（适用时）、监测机构、费用等。监测报告不能仅罗列数据，而要对数据加以解释，说明是否达标；对不达标现象进行原因分析，以便提出下一步整改措施和建议。

（2）制订监测和报告程序，以便尽早发现需要采取特殊减缓措施的情况，并及时提供工作进展信息、报告减缓措施实施的效果。

8.6.1.3　能力开发和培训

EMP 吸收了环境评价中对现场施工、监督和管理部门中环境机构的有关评价，其中包括对现状、职责和能力的评价。根据评价结果，为支持项目中环境内容和缓解措施及时有效的执行，加强参与各方实施项目环境管理计划的能力，EMP 建议设立或扩充上述环境机构，进行员工培训，保证环境评价建议的贯彻实施。EMP 还应说明责任机构的安排情况，即谁负责执行缓解和监测措施（例如分别负责实行、监督、执行以及对执行情况的监测、补救行动、财务、报告和人员培训的机构）。为加强各项目执行机构的环境管理能力，大多数 EMP 还会涵盖下列题目中的一个或多个：技术援助内容、设备采购和供应、组织机构变化。

8.6.1.4　实施进度和成本估算

（1）实施作为项目一部分的减缓措施的进度安排，应体现分期实施原则以及与整个项目实施计划的协调。

（2）实施 EMP 的资本金以及经常性开支费用的估算和资金来源，应列入项目总费用表。

8.6.2　国内有关环境保护措施、环境管理方面的要求

8.6.2.1　环境保护措施及其经济、技术论证

环境保护措施及其经济、技术论证主要有：

（1）针对建设项目产生的环境影响，明确拟采取的具体环境保护措施；分析论证拟采取措施的技术可行性、经济合理性、长期稳定运行和达标排放的可靠性，满足环境质量与污染物排放总量控制要求的可行性，如不能满足要求应提出必要的补充环境保护措施要求；生态保护措施须落实到具体时段和具体位置上，并特别注意施工期的环境保护措施。

（2）结合国家对不同区域的相关要求，从保护、恢复、补偿、建设等方面提出和论证实施生态保护措施的基本框架；按工程实施不同时段，分别列出相应的环境保护工程内容，并分析其合理性。

（3）给出各项环境保护措施及投资估算一览表和环境保护设施分阶段验收一览表。

8.6.2.2　环境管理与监测

环境管理与监测的主要内容有：

（1）应按建设项目建设和运营的不同阶段，有针对性地提出具有可操作性的环境管理措施、监测计划及建设项目不同阶段的竣工环境保护验收目标。

（2）结合建设项目影响特征，制订相应的环境质量、污染源、生态以及社会环境影响等方面的跟踪监测计划。

（3）对于非正常排放和事故排放，特别是事故排放时可能出现的环境风险问题，应提出预防与应急处理预案；对于施工周期长、影响范围广的建设项目，还应提出施工期环境监理的具体要求。

8.7　公众参与要求

环境资源作为最为典型的公共物品，具有显著的消费非竞争性与非排他性，它与每个公民密切相关，因此公众参与这一民主性原则必然成为环境管理及现代环境立法的一项基础性原则。公众参与原则根源于环境保护事业的全局性，其核心内容为所有公众有参与环境保护管理的权利和义务，从而参与环境保护事业。目前，公众参与已是环境影响评价中重要的内容，而且随着可持续发展战略日益深入社会经济生活的各个方面，此种作用还将越来越大。由于不同的运行基础条件，世界银行与我国在公众参与的基本方法和内容有一定差别，但随着时代的发展，两者形成逐步趋同的发展趋势。

8.7.1　世界银行要求

世界银行认为，贷款项目中的"公众参与"是确保发展中国家长期可持续发展的关键，对于扶贫、改善社会公平和加强环境管理至关重要，可以极大地提高发展项目的效果，因此在其贷款项目中对"公众参与"提出了明确的要求，并将"参与式发展"的理念贯穿项目建设的始终。

　　世界银行业务手册 OP 4.01 中设有"公众协商"部分，提出：对所有拟由国际复兴开发银行（I-BRD）或国际开发协会（IDA）资助的 A 类及 B 类项目，在环境评价过程中，借款人需就项目所涉及的环境诸方面问题与受影响的群体和非政府组织进行协商，并考虑他们的意见。借款人应尽早开展此类协商工作，对 A 类项目至少需协商两次：①环境筛选后不久，环境评价工作大纲最终确定之前；②环境评价报告的草稿完成后。另外，借款人有必要在项目的整个实施过程中，就影响这些群体的环境问题与他们商议。

　　公众参与在世界银行项目环境评价过程和项目周期中的地位如表 8-1 所示。

表 8-1　公众参与在世界银行项目环境评价过程和项目周期中的地位

项目周期	识别阶段	准备阶段		评估和审批阶段		实施阶段	评价阶段
环境影响评价过程	环境筛选	项目工作组同借款人共同讨论环境评价的范围程序、时间以及环境评价报告大纲	提交环境评价报告草案、与借款方讨论结果并形成项目文件	项目工作组与借款方讨论剩余的问题	根据环境评价的结果形成贷款协定的环境部分条款	根据环境评价的结果和贷款协定监督环境行动计划的执行情况	负责项目完成报告和评估报告中的环境影响部分
公众参与	（1）初步确定受影响的人群和当地非政府组织的范围、确定适当的方式散发资料；（2）世界银行和借款方讨论受影响人群和当地非政府组织磋商的初步日程安排	（1）完全确定受影响的人群、当地非政府组织，就公众参与的范围和方式达成一致；（2）在环境评价大纲最终确定之前，进行公众协商，收集对本项目建设所关心的问题	（1）向受影响群体和当地非政府组织提供环境评价报告草案；（2）就环境评价报告进行协商，重点是本项目所采取的环境问题减缓措施；（3）吸收公众的观点，协商后达成一致意见写入环境评价报告	（1）评估团确保所关注的问题在项目设计和计划中得到适当对待；（2）如果必要，制订实施和后评估阶段的公众参与计划	如有必要，将公众参与的结果写入贷款协定	借款人有必要在项目的整个实施过程中，就影响这些群体的环境问题与他们商议	后评估中反映出受影响团体对项目各种影响的观点
参与形式	专家咨询会、走访、座谈会等	媒体、网络、听证会、座谈会、咨询会、走访和问卷调查等		媒体、网络、咨询会、走访等		媒体、网络、座谈会、走访等	媒体、网络、咨询会等

　　从表 8-1 可以看出，世界银行项目中的公众参与有以下特点：①宏观参与。目前，项目层次的公众参与大约占 70%，但如国别援助计划、区域扶贫计划等规划及政策制订层次的公众参与是世界银行项目公众参与的重点。②主动参与。公众参与不再只作为一项世界银行要求的程序性工作，而是将参与式发展作为一种重要的发展理念，调动借款人及利益相关群体的参与积极性，实施主动参与。③团体参与。在公众参与的主体方面，环境保护社团等非政府组织所发挥的作用不断扩大，团体参与日渐增多。④全过程参与。

参与式发展要求公众全过程参与世界银行项目，而不仅仅局限于某一阶段。

8.7.2　国内要求

根据《中华人民共和国环境影响评价法》、《中华人民共和国行政许可法》、《全面推进依法行政实施纲要》和《国务院关于落实科学发展观加强环境保护的决定》等法律和法规性文件有关公开环境信息和强化社会监督的规定，我国制定了《环境影响评价公众参与暂行办法》。

《环境影响评价公众参与暂行办法》规定："建设单位或者其委托的环境影响评价机构在编制环境影响报告书的过程中，环境保护行政主管部门在审批或者重新审核环境影响报告书的过程中，应当依照本办法的规定，公开有关环境影响评价的信息，征求公众意见。按照国家规定应当征求公众意见的建设项目，其环境影响报告书中没有公众参与篇章的，环境保护行政主管部门不得受理。"　因此《环境影响评价公众参与暂行办法》是国内环境影响评价开展此项工作的依据和实施规范。

《环境影响评价公众参与暂行办法》对如何征求公众参与意见也作出了明确要求："建设单位或者其委托的环境影响评价机构应当在发布信息公告、公开环境影响报告书的简本后，采取调查公众意见、咨询专家意见、座谈会、论证会、听证会等形式，公开征求公众意见。"　目前，我国环境影响报告书中的按照《环境影响评价公众参与暂行办法》开展公众参与发挥作用的范例越来越多。

8.7.3　淮河流域防洪排涝工程公众参与实例

1.公众参与的组织实施情况

本项目涉及安徽、江苏、山东和河南 4 个省，根据《中华人民共和国环境保护法》、《环境影响评价公众参与暂行办法》（环发 2006[28]号）的相关规定以及世界银行安全保障政策的相关要求，工程在进行环境影响评价过程中应征询受影响公众及地方非政府组织对项目建设的意见，以便在工程建设时采取有效的环境保护措施，降低工程建设对区域环境的影响，使可能受到影响的公众利益得到考虑和一定程度的补偿。

根据以上政策及规定的要求，EA 协助建设单位，采取多种形式，在 4 省先后进行了两轮公众参与。

第一次公众参与的时间是 2005 年 4～7 月，四省环境评价工作组在接受评价工作委托后，协助建设单位开展公众参与工作，采取问卷调查形式，告知项目区受影响公众本项目的基本情况及项目施工和运行造成的主要环境影响，通过询问被调查者对项目的了解程度、被调查者现居环境质量状况，获取被调查者对项目的初步要求及建议等。

第二次公众参与时间是 2006 年 5 月，此时四省环境评价报告初稿已完成，由四省环境评价工作组协助建设单位，采取座谈会、问卷调查等形式，向参与调查的公众详细介绍环境评价报告初稿的主要结论、第一次公众参与中公众关心的问题及所采取的环境保护措施等内容，调查公众对项目建设环境影响的可接受程度，征求公众对项目建设拟采取的环境保护措施的意见和建议等。

公众参与组织实施情况见表 8-2。

表 8-2　公众参与组织实施情况

省份	时间（年-月-日）	参加人	形式	组织单位
河南	2005-07-11~14	西华县、平舆县、淮滨县水利局、水务局、环境保护局、林业局等相关管理部门代表	发放公众意见调查表	河南省水利厅黄河水资源研究所
	2006-05-12~15	西华县、平舆县、淮滨县等项目区受影响居民代表　水利专家、环境专家、生态学专家	现场走访、发放公众意见调查表、座谈会、专家咨询、信息发布	河南省水利厅、周口市项目办、驻马店市项目办、信阳市项目办黄河水资源研究所
安徽	2005-06-22~07-03	蚌埠市、颍上县、天长县水利局、环境保护局、林业局等相关管理部门代表	公众参与调查表、专家咨询	安徽省水利厅黄河水资源研究所
	2006-05-17~05-20	颍上县、凤台县、怀远县、五河县等项目区受影响居民　水利专家、环境专家、生态学专家	公众参与调查表、座谈会、信息发布	安徽省水利厅、安徽省项目办、蚌埠市项目办、阜阳市项目办黄河水资源研究所
江苏	2005-04-02~05	淮安、盐城、泰州、徐州水利部门、环境保护部门、林业部门等相关管理部门代表	公众参与调查表、专家咨询	江苏省水利厅河海大学环境水利研究所
	2006-05-12~15	淮安、盐城、泰州、徐州四市(区)的受影响居民　水利专家、环境专家、生态学专家	公众参与调查表、座谈会、信息发布	江苏省水利厅、淮安市项目办、盐城市项目办、徐州市项目办、泰州市项目办河海大学环境水利研究所
山东	2005-06-16~18	任城区、鱼台县、泽城区、苍山县水利局、环境保护局、林业局等相关管理部门代表	发放公众参与调查表、座谈会	山东省水利厅中国科学院生态中心
	2006-05-22~25	任城区、鱼台县、泽城区、苍山县等项目区受影响居民　水利专家、环境专家、生态学专家	发放公众参与调查表、座谈会	山东省水利厅、山东省淮河流域水利管理局设计院、济宁市水利局、枣庄市水利局、临沂市水利局中国科学院生态中心

（1）第一次公众参与。

①公众参与方式。

第一次公众参与主要以问卷调查方式为主。公众参与的范围涉及四省的7个市，19个县。共发放问卷调查表1 200份，回收1 200份。具体公众参与的范围及问卷调查发放情况见表8-3。

②参与对象。

各省的公众参与对象主要是本次洼地治理工程受影响村镇的农民、个体工商户、在校学生以及当地的管理部门和水利、生态、环境方面的专家。调查对象组成结构见表8-4。

表 8-3　公众参与的范围及问卷调查发放情况

省份	时间（年-月-日）	公众参与范围	问卷调查发放情况
河南省	2005-07-11~14	扶沟县、西华县、上蔡县、平舆县、新蔡县、淮滨县和潢川县	扶沟县、西华县、上蔡县、平舆县各发放 40 份，新蔡县发放 70 份，淮滨和潢川各发放 50 份，共计 330 份，回收 330 份
安徽省	2005-06-22~07-03	蚌埠地区、天长地区和颖上地区	共发放 450 份，回收 450 份
江苏省	2005-04-02~05	徐州市的铜山县、云龙区；淮安市的清河区、开发区；泰州市的海陵区、中菱村、泰兴县、广陵区；盐城市的亭湖区、盐都区、东河新村	共发放 120 份，回收 120 份
山东省	2005-06-16~18	济宁、枣庄、临沂三个市	共发放 300 份，回收 300 份

表 8-4　调查对象组成结构

类别	干部及知识分子	工人	农民	其他	合计
人数	385	102	592	121	1 200
比例（%）	32.1	8.5	49.3	10.1	100
类别	大专以上	中专	中学	小学及其他	合计
人数	202	433	345	220	1 200
比例（%）	16.8	36.1	28.8	18.3	100

（2）第二次公众参与。

第二次公众参与以问卷调查方式和召开现场座谈会征集意见相结合的方式进行。

①问卷调查。

Ⅰ.公众参与的范围及问卷调查发放情况。

本次公众参与的范围涉及 4 省的 7 个市、15 个县（区）、8 个村。共发放问卷调查表 1 125 份，回收 1 095 份。公众参与的范围及问卷调查发放情况见表 8-5。

表 8-5　公众参与的范围及问卷调查发放情况

省份	时间（年-月-日）	公众参与范围	问卷调查发放情况
河南省	2006-05-12~15	西华县的李庄、护挡城村，淮滨市的李营村，平舆县的赵桥村、后寺村、十八庙村、大唐庄和小方庄	西华县、平舆县、淮滨市各发放 30 份，在村庄总计发放 60 份，共计 150 份，回收 150 份
安徽省	2006-05-17~05-20	定远县、风台县、固镇县、颍上县、寿县、天长市、淮上区、禹会区、毛集区、埇桥区	共发放 525 份，回收 525 份

续表 8-5

省份	时间（年-月-日）	公众参与范围	问卷调查发放情况
江苏省	2006-05-12~15	徐州市的铜山县、潘塘镇、云龙区和云龙县，淮安市的青浦区、清河区、开发区、淮阴区、楚州区和淮阴县，泰州市的姜堰县、农业开发区、泰兴县、靖江市、海陵、兴化县和盐城市的亭湖区、东台市和响水县	共发放 250 份，回收 240 份
山东省	2006-05-22~25	济宁市的任城区、鱼台县，枣庄市的台儿庄和临沂市的郯苍县	共发放调查表 200 份，回收 180 份

II.参与对象。

在第一次公众参与对象基础上，本次公众参与对象选取了受洼地治理工程直接影响村镇的农民、个体工商户、在校学生以及当地的管理部门和水利、生态、环境方面的专家。各省调查对象组成结构见表 8-6。

表 8-6　调查对象组成结构

类别	干部及知识分子	工人	农民	其他	合计
人数	184	71	583	257	1 095
比例	16.8	6.5	53.2	23.5	100
类别	大专以上	中专	中学	小学及其他	合计
人数	129	398	161	407	1 095
比例	11.8	36.3	14.7	37.2	100

②座谈会。

各省召开座谈会的基本情况见表 8-7。

表 8-7　各省召开座谈会的基本情况

省份	座谈会召开地点	召开日期	主要内容	组织单位	参会人员
河南省	周口市	2006 年 5 月 13 日	设计人员介绍工程设计和移民方面的情况，评价单位介绍项目环境评价的初步结果、我国现行及世界银行环境方面的政策要求、参与代表发表意见	周口市项目办	政府部门相关人员代表 4 人，公众代表 3 人
	驻马店市	2006 年 5 月 14 日		驻马店市项目办	政府部门相关人员代表 6 人，公众代表 2 人
	信阳市	2006 年 5 月 15 日		信阳市项目办	政府部门相关人员代表 2 人，公众代表 2 人

续表 8-7

省份	座谈会召开地点	召开日期	主要内容	组织单位	参会人员
安徽省	蚌埠市淮上区	2006 年 5 月 17 日	建设单位介绍项目的由来及建设意义、环境评价单位介绍项目建设的环境影响、参与代表发表意见	安徽省项目办、蚌埠市项目办	政府部门相关人员代表 22 人，村民代表 19 人
安徽省	阜阳市颍上区	2006 年 5 月 18 日	建设单位介绍项目的由来及建设意义、环境评价单位介绍项目建设的环境影响、参与代表发表意见	安徽省项目办、阜阳市项目办	政府部门相关人员 12 人，村民代表 10 人，媒体工作人员 2 人
江苏省	淤溪水利站	2006 年 5 月 12 日	建设单位介绍项目的由来及建设意义、环境评价单位介绍项目建设的环境影响、参与代表发表意见	姜堰市水利局	政府部门相关人员代表 4 人，村民代表 13 人
江苏省	盐城市水利局	2006 年 5 月 13 日	建设单位介绍项目的由来及建设意义、环境评价单位介绍项目建设的环境影响、参与代表发表意见	盐城市水利局	政府部门相关人员代表 3 人，村民代表 9 人
江苏省	徐州云龙区政府	2006 年 5 月 14 日	建设单位介绍项目的由来及建设意义、环境评价单位介绍项目建设的环境影响、参与代表发表意见	徐州市水利局	政府部门相关人员代表 5 人，村民代表 7 人
江苏省	徐州张集水利站	2006 年 5 月 14 日	建设单位介绍项目的由来及建设意义、环境评价单位介绍项目建设的环境影响、参与代表发表意见	徐州市水利局	政府部门相关人员代表 5 人，村民代表 7 人
山东省	济宁市任城区	2006 年 5 月 22 日	1.项目概况的介绍 2.工程影响环境因素 3.工程环境影响分析 4.预采取的环境保护措施 5.参与代表发表意见	山东省淮河流域水利管理局、各县水务局以及中国科学院生态中心	政府部门相关人员代表 6 人，设计院 1 人
山东省	济宁市鱼台县	2006 年 5 月 23 日	1.项目概况的介绍 2.工程影响环境因素 3.工程环境影响分析 4.预采取的环境保护措施 5.参与代表发表意见	山东省淮河流域水利管理局、各县水务局以及中国科学院生态中心	政府部门相关人员代表 6 人
山东省	枣庄市峄城区	2006 年 5 月 24 日	1.项目概况的介绍 2.工程影响环境因素 3.工程环境影响分析 4.预采取的环境保护措施 5.参与代表发表意见	山东省淮河流域水利管理局、各县水务局以及中国科学院生态中心	政府部门相关人员代表 5 人
山东省	临沂市苍山县	2006 年 5 月 25 日	1.项目概况的介绍 2.工程影响环境因素 3.工程环境影响分析 4.预采取的环境保护措施 5.参与代表发表意见	山东省淮河流域水利管理局、各县水务局以及中国科学院生态中心	政府部门相关人员代表 6 人，设计院 1 人

③走访管理部门。

各省在进行公众参与时分别走访了相关的管理部门，征求管理部门对项目建设的意见和建议。征求意见内容见表 8-8。

表 8-8　管理部门征求意见内容

部门	征求意见主要内容	说明
水利部门	对拟建工程的要求及意见	河南省、安徽省、江苏省和山东省
环境保护部门	对工程环境保护措施和方案意见及要求	河南省、安徽省、江苏省和山东省
林业部门	对工程植被恢复和水土保持措施意见和要求	河南省、安徽省和山东省
文物部门	对工程建设的文物保护措施的意见和要求	河南省、安徽省、江苏省和山东省

④专家咨询。

　　黄河水资源保护科学研究所和四省环境评价工作组多次咨询了世界银行环境专家、社会学专家及国内环境专家、生态学专家和水利专家，征求他们对工程建设、环境影响、环境保护措施以及环境管理等方面的意见。

　　2.公众代表的态度及看法

　　（1）管理部门意见。

　　水利部门认为工程建设可以提高项目区的排涝能力，改善项目区人民生活水平，工程建设十分必要，希望尽快实施工程建设。

　　环境保护部门建议工程施工过程中应加强环境管理，严格落实环境评价报告提出的各项环境保护措施，禁止施工废水、施工人员的生活废水直接排入地表水体。

　　林业部门建议工程施工期应尽量避免造成大的植被破坏及新的水土流失；运行期应加强水土保持措施的落实，对生态遭受破坏的地区及时进行人工恢复。其中，河南省洼地治理涉及部分湿地保护区，林业部门要求施工期间严格执行"三同时"政策，尽量减轻施工对环境的不利影响。

　　项目区域各省文物保护管理部门均出文确定本项目主要建设区域内无文物保护区存在、无明显地上受保护文物存在（仅在江苏项目区有省级文物一处，项目建设不对其造成不利影响），文物保护管理部门建议，本项目在正式建设前，需按中国文物保护相关管理规定要求，进行文物先期勘查工作，并办理相关手续。

　　安徽省洼地治理工程还走访了土地、农业和渔业管理部门。其中，土地部门建议工程设计中应重视尽可能的减少永久占地，对于临时占地，在工程结束后尽快恢复其原有功能；农业部门认为工程建设可以除涝减灾，提高农产品产量，工程占用少量耕地对农业影响不大；渔业管理部门认为工程建设不涉及大面积的渔业养殖区，不会对渔业生产造成影响。

　　（2）专家意见。

　　世界银行专家主要对环境评价方法和原则提出建议和指导，如针对河道疏浚提出底泥监测时应考虑到疏浚河道的长度、河道位置、河道的支流情况以及附近或上游是否有工业污染源等情况，综合确定监测点位设置；此外，对污染源调查、底泥的处置措施、外来物种入侵以及自然栖息地、病虫害管理和大坝安全等世界银行安全保障政策强调的问题给予了指导和意见。

　　国内的水利专家认为该工程建设可以提高淮河流域防洪排涝能力、除涝标准，保障洼地区内人民群众生命财产安全，改善洼地区内人民群众生产、生活条件。建议工程施工时保证工程区居民生产、生活用水及生态用水安全。

　　环境专家认为要加强施工期管理，落实环境保护措施，减少植被破坏及水土流失。

　　生态学专家认为洼地治理工程对保护淮河干流及附属水体的渔业生态环境、建立新的生态平衡有利，对恢复和发展淮河的水产资源将有积极的促进作用。建议工程施工取土、挖沟要与渔业基础设施建设结合，尽可能听取水产部门或渔民的意见，以利于渔业综合开发。

　　（3）公众意见。

　　河南参与调查的97.9%的公众同意该项目的建设，认为本项目的建设比较重要，不同意和无所谓的人占2.1%；安徽省93.9%的被调查者对项目建设持赞成态度；江苏省98%的被调查者认为项目建设重要；山东省87.9%的被调查者支持本项目建设。因此，绝大多数公众赞成本项目的建设，主要因为：项目建设可以提高除涝标准，加大排洪能力；保障农业生产安全，改善农业生产环境及生态环境，提高农业生产效益；改善洼地居民生活质量，为经济发展提供稳定的社会环境。

此外，还收集到一些公众对该项目的意见和建议，主要如下：

①工程治理区域经常发生洪涝灾害，灾害年基本绝收，并且化肥和农药用量加大，本工程实施可以解决项目区涝灾严重的问题，提高农民收入，希望工程早日实施，使公众早日受益。

②合理安排施工时间，尽量不要影响当地的农业生产。

③本工程涉及范围较广，项目进行中应合理规划，项目进行中应少占用林地、耕地，注意沿岸配套设施的建设工程。

④按设计要求施工，规范操作，严格执行环境保护方面的有关规章制度，保证将项目建设对环境的不利影响降到最低。

⑤占用土地和搬迁的村民希望政府的补偿政策能真正落实，不随意截留、拖欠耕地青苗补偿费，政府给予的征地费和赔偿费要发放到受影响的居民手中，而且要增大补偿政策的透明度。

3.对公众意见和建议的处理

对上述意见与建议以按专业分工的原则分类处理，属于环境方面的意见和建议，如施工期的水质、环境空气保护、水土流失治理等，由本报告书予以充分考虑；属于其他专业的意见与建议，如拆迁移民中一些政策问题等，则由业主单位转给相应的部门处理。

在移民安置和工程施工过程中，如有实际问题与意见，可向当地政府、移民机构与环境保护管理部门反映，如果不能予以解决，可将问题提交给上一级机构，直至省级机构。

4.信息公开

根据中国政府和世界银行的环境影响评价过程要求，本项目在四省的省级报刊电视台、淮河水利委员会网站和部分评价单位网站刊登项目的相关信息，同时进行了主要内容的公众告知，具体的信息公开情况见表 8-9，相关图片见公众参与附件。本项目报告书最终稿将公布于淮河水利委员会和各省的图书馆，同时以简本的形式公布于淮河水利委员会网站。同时，按照世界银行安全保障政策相关规定要求，2007 年，本项目的环境评价报告（EA）、环境评价报告摘要和环境管理计划（EMP）均已在世界银行驻中国代表处公共信息中心进行了信息公开。

表 8-9　信息公开情况

序号	名称	公开内容	中/英	公开时间（年-月）	公开地点
0	总体项目	环境评价总报告（CEA）	中	2007-10	中文：世界银行驻中国代表处公共信息中心、淮委中央项目办、淮河水资源保护科学研究所、黄河水资源保护科学研究所 英文：世界银行信息中心（Worldbank Infoshop）
			英	2007-10	
		环境管理计划（EMP）	中	2007-10	
			英	2007-10	
		环境评价摘要（EA Summary）	中	2007-10	
			英	2007-10	
1	河南项目	EA 主要信息	中	2006-05	河南省周口市西华县的李庄、护挡城村，淮滨县的李营村，平舆县的赵桥村、后寺村等
		EA 报告、EMP 报告	中	2007-10	河南省项目办、淮河水资源保护科学研究所、黄河水资源保护科学研究所

续表 8-9

序号	名称	公开内容	中/英	公开时间（年-月）	公开地点
2	安徽项目	EA 主要信息	中	2006-05	《淮南日报》、《滁州日报》、《颖州晚报》、安徽省水利厅网站（http://www.ahsl.gov.cn）、黄河水资源保护科学研究所网站（http://www.yrwrpi.com）
			中	2006-05	定远县、凤台县、固镇县、颖上县、寿县、天长市、淮上区、禹会区、毛集区、埇桥区
		座谈会的报道	中	2006-05	蚌埠电视台、颖上县电视台
		EA 报告、EMP 报告	中	2007-10	安徽省项目办、淮河水资源保护科学研究所、黄河水资源保护科学研究所
3	江苏项目	EA 主要信息	中	2006-05	江苏省水利工程建设局网站（http://www.jsslgc.gov.cn）
		EA 报告、EMP 报告	中	2007-10	江苏省项目办、淮河水资源保护科学研究所、黄河水资源保护科学研究所
4	山东项目	EA 主要信息	中	2006-05	淮河水利委员会网站（http://www.hrc.gov.cn）中国科学院生态环境中心网站
		EA 报告、EMP 报告	中	2007-10	山东省项目办、淮河水资源保护科学研究所、黄河水资源保护科学研究所

5.本项目公众参与小结

公众参与已由四省项目环境影响评价小组分两次实施，调查对象包括不同年龄、职业和文化程度的 2 295 名受本项目影响的公众代表和专家代表，以及有关的政府部门的代表，调查形式有座谈会、问卷调查、随机采访和媒体信息发布等。

从调查结果来看，绝大多数公众支持本项目的建设。但是在受该项目直接影响的地区，特别是被征土地的居民，他们担心经济受损失，生活受影响，所以对未来的生活有所顾虑。本次环境影响评价和分析中，在与相关专业人员进行了反复协商后，针对工程施工及公众担心的问题提出了相应建议和措施。

（1）工程在规划设计阶段应做到合理规划设计，尽量少占耕地。

（2）设立专门的移民、占地管理办公室，负责移民和占地补偿工作，各项补偿费用要足额支付到群众手中，保证生产安置后当地居民生活水平不降低。

（3）严格执行"三同时"原则，按照国家及地方法律、法规的要求落实好本工程的各项环境保护措施。

（4）工程施工过程中做到科学施工，严格要求，同时监理单位应加强质量监督，尽量避免出现各类事故，确保工程质量。

（5）施工现场周围设置宣传栏，对当地群众普遍关心的问题及相应的解决办法进行公示，同时及时收集施工过程中当地群众提出的意见和建议，做到与群众及时沟通。

（6）工程完成后，管理单位应做好管理工作，并定期进行检查和维护，出现问题及时解决。

8.8　替代方案分析内容及其要求

8.8.1　世界银行贷款项目 EIA 中替代方案分析的要求

世界银行对于其贷款的任何一个拟建工程，均要求开展替代方案分析，即对拟议项目的选址、技术、设计和运行的各种可行的替代方案进行系统的比较，包括"无项目"方案。比较内容包括潜在的环境影响，减轻这些影响的可能性，资本金和经常性开支，在当地条件下的适应性，以及对机构、培训和监测的要求。对每一种替代方案，应尽可能将对环境的影响量化，并在适当之处加入经济价值。陈述选择某一项目设计的依据，并说明所提排放标准及预防和减污措施的理由。

8.8.2　国内建设项目 EIA 中替代方案分析的要求

国内的 EIA 对替代方案分析也有较明确要求，不同类型项目有不同的要求。对于公路建设项目，要求有必要时要进行线路比选；工业类项目要求进行厂址可行性分析和比选；电站或水库项目要进行坝址及规模的比选；跨流域调水项目要进行"调水规模、方案合理性比选"；对于施工环境影响范围大、时间长的项目要进行施工方案比选，施工布局合理性比选等。上述内容虽然不叫"替代方案分析"，但性质类似。

早期国内 EIA 中替代方案重点强调从"环境"方面进行比选，尤其是可能涉及环境敏感区，如风景名胜区、自然保护区等，或者环境问题复杂的项目，且这些"比选方案"多为可研或初设提出的方案。国内 EIA 中替代方案比选更强调参与的过程，一般是在项目可研阶段，及时把比选结果反映给可研设计单位，提出设计方案变更的建议，最终反映到环境评价报告书上的工程方案可能已经是经过环境比选后的结果。

中国国家环境保护部在 2011 年发布的《环境影响评价技术导则——总纲》（HJ2.1—2011）中首次明确要求将替代方案分析单独作为一个章节来编写，其要求如下：对于同一个建设项目多个建设方案从环境保护角度进行比选；重点进行选址或选线、工艺、规模、环境影响、环境承载能力和环境制约因素等方面的比选；对于不同比选方案，必要时应根据建设项目进展阶段进行同等深度的评价；给出推荐方案，并结合比选结果提出优化调整建议。

8.8.3　淮河流域防洪排涝工程替代方案分析实例

淮河流域防洪排涝工程是世界银行贷款项目，在 EIA 的过程中，按照世界银行的要求，从三个方面进行替代方案的研究：一是零方案分析，二是不同地址项目比选，三是不同技术方案比选。

1.淮河流域防洪排涝工程零方案分析

淮河流域特殊的自然地理条件致使淮河流域洪涝灾害频繁发生，由于平原洼地河道泄流能力小、排水系统不完善，即使遇到中小洪水，河道水位也长时间居高不下，地面积水无法自排，几乎每年都发生局部性涝灾，"因洪致涝"已成为淮河流域治理中亟待解决的问题。为了提高淮河流域防洪除涝能力保障人民群众生命财产安全，改善区内人民群众生产、生活条件，进行本工程的建设是非常必要和紧迫的。

项目区现状普遍存在着防洪除涝能力低、河道淤积、建筑物损毁严重等问题，洪涝灾害频繁发生给当地人民生活的稳定造成极大的不利影响。本次淮河流域重点平原洼地治理工程通过河道疏浚和建筑物等工程的建设，使治理区形成一个完整的防洪排涝体系。但工程建设也会引发一定的不利影响，如占用土地资源、移民安置和施工期污染影响等。EA 从环境损益和社会经济角度出发，对有无项目方案进行了比较分析，详见表 8-10。从表 8-10 可以看出，无项目方案虽然无环境影响，但项目区人民生产生活仍遭受洪涝灾害的威胁，阻碍社会经济发展；项目建设方案虽然会带来一定的环境影响，但是该影响可通过采取相应的环境保护措施得以避免和削减，且施工期环境影响是暂时的，而工程运行带来的社会效益和环境效益是长远的。因此，从社会和环境角度来看，项目建设方案优于零方案，工程建设是十分必要的。

表 8-10　零方案比选分析

类别	项目实施方案	零方案
优点	工程建设符合淮河流域治理规划 增强了区域抵御洪涝灾害的能力,项目区内多年平均除涝减灾面积约 99.41 万亩,多年平均防洪减淹面积 40.49 万亩 促进了区域社会经济的发展 解决因涝致贫带来的一些社会问题 改善了区域生态环境 促进了人与环境协调发展	维持环境现状，不产生工程施工导致的环境影响
缺点	占压土地资源 工程施工和移民安置对环境产生的短期不利影响	涝灾频繁状况得不到改善，造成巨大的社会经济和生命财产损失，严重制约了区域经济发展和人民生活水平提高 因涝致贫带来了一系列的社会问题
综合分析	从社会和环境角度来看，项目建设方案优于零方案	

2.不同地址项目比选——以江苏洼地项目选址为例

淮河流域洼地范围广、面积大，主要分布在圩区、沿河平原区和滨湖地带，是洪涝灾多发区。本项目治理范围的选择原则是：①排涝标准低，排水能力严重不足，除涝工程体系不完善，抵御洪涝灾害能力相当薄弱，与地区社会经济发展极不适应的平原洼地；②先重后轻、突出重点的原则，针对 2003 年大水受灾严重的洼地，根据各洼地受灾程度，选择急需兴建并且投资少、见效快的骨干排涝工程；③充分尊重地方政府和群众的意愿，各有关方面对洼地治理达成统一认识的低洼易涝地区。

根据以上原则，确定江苏省洼地治理范围为里下河洼地（泰东河、盐城市及泰州市治理工程）、里运河渠北洼地（淮安市治理工程）、废黄河洼地（徐州市治理工程）。

江苏省里下河地区是淮河流域洪泽湖下游重点防洪保护区，也是淮河下游相对完整又独立的引排水系，外部既有流域性洪水和海潮威胁，内部也存在着区域性涝水危害，本次治理里下河洼地面积 1 634.7 km²（含泰东河工程）。渠北地区位于苏北灌溉总渠、淮河入海水道以北，废黄河以南的狭长地带，三面被高水包围，入海水道不行洪时区内涝水排入入海水道，行洪时区内涝水抽排入入海水道、废黄河，但出路不足，本次治理渠北洼地治理面积 64.3 km²。徐州市废黄河干河本次治理范围为程头橡胶坝，长度 29.2 km，治理面积 99.6 km²。

江苏省水利工程虽有较好基础，但功能体系尚不完善，发展也不平衡，防洪、除涝、供水标准总体上不高，与经济社会快速发展需求还不适应。工程选择江苏中、北部下河洼地、里运河洼地及徐州废黄河洼地治理，有效地解决了淮河流域江苏省重点洼地存在的遗留问题，消除了堤防隐患，提高了圩堤标准；地区治理标准低，调蓄能力差，行洪河道标准较低，外排出路不足的问题也得到了解决。此外，工程建设不仅使地区防洪除涝标准得到了提高，适应了地区经济发展需要，在一定程度上还有利于江苏省江水北调、江水东引等工程体系的不断完善，以及地区水资源跨流域、跨区域联合调度能力的提高。

3.不同技术方案比选

（1）河道疏浚工程方案比选。

河道及排涝沟常用的疏浚方案有挖泥船水下疏浚（湿法）和枯水期筑挡水围堰陆上机械开挖（干法）。干法疏浚和湿法疏浚方案对比见表 8-11。

表 8-11　河道疏浚方案对比

项目	枯水期陆上机械开挖	挖泥船水下疏浚
施工条件	适用于河道水面宽度较小，枯水期基本无水或水量小的河道疏浚 陆路交通方便，土方机械进场便利	适用于常年有水河流疏浚 对大江大河的疏浚采用大型挖泥船进行，可有效降低施工成本
占地	仅开挖弃土压地，可结合堤防工程沿河道两岸堤埂堆放，占地相对较少	需设置专门的冲填区，工程占地相对较大
弃土区复耕	陆上机械开挖土方为干土，可利用开挖机械进行平整，复耕时间短，对当地居民的生产恢复影响小	冲填区复耕时间长，影响当地居民的生产恢复
环境影响	工程施工占地相对较少，陆生植被损毁量较少	工程占地较大，陆生植被生物量损失较多，且在挖泥船开挖过程中，油污、重金属溶出会影响河流水质
投资对比	开挖单价基本相同，增加临时运土道路，综合造价略低	开挖单价基本相同，增加冲填围堰填筑，增加大量泥水外排，对现有排水体系有一定淤积，综合造价略高

从表 8-12 可以看出，采用干法疏浚工程占地较少，弃土区复耕也更为容易。但施工方案的选择首要制约因素为施工条件，工程设计根据治理河道的实际情况，对于枯水期基本无水或水量小的河道采用干法疏浚（包括河南、山东的全部以及安徽和江苏的部分河道疏浚工程），对于河道常年有水不能进行干法施工的河流采用湿法疏浚（包括安徽和江苏的部分河道疏浚工程），EA 认为疏浚方案选取合理。

（2）底泥处置方案比选。

经 EA 分析，本工程疏浚底泥均为一般性固体废弃物，不需按照危险固体废弃物采取特殊措施进行处置，类比同类水利工程，非危险性疏浚底泥常采取的处置方案见表 8-12。

表 8-12 非危险性疏浚底泥常采取的处置方案

方案	处置方式	适用条件及其特点
沿河道堆放	依据设计,有计划地沿河道堆放	适用于非危险性疏浚底泥 受地形影响较小 占用土地较小,可采取复耕措施
平整土地	结合土地整理,输送到坑洼地形,重新造田	适用于非危险性疏浚底泥 需具备合适的地形 可使闲置的土地资源得到盘活利用
吹填区至冲填区	打围堰修置冲填区,用底泥吹填,退水后复耕	适用于非危险性疏浚底泥 占用土地面积较大,可采取复耕措施
泥浆肥田	用泥浆泵输送到稻田进行肥田沃土	适用于非危险性疏浚底泥 适用于杂质含量较少的疏浚底泥 需具备方便底泥输送的条件
填埋	结合用于造路、筑堤、打围堰	适用于非危险性疏浚底泥 适用于杂质含量较高的疏浚底泥

本次工程设计采取的底泥处置方案比选见表 8-13。

现状监测结果显示,本工程疏浚产生的底泥为一般性固体废弃物,综合表 8-13 和表 8-14 分析,工程设计采取的底泥处置方案均为同区域同类工程疏浚底泥处置经常采取的方案,符合工程区域实际情况,不会对工程区环境造成显著不利影响。EA 认为,在现有施工条件下,工程设计采取的底泥处置方案选取合理。

4.江苏工程泰东河排泥场替代方案分析

排泥场布置的原则有以下四点:一是尽可能减少占压废耕地,二是尽可能减少排距,三是相对集中,四是减少围堰填筑工程量。在充分听取地方意见的基础上,泰东河排泥场共布置排泥场 19 个,其中北岸 14 个,南岸 5 个。工程确定的排泥场方案可分为三段。

(1)海陵至溱潼:其中南岸姜堰市 19.772 km,北岸姜堰市 19.998 km。共布置 9 个排泥场,其中北岸 6 个,南岸 3 个,该段的排泥场布置过程中,尽量遵照了上述原则,布置点距施工区范围比较近可以减少排距,同时避开了对耕地的占用,并且在最大程度上使得排泥场能够集中布置。拟替代方案为新泰公路东侧 5 000 m 处设置排泥场,该处靠近姜堰市良种场、水产养殖场、泰州市红旗良种场,占用了耕地,并且离施工区距离较远,故方案不合理。

(2)溱潼至时堰段:本段河道总长 9.77 km,共布置 2 个排泥场,均在东台市泰东河北岸,2 个排泥场分别靠近开庄大桥、草革大桥 2 个施工地点,大大减少了排距,并且对耕地没有较大影响。排泥场总征地面积 1 515.47 亩,总容积 328 万 m³,弃土布置为 15+600～25+370,总河道开挖方量 299.2 万 m³。替代方案拟在南岸设置排泥场,但该处分布道路比较多,排泥场可能会占用较大面积耕地,虽然可能会集中程度较高,但是仍然不合理,不如上述方案有利。

(3)时堰至东台段:河道总长 15.6 km,其中东台市 11.296 km,兴化市 2.16 km,东台市与兴化市插花地长 2.144 km。共布置 8 个排泥场,其中东台市北岸 3 个,南岸 2 个,兴化市北岸 3 个,每个排泥场都能尽量靠近相关的施工地点,在尽量控制排距的基础上,减少对农田耕地的占用,在

表 8-13 本次工程设计采取的底泥处置方案比选

省份	底泥处置方案	所属方案种类	方案比选
河南	河道疏竣采用干法施工,底泥就近堆放在设计河口以外 2 m 处,采取水土保持措施,实施复耕	沿河道堆放	符合非危险性疏浚底泥适用条件 符合当地地形条件 适合施工工艺 区域同类工程已开展较多,处置方案符合当地实际情况 环境承载能力允许 不具备采取其他处置方案条件
安徽	采用干法施工疏浚的河道,底泥运到堤后沿线堆放,采取水土保持措施,实施复耕	沿河道堆放	符合非危险性疏浚底泥适用条件 符合当地地形条件 适合施工工艺 区域同类工程已开展较多,处置方案符合当地实际情况 环境承载能力允许 不具备采取其他处置方案的条件
安徽	采用湿法施工疏浚的河道,排泥至两岸布置的冲填区内;澥河清沟以下段共布置 13 个冲填区;沱河濠城闸以下段共布置 30 个冲填弃土区,采取水土保持措施,实施复耕	吹填区至冲填区	
江苏	徐州市废黄河疏竣采用干法施工,弃土堆置于河道两侧弃土区,采取水土保持措施,实施复耕	沿河道堆放	符合非危险性疏浚底泥适用条件 符合当地地形条件 适合施工工艺 区域同类工程已开展较多,处置方案符合当地实际情况 环境承载能力允许 不具备采取其他处置方案的条件
江苏	泰东河疏浚采用湿法施工,排泥至两岸布置的排泥场内,共布置排泥场 19 个,采取水土保持措施,实施复耕 泰州市河道疏浚采用泥浆泵吸运加挖掘机开挖方案,排泥至规划的冲填区内,采取水土保持措施,实施复耕	吹填至冲填区	
山东	河道疏浚采用干法施工,河道滩地表层腐殖土和主河道河底清淤土堆放在设计河口以外 2 m 处,采取水土保持措施,实施复耕	沿河道堆放	符合非危险性疏浚底泥适用条件 符合当地地形条件 适合施工工艺 区域同类工程已开展较多,处置方案符合当地实际情况 环境承载能力允许 不具备采取其他处置方案的条件

一定程度上实现相对集中。排泥场总征地面积 2 278.8 亩,其中东台市 1 773.9 亩,兴化市 504.9 亩。总容积 575 万 m³,其中东台市 443.3 万 m³,兴化市 131.7 万 m³。弃土布为 0+000~15+600,总河道开挖方量 503.6 万 m³,其中东台市为 0+000~6+618 和 9+952~15+600,弃土方量为 396.6 万 m³,兴化市为 6+618~9+952,总弃土方量为 107 万 m³。替代方案拟在台广公路桥附近河段南岸设置排泥场,但是该方案会影响附近河道的正常流动以及公路的畅通,不如原方案合理和经济。

附录 1　世界银行安全保障政策环境评价（业务政策 OP 4.01）

世界银行业务手册　　　　　　　　　　　　　　　　　　　**OP 4.01**

业务政策　　　　　　　　　　　　　　　　　　　　1999 年 1 月

1.对拟使用世界银行❶资金的项目，世界银行要求进行环境评价，以确保这些项目在环境方面没有问题，而且具有可持续性，从而有助于进行决策。

2.项目环境评价的广度、深度和分析类型取决于项目本身的特性、规模和潜在的环境影响。环境评价包括：评价一个项目潜在的环境风险及对受影响区域❷产生的影响；检验项目的替代方案；通过预防、削减、缓解或补偿不良的环境影响以及增强有利的环境影响等措施，来改进项目筛选、选址、规划、设计和实施等活动；在项目的整个实施过程中采取措施，缓解和管理那些不良的环境影响。在任何可行的情况下，世界银行总是支持预防性的措施，其次才是缓解或补偿性措施。

3.环境评价应综合考虑自然和社会各方面的因素，包括自然环境（空气、水和土地）、人类健康与安全、社会因素（非自愿移民、少数民族和文物❸）以及跨越国境的环境问题和全球环境问题❹。同时，环境评价也需考虑项目的不同情况和所在国的具体情况，所在国环境研究的成果，国家环境行动计划，国家的全面政策框架、立法与环境和社会有关的机构能力，以及在相关国际环境条约和协议下适用于项目各种活动的国家责任。通过环境评价，如果确认部分项目内容与这种国家责任相抵触，世界银行将不会为其提供资助。环境评价在整个项目周期中应尽早启动，并与拟议项目的经济、财务、机构、社会和技术分析紧密结合在一起。

4.进行环境评价是借款人的责任。对于 A 类项目❺，借款人应聘请与项目无从属关系的独立环境评价专家进行环境评价❻工作。对于风险高、争议大或涉及多方严重环境

---

❶世界银行（Bank）包括 IDA（国际发展协会）；环境评价（EA）指 OP/BP 4.01 中列出的整个过程；贷款（Loans）包括信贷（Credits）；借款人包括在担保业务中，从另一个金融机构接受经世界银行担保的贷款的私有或公有的项目业主；项目（Project）包括所有通过世界银行贷款或担保资助的项目——结构调整贷款（对此适用的环境政策是 OP/BP 8.60,调整贷款，即将公布）和债务及债务服务业务除外——还包括适用项目贷款（APLs）和学习与创新性贷款（LILs）下的适用借贷项目，以及全球环境基金（Global Environment Facility）资助的项目或内容。每个项目的内容在其贷款/信贷协议的附件 2 中都有具体描述。本业务政策适用于项目的所有内容，不因资金渠道不同而有所区别。

❷参见 OP4.01-附件 A 中的定义。项目的影响区域可根据环境专家的建议确定，并列在环境评价的大纲中。

❸参见 OP/BP/GP4.12,《非自愿移民》、OD4.20《少数民族》和 OP4.11、《文物》（即将公布）。

❹全球环境问题包括气候变化，臭氧层消耗物质，水体污染和对生物多样化的不良影响。

❺环境筛选见第 8 段。

❻环境评价是与项目的经济、财务、机构、社会和技术分析各方面紧密结合的，这样可以保证：①在项目的选择、选址和设计决策上充分考虑环境方面的问题；②环境评价不会延误项目的准备。但是，借款人应设法保证开展环境评价的个人或单位在工作时避免利益冲突。例如，在需要独立的环境评价时，实施者不应是进行工程设计的咨询人员。

利害关系的 A 类项目，借款人通常应聘请一个由独立的、国际承认的环境专家组成的顾问组，对项目中有关环境评价的各个方面提出建议❶。顾问组的任务取决于世界银行着手考虑此项目时，项目准备工作的进展程度和环境评价工作的进度及质量。

5.世界银行应就环境评价的要求为借款人提出建议。世界银行通过审查环境评价的结论和建议，以确认它们是否为世界银行资助项目提供了充分的依据。如果借款人在世界银行参与项目之前已完成或部分完成了环境评价工作,世界银行将审查环境评价报告,已确定其是否符合本业务政策。如果有必要，世界银行可要求借款人作进一步的环境评价工作，包括公众咨询和信息公开。

6.《污染预防和治理手册》陈述了污染的预防和削减措施，以及世界银行通常可接受的排放标准。但考虑到借款国的立法和当地的条件，环境评价可以为项目推荐可替代的排放水平以及污染预防和减污的方法。环境评价报告中必须提供充分、详细的理由，以说明为某一具体项目或场址所选定的排放标准和措施。

环境评价方法

7.根据项目的不同，可以使用一系列方法以满足世界银行的环境评价要求：环境影响评价（EIA）、区域性或行业环境评价、环境审计、危害或风险评价以及环境管理计划(EMP)❷。环境评价可以使用上述一个或多个方法，或适当使用其中的某些部分。当项目可能产生行业或区域性影响时，需要作行业或区域性环境评价❸。

环境筛选

8.通过环境筛选，世界银行确定每一拟议项目环境评价的范围和种类。根据项目的类型、位置、敏感度和规模以及潜在环境影响的特性和大小，世界银行将拟议的项目分为以下四类：

（1）A 类：如果拟议项目将会产生重大的不良环境影响，而且这些影响是敏感的❹、多种的或空前的，同时有可能超出工程的现场或设施范围，则将该项目划为 A 类。A 类项目的环境评价将审查项目潜在的、积极的和消极的环境影响，与其他可行的替代方案（包括"无项目"情况）相比较，并推荐可用于预防、削减、缓解或补偿不良影响及改善环境性能的各种措施。对于 A 类项目，借款人负责准备报告，通常是环境影响评价报告（或一个相宜的综合区域性或部门环境评价）。需要时，应包括第 7 段中提到的其他环境评价方法。

（2）B 类：如果拟议项目对人群或重要环境地区（包括湿地、森林、草地和其他自然栖息地）产生的不良环境影响小于 A 类项目时，则划为 B 类。这些影响仅限于现场;

---

❶顾问组（与 OP/BP 4.37,《大坝安全》，所要求的水坝安全顾问组不同）特别应在以下几个方面对借款人提出建议：①环境评价工作大纲；②准备环境评价的关键问题和主要方法；③环境评价的结论和建议；④实施环境评价建议；⑤开发环境管理能力。

❷这些术语的定义参见 OP4.01-附件 A。OP4.01-附件 B 和 OP4.01-附件 C 中讨论了环境评价报告的内容和环境管理计划。

❸行业和区域性环境评价的使用指南可查看《环境评价资料汇编》最新版本 4.15 部分。

❹一个潜在的影响在下列情况下被认定是"敏感的"：影响可能是不可逆的（如导致重要自然栖息地的丧失），或涉及下列世界银行业务政策中涵盖的问题。

很少是不可逆的；在大多数情况下，设计缓解措施比 A 类项目更容易。B 类项目的环境评价范围虽然随项目不同有差异，但都比 A 类项目范围小。与 A 类项目环境评价一样，B 类项目环境评价将审查项目潜在的、积极的和消极的环境影响，推荐可用于预防、削减、缓解或补偿不良影响及改善环境性能的各种措施。B 类项目环境评价结论将在项目文件（项目评估文件和项目信息文件）中说明❶。

（3）C 类：拟议项目对环境的不良影响很小或没有影响。

环境筛选后，C 类项目不需要进一步作环境评价。

（4）FI 类：如果世界银行资金是通过金融中介进行投资，其子项目可能会导致不良环境影响时，属 FI 类项目。

对特殊项目类型的环境评价

部门投资贷款

9.对于部门投资贷款（SILs）❷，项目的协调机构或执行机构在每个拟议子项目的筹备过程中，应根据项目受援国的政策要求及本业务政策的要求开展相应的环境评价❸。世界银行将评估协调机构或执行机构的下列能力，必要时，还将在部门投资贷款中加入增强其以下各能力的内容：①子项目筛选；②进行环境评价所必需的专业知识；③审查每一子项目的环境评价结论；④保证缓解措施的执行（包括适当实行环境管理计划）；⑤在项目实施过程中监测环境条件的变化❹。如果世界银行对该机构的现有环境评价能力不满意，则要求对 A 类的所有子项目和必要时 B 类的部分子项目，以及所有环境评价报告进行预先审查和批准。

部门调整贷款

10.部门调整贷款（SECALs）要符合本业务政策的要求。SECAL 的环境评价将审查贷款所支持的政策、机构和管理行为的潜在环境影响❺。

金融中介贷款

11.对金融中介（FI）参与的项目，世界银行要求金融中介对拟议的子项目进行环境

---

❶如果经过筛选程序认定，或按照国家法规要求，所有发现的环境问题应得到特殊的关注，那么 B 类项目环境评价的结论可在一个单独的报告中列出。根据项目的类别、影响的性质和范围，此报告可以包括有限的环境影响评价、环境缓解或管理计划、环境审计或危害评估。对一些 B 类项目，本身没有处在环境敏感地区，且目前已充分确认和了解的问题的影响范围偏窄，世界银行可以接受其他可以替代环境评价要求的方法。例如，对小工厂/乡镇企业采用符合环境要求的设计、选址、建筑标准，或采用符合环境要求的监察程序；对道路修复项目采用符合环境要求的实施程序。

❷部门投资贷款（SILs）通常涉及在项目的进程中按时间准备和实施年度投资计划或子项目。

❸另外，如果通过单独的子项目环境评价不能解决一些部门内的问题（特别是部门投资贷款可能包括 A 类子项目时），世界银行可能在评估部门投资贷款之前，要求借款人开展部门环境评价。

❹按照法规要求或世界银行可以接受的合同安排，所有的审查职责应该由协调方或执行机构之外的实体来执行，世界银行对这种替代安排进行评估；但借款人/协调方/执行机构负有保证子项目满足世界银行要求的最终责任。

❺需要此类评估的行为包括，环境敏感企业的私有化，拥有重要自然生境区域中土地占有权的变动，杀虫剂、木材和石油等商品价格的调整。

筛选，并保证子项目贷款人对每一子项目进行相应的环境评价。在批准每一子项目之前，FI（通过自己的雇员，外聘专家或环境机构）要核实该项目是否满足国家和当地政府相应的环境要求，是否遵循本业务政策以及世界银行的其他适用环境政策❶。

12.在评估一拟议 FI 项目时，世界银行将审查相关的国别环境要求及子项目环境评价的安排是否充分，包括负责环境筛选和审查环境评价结论的机制和责任落实。必要时，世界银行要保证项目中加入旨在加强上述环境评价安排的内容。对涉及 A 类子项目的 FI 项目，在世界银行评估前，每个经鉴别确定要参与的金融中介需向世界银行提供一份进行子项目环境评价的自身机构能力的书面评价（必要时，包括相应的能力加强措施）❷。如果世界银行对其现有环境评价的能力尚不满意，所有 A 类子项目和一些 B 类子项目（包括所有环境评价报告）都需要世界银行的预先审查和批准❸。

紧急恢复项目

13.业务政策 OP 4.01 包括的政策通常适用于根据业务政策 OP 8.50《紧急恢复援助》进行的紧急恢复项目。然而，如果为执行本政策会妨碍有效、及时地达到紧急恢复项目的目的，世界银行可能会对项目豁免执行本业务政策的一些要求。豁免的理由将记录在贷款文件中。但在任何情况下，世界银行最低要求是：①作为准备项目的一部分，要确定不当环境行为对导致该紧急情况的突发或造成其恶化的影响程度；②将必要的纠正措施列入紧急项目或未来的贷款项目中。

机构能力

14.如果借款人在项目环境评价的关键方面（如对环境评价的评估、环境监测、审查或对缓解措施的管理）缺乏足够的法律或技术能力，则项目应加入增强这些能力的内容。

公众协商

15.对所有拟由国际复兴开发银行（IBRD）或国际开发协会（IDA）资助的 A 类及 B 类项目，在环境评价过程中，借款人需就项目所涉及的环境诸方面问题与受影响的群体和非政府组织进行协商，并考虑他们的意见❹。借款人应尽早开展此类协商工作，对 A 类项目至少需协商两次：①环境筛选后不久，环境评价工作大纲最终确定之前；②环境评价报告的草稿完成后。另外，借款人有必要在项目的整个实施过程中，就影响这些群体的环境问题与他们商议❺。

---

❶对金融中介（FI）项目的要求源于环境评价的程序，并且与本业务政策第 6 段条款相一致。环境评价过程中考虑了资金类型、拟议子项目的特性和规模，以及所在地当局的环境要求。
❷所有将参与项目的金融中介在评估后都要满足相同的要求，这是他们参与的前提条件。
❸对 B 类子项目预审的标准列在项目的法律协议中，此标准是基于子项目的类型、规模，以及金融中介的环境评价能力等因素。
❹有关世界银行对非政府组织的政策，参见良好操作 GP 14.70，《世行资助活动中非政府组织的参与》。
❺对于主要涉及社会内容的项目，世界银行其他一些业务政策对公众协商也有要求（例如，OD 4.20，《少数民族》；业务政策 OP 4.12，《非自愿移民》）。

信息公开

16.对所有拟由 IBRD 或 IDA 资助的 A 类及 B 类项目，为使借款人和受项目影响的群体和非政府组织之间的协商进行得富有成效，借款人应在咨询前及时提供相关材料。材料的格式和语言应通俗易懂，并保证被协商对象能获得材料。

17.就 A 类项目而言，借款人应在初次协商时提供一份概要材料，包括拟议项目的目标、内容和潜在影响；在环境评价报告草稿完成后，借款人应提供环境评价结论的概述。此外，借款人还应将环境评价报告的草稿公之于众，让受影响的群体和当地非政府组织能够了解。对 SILs 和 FI 类项目，借款人/金融机构应保证受影响人群和当地非政府组织能够获得 A 类子项目的环境评价报告。

18.对拟由 IDA 资助的项目，任何单独的 B 类报告都应该向受影响的群体和当地非政府组织公开。世界银行评估项目的先决条件包括借款国将环境评价报告向公众公开；世界银行正式收到拟由 IBRD 或 IDA 资助的 A 类项目的环境评价报告，以及拟由 IDA 资助的 B 类项目的环境评价报告。

19.一旦借款人将 A 类项目环境评价报告正式提交给世界银行，世界银行将把摘要（英文）分发给执行董事，并通过其信息中心（InfoShop）将报告公开，一旦借款人将任何 B 类项目的单独报告正式提交给世界银行，世界银行也将通过信息中心将其公开❶。如果借款人反对世界银行通过其信息中心将环境评价报告公开，世界银行将：①对 IDA 项目，不再继续进行准备工作；②对 IBRD 项目，就是否继续进行工作提交董事会讨论。

实 施

20.在项目实施阶段，借款人需要报告：①是否执行了在环境评价结论基础上与世界银行达成一致的措施，包括对在项目文件中列出的所有环境管理计划的执行情况；②缓解措施的执行情况；③监测的结果。所有环境评价的结论和建议，法律协议中的措施、环境管理计划以及其他项目文件的有关规定，都是世界银行进行项目环境方面检查的依据。

---

❶有关世界银行公开程序的进一步信息，请参见《世行信息公开政策》（1994 年 3 月）和世界银行程序 BP 17.50，《业务信息公开》。有关移民计划和少数民族发展计划信息公开的专门要求参见业务政策 OP 4.12，《非自愿移民》和即将公布的 OP/BP 4.10，即 OD 4.20 的修订版。

世界银行业务手册　　　　　　　　　　　　　　　**OP 4.01–附件 A**

业务政策　　　　　　　　　　　　　　　　　　　1999 年 1 月

定　义

1.环境审计：一种用于确定某一现有设施环境问题的性质和程度的方法。审计将发现并论证减缓这些问题的措施，估算这些措施的费用并提出实施安排建议。对于有些项目，环境评价报告可能仅包括一份环境审计，而在其他情况下，审计只是环境评价的一部分。

2.环境影响评价（EIA）：一种用于确定并评价一个拟议项目的潜在环境影响，论证各种替代方案，制订适当的缓解措施以及管理和监测措施的方法。项目及子项目需要用环境影响评价来解决在区域性和部门环境评价中没有涉及的重要问题。

3.环境管理计划（EMP）：一种详细描述：①在项目实施和操作中将采取的减缓措施，以便消除或弥补不良环境影响，或将其影响降低至可接受水平；②实施这些措施的具体行动的方法。环境管理计划是 A 类项目环境评价不可缺少的组成部分（不受其他选择方法的影响）。对 B 类项目的环境评价，也可能产生一个环境管理计划。

4.危害评估：当项目有有害物质和有害条件出现时，用以确定、分析并控制该危害的方法。对某些涉及可燃性、爆炸性、反应性和毒性物质的项目，当这些物质在现场的量超过某一特定阈值时，世界银行要求对此项目作危害评估。对于有些项目，环境评价报告可能仅包括一份危害评估；而在其他情况下，危害评估只是环境评价文件的一部分。

5.项目影响区域：指可能受到影响的区域，包括项目附带的影响，如电力传输通道、管道、运河、隧道、道路改线及铺路，临时借用区及处置区，建筑营地以及项目导致的未列入计划的开发（如自发性移民、伐木或道路沿线农业生产转型）。受项目影响区域可能包括：①项目区内的小流域；②受影响的河口及海岸带；③项目区外用于安置移民或补偿的区域；④局域性大气（如气源污染，烟、尘等污染物可能进入或离开的受影响地区）；⑤人类、野生动物或鱼类迁移的路线，尤其是与公众健康、经济活动或环境保护相关时；⑥用于生计活动的区域（狩猎、渔业、放牧、采集、农业等），或宗教、传统仪式用地等。

6.区域环境评价：这种方法用于审查和发现与特定战略、政策、计划/规划相关的，或与在特定区域（如城镇、小流域或海岸区）内的一系列项目相关的环境问题和影响；评价这些影响并将其与体态方案的影响进行比较;评估与问题和影响相关的法规和机构；并就加强区域的环境管理提出全面建议。区域环境评价还特别关注多种活动潜在的累积性影响。

7.风险评价：用于在项目现场出现危险条件或危险物质时，对危害发生的可能性进行评估的一种方法。风险是指一种已知的潜在危害发生的可能性和严重性。因此，通常在风险评价前作危害评估，或者把两项工作合并进行。风险评价是一种灵活的分析方法，一种组织和分析科学信息的系统方法。此处的科学信息是指潜在危害活动情况，或特定条件下可能产生风险的物质的信息。世界银行通常对涉及处理、储存或处置危险物质和废物，建造水坝，在易受地震或其他自然灾害影响的脆弱地点建筑大型工程等的项目要求进行风险评价。有些项目，环境评价报告可能仅包括一份风险评估；而在其他情况下，风险评估只是环境评价文件的一部分。

8.部门环境评价：用于审查与特定战略、政策、计划/规划相关的，或与特定部门（如电力、运输或农业）系列项目相关的环境问题和影响；评价这些影响并将其与替代方案的影响进行比较；评估与问题和影响相关的法规和机构；并就加强部门的环境管理提出全面建议。部门环境评价还特别关注多种开发活动的潜在累积性影响。

世界银行业务手册 　　　　　　　　　　　　　　　　**OP 4.01–附件 B**

业务政策 　　　　　　　　　　　　　　　　1999 年 1 月

A 类项目环境评价报告的内容

1.A 类项目环境评价报告❶着重于一个项目的重大环境问题。报告的范围和详细程度应与项目的潜在影响相对应。提交世界银行的报告可以用英文、法文或西班牙文准备，但摘要须使用英文。

2.环境评价报告应包含以下项目（顺序不分先后）：

（1）执行摘要：简要论述重要的发现及建议采取的行动。

（2）政策、法律及管理框架：叙述开展环境评价的相关政策、法律和管理体制，介绍融资方相关环境要求，列出项目所在国已签署的相关国际环境协议。

（3）项目描述：简要描述拟议项目本身，相关地理、生态、社会以及其他信息，包括项目现场外的配套投资（例如，专用管道、出入现场的道路、发电厂、供水、住房以及原材料和产品的储存设施）。要说明是否需要移民安置计划或少数民族发展计划❷（参见下文（8）分段⑤）。通常还应包括一张地图，显示该项目的位置和影响的区域。

（4）现有数据：评价被研究地区的变化趋势，并描述该地区相关的自然、生态和社会经济条件，包括项目进行之前对变化趋势的预测。也应考虑项目地区内与本项目无直接联系的当前和拟议的开发活动。数据应与项目的位置、设计、运行和缓解措施的决策相关联。本部分还需说明数据的准确性、可靠性和数据来源。

（5）环境影响：尽可能用定量方法预测和评价项目可能产生的正面影响和负面影响，确定缓解措施以及遗留的不能缓解的负面影响。探讨加强环境管理的可能。确定并估计现有数据的数量和质量、主要数据缺口、预测的不确定性，并说明无需进一步关注的问题。

（6）替代方案的分析❸：对拟议项目的选址、技术、设计和运行的各种可行的替代方案进行系统的比较（包括"无项目"方案）。比较内容包括潜在的环境影响，减轻这些影响的可能性，资本金和经常性开支，在当地条件下的适应性，以及对机构、培训和监测的要求。对每一种替代方案，应尽可能将环境的影响量化，并在适当之处加入经济价值。陈述选择某一项目设计的依据，并说明所提排放标准及预防和减污措施的理由。

（7）环境管理计划（EMP）：包括缓解措施、监测和机构能力建设，参见业务政策 OP 4.01，《环境评价》附件 C。

---

❶A 类项目环境评价报告通常包括环境影响评价及其他适用的方法。所有 A 类项目的环境评价报告都应依照本附件的内容，但 A 类部门环境评价和区域环境评价则有不同的侧重要求。世界银行环境专业委员会可以对各种环境评价方法的重点和内容提供详细的指导。

❷参见业务政策和世界银行程序 OP/BP 4.12，《非自愿移民》及业务导则 OD 4.20《少数民族》。

❸费用最小化方法或部门环境评价是对一个部门各种综合发展方案（如满足预测电力需求的不同方案）的环境影响进行分析的最佳方法。而通过区域发展计划或区域环境评价是对一个区域各种综合发展方案（如某一农村地区提高生活水平的不同战略方案）的环境影响进行分析的最佳方法。环境影响评价最适合对一个确定项目（如一个地热电站，或为满足当地能源需求而计划的项目）的各种替代方案作出分析，包括具体选址、技术选型、设计和运行的不同方案。

（8）附件：

①参加环境评价报告准备的人员名单（包括个人和机构）。

②参考文献（在研究工作中使用的已出版和未出版的书面材料）。

③部门会议及征求意见会议的记录，包括收集受影响人群的当地非政府组织（NGOs）意见活动。记录还应详细说明除征求意见（如调查）外所采用的其他获取意见的途径。

④正文提及的表格，或汇总的数据表格。

⑤相关数据报告的清单（如移民安置计划或少数民族发展计划）。

世界银行业务手册　　　　　　　　　　　　　　　**OP 4.01–附件 C**

业务政策　　　　　　　　　　　　　　　1999 年 1 月

环境管理计划

1.环境管理计划（EMP）❶包括一系列在项目执行和运行中实施的缓解、监测和机构建设措施，以消除或补偿此项目对环境和社会的不良影响，或将其降低至可接受的水平。计划中还应包括保证这些措施实施的安排。对 A 类项目的环境评价报告，管理计划是组成要素；但对许多 B 类项目，管理计划可能是环境评价的仅有结果。要准备和制订一项管理计划，借款人及其环境评价人员需要：①确定一系列针对潜在不良影响的具体措施；②制订相关要求，以确保这些针对措施能够及时、有效地实施；③描述为满足上述要求而采取的方法❷。具体而言，环境管理计划应包括以下内容。

缓解措施

2.EMP 要找出可以将潜在重大不良环境影响降低到可接受水平的措施，而且这些措施应当是可行的，并符合成本效益原则。计划应包括当缓解措施不可行、效益低或不充分时所采取的补偿性措施。EMP 尤其应该注意以下几点：

（1）鉴别并总结所有预计发生的重大不良环境影响（包括有关对少数民族或非自愿移民的影响）。

（2）对每一条缓解措施进行详细描述，包括相关的影响类型及发生条件（例如连续的或偶然的）。必要时，还要包括技术设计、设备描述和操作程序。

（3）估计这些措施可能产生的任何潜在环境影响。

（4）提出项目所需的其他相关缓解计划（如非自愿移民、少数民族或文物）。

监　测

3.在项目执行过程中的环境监测可以提供项目环境方面的信息，龙其是项目的环境影响以及缓解措施的有效性。作为项目检查工作的一部分，这些信息使借款人和世界银行可以评价缓解措施的效果。同时，在必要时可采取纠正行动。所以，根据环境评价报告中所列的影响和 EMP 所阐述的缓解措施，EMP 应确定监测的目标及监测类型。具体而言，EMP 的监测部分包括以下内容：

（1）对监测措施（包括技术细节）的具体描述，包括监测的参数、监测方法、采样位置、监测频率、检测限值（适用时）、需要采取补救行动的阈值定义。

（2）监测和报告程序，以便：①尽早发现需要采取特殊缓解措施的情况；②提供

---

❶管理计划有时又被称做行动计划。EMP 可以通过 2 个或 3 个独立的计划提出，覆盖缓解措施、监测和机构几个方面，这取决于借款国的要求。

❷对于涉及恢复、升级、扩建或对现有设施私有化的项目，治理现有环境问题可能比缓解措施及监测预期的影响更加重要。这类项目的环境管理计划将侧重于治理和管理这些问题。

工作进展和缓解效果的信息。

能力开发和培训

4.为支持项目中环境内容和缓解措施及时有效的执行，EMP 吸收了环境评价中对现场的、部门的或部级的环境机构的评价，其中包知对现状、职责和能力的评价❶。需要时，EMP 会建议设立或扩充上述环境机构，进行员工培训，保证环境评价建议的贯彻实施。EMP 还应有对机构安排情况的专门描述——谁负责执行缓解和监测措施（例如分别负责实行、监督、执行以及对执行情况的监测、补救行动、财务、报告和人员培训的机构）。为加强各项目执行机构的环境管理能力，大多数 EMP 还会涵盖下列题目中的一个或多个：①技术援助内容；②设备采购和供应；③组织机构变化。

实施进度和成本估算

5.针对上述 3 个方面（缓解措施、监测和能力开发），EMP 要包括：①实施作为项目一部分的减缓措施的进度安排，该计划应体现分期实施原则以及与整个项目实施计划的协调；②实施 EMP 的资本金以及经常性开支费用的估算和资金来源。这些数字也应列入项目总费用表。

将 EMP 与项目结合

6.EMP 能否得到有效贯彻是借款人决定是否进行一个项目、世界银行决定是否支持该项目的前提。因此，世界银行希望管理计划对缓解及监测措施的描述，以及对机构职责的安排应详细而准确，且环境管理计划必须与项目的总体规划、设计、预算和执行相结合。这种结合是将 EMP 作为项目一部分而实现的，这种有机的结合才能使管理计划与项目的其他部分一样得到资金和检查。

❶对环境有重大影响的项目，在执行部委或局署设立一个内容环境机构尤为重要，并提供充足的预算和配备相关领域的专业人员（涉及水坝和水库的项目，参见世界银行程序 BP 4.01《环境评价》，附件 B）。

附录 2 世界银行安全保障政策环境评价（世界银行程序 BP 4.01）

世界银行业务手册   BP 4.01

世界银行程序   1999 年 1 月

对拟由世界银行资助的项目进行环境评价（EA）是借款人的责任❶。世界银行可在需要时派员协助。世界银行地区部门在与本地区环境部门（RESU）❷协商的基础上，负责协调世界银行的环境评价审核。需要时，世界银行环境部（ENV）将给予支持。

环境筛选

1.在与地区环境部门协商的前提下，项目任务工作组（TT）负责审核拟议项目的类型、位置、敏感程度和规模❸，以及潜在影响的性质和程序。在项目的初期，项目工作组和地区环境部门一道，确定拟议项目的分类（A 类、B 类、C 类或 FI 类；见业务政策 OP 4.01《环境评价》，第 8 段 ），以准确反映该项目潜在的风险。项目分类是依据其可能造成的最严重的不利影响进行的，不能出现双重分类（如 A 类/C 类）的情况。

2.项目工作组在项目概念文件（PCD）和初始的项目信息文件（PID）中，应记录以下的信息资料：①关键环境问题（含移民安置、少数民族和文物）；②项目的分类，环境评价的类型及所需的环境评价方法；③与受影响人群和当地非政府组织（NGOs）进行磋商的建议，包括初步的日程安排；④初步的环境评价日程表❹。项目工作组同时负责在《世行和 IDA 拟议项目业务摘要月刊》（MOS）中公布项目的环境评价分类，并为项目准备（需要时进行更新）环境数据表（EDS）❺。对于 A 类项目，环境数据表应作为 MOS 的季度附件。

---

❶世界银行（Bank）包括 IDA（国际开发协会）；环境评价（EA）指 OP/BP 4.01 中规定的整个过程；项目（Project）包括所有通过世界银行贷款或担保资助的业务——结构调整性贷款（对其适用的环境规定是 OP/BP8.60《调整贷款》，即将公布）和债务及偿债业务除外——还包括可调整性规划贷款（APLs）和学习创新性贷款（LILs）项目，以及全球环境基金（Global Environment Facility）项目或项目内容；贷款（Loans）包括信贷（Credits）；借款人包括在担保业务中，一个私有或公有的项目业主从另一金融机构获得经世界银行担保的贷款；项目概念文件包括初始备忘录；项目评估报告包括报告本身和行长备忘录（或称行长报告）。

❷从 1998 年 11 月，地区级环境部门包括 AFR-环境组，EAP、SAR 和 ECA-环境部门，MNV-农村发展、水和环境部门，LCR-环境和社会可持续发展部门。

❸位置是指对环境重要区域，如湿地、林地和其他自然栖息地的接近或侵占。规模是由地区职员根据项目国的具体情况作出判断。敏感度指项目有可能产生不可逆影响、影响脆弱的少数民族、包括非自愿移民或影响文化遗址。进一步情况参见《环境评价资料汇编》，更新版 No.2：《环境筛选》（可从环境局获取）。

❹参见 OP/BP 10.00，《投资贷款：从项目鉴定到提交执董会》，介绍确定环境评价分类的环境评价步骤的贷款操作程序背景情况。

❺环境数据表，参见 BP 4.01–附件 A。

3.在项目准备过程中，如项目被修改，或获得了新的信息，项目工作组在同地区环境部门协商后，可考虑项目是否需要重新分类。工作组负责更新项目概念文件/项目信息文件和环境数据表，使之反映任何新的分类情况，并且记录重新分类的理由。MOS 中新分类的项目都注有"R"标记，意指修正。

4.任何根据业务政策 OP 8.50《紧急恢复援助》申请豁免上述政策的紧急恢复项目❶，需经地区副行长与主席（环境专业委员会）、环境局和法律局（LEG）❷协商之后方能批准。

环境评价的准备

5.在项目概念文件准备期间，项目工作组同借款人共同讨论环境评价的范围❸、程序、时间以及环境评价报告大纲。A 类项目往往需要派一名环境专家进行实地访问❹。在项目概念审核❺期间， A 类项目的项目概念文件/项目信息文件中的环境部分需要由地区环境部门给予正式批准。对于 B 类项目，在项目概念审核时，则将决定是否需要一个环境管理计划（EMP）。

6.环境评价是项目准备不可缺少的一部分。需要时，项目工作组将协助借款人起草环境评价报告所需的工作大纲（TOR）❻。地区环境部门将审核工作大纲的覆盖范围，以保证机构间充分协作，以及与受影响群体和当地非政府组织充分磋商。为了帮助准备工作大纲和环境评价报告，项目工作组为借款人提供《A 类项目环境评价报告的内容》及《环境管理计划》❼。如果需要，世界银行和借款方工作人员还可参考《污染预防和治理手册》，此书包含了世界银行通常可以接受的污染预防和减缓措施及排放标准。

7.对于 A 类项目，项目工作组向借款人表明环境评价报告书可以使用英语、法语或西班牙语，但摘要必须用英文书写。

8.对于所有 A 类项目以及拟使用 IDA 资金并需要有独立环境评价报告的 B 类项目，项目工作组须书面向借款人说明：①在世界银行进行项目评估前，环境报告应置放于一公共场所，以便受影响群体和当地非政府组织能够获得，而且该环境评价报告也须在此前正式提交给世界银行；②世界银行一旦收到环境评价报告，将通过其信息中心（InfoShop）向公众提供❽。

9.在项目设计阶段，项目工作组应将借款人根据业务政策 OP 4.01 的规定开展环境评价。项目工作组和律师需保证项目要符合相关的国家法律或国际环境条约和协定（参见业务政策 OP 4.01 第 3 段）。

---

❶见 OP 4.01 第 13 段。

❷法律局的参与是通过为该项目所指派的律师来实现的。

❸关于部门投资和金融中介业务，世界银行和借款方工作人员需要考虑因多个子项目并存而产生重大累积影响的可能性。

❹这类由环境专家进行的实地考察对一些 B 类项目也是需要的。

❺对行业调整贷款（SECAL）项目来说即为地区级审核。

❻根据《世行借款人选择和聘用咨询专家导则》（华盛顿特区，世界银行 1997 年 1 月出版，1997 年 9 月修正），项目工作组对借款人拟聘的参与环境评价报告准备工作或环境评价顾问委员会工作的咨询专家进行资格审核。资格认可后，项目组给予不反对意见。

❼对这两个文件，参见 OP 4.01, OP4.01-附件 B 和 OP4.01-附件 C。

❽见 OP 4.01, 第 19 段和世界银行程序 BP17.50,《业务信息公开》。

审核和信息公开

10.当借款人正式将 A 类或 B 类项目的环境评价报告提交给世界银行后，世界银行地区部门要将一份报告全本放入项目档案。地区部门还要将一份 A 类环境评价的摘要（英文）送给世界银行秘书局执董事务处。随报告附送的传递备忘录中要明确：摘要和整个报告是：①由借款人准备，但尚未经世界银行审核或认可；②项目评估时将有可能进行调整。如 B 类项目没有独立的环境评价报告，环境评价的结果则应摘要列入项目信息文件。

11.对于 A 类及 B 类项目，项目工作组和地区环境部门共同审核环境评价的结论，以确保所有的环境评价报告都同与借款人商定的工作大纲一致。对 A 类项目以及拟使用 IDA 资金且有独立环境评价报告的 B 类项目，该审核将特别关注同受影响群体和当地非政府组织的磋商，以及对他们所提意见考虑程度；审核还将特别注意环境管理计划（EMP）及其所列减缓和监测环境影响的措施，有时还包括加强机构能力的措施。如果对上述方面审核不满意，地区环境部门可建议地区管理部门：①推迟评估团；②将其降为预评估；③在评估期间，对某些问题重新审查。地区环境部门负责将 A 类项目报告文本送世界银行环境局。

12.对于所有 A 类和 B 类项目，项目工作组负责更新项目概念文件/项目信息文件中的环境评价进展情况，描述重大环境问题的解决情况或建议的解决方法，并注明与环境评价相关的任何约束条件。项目工作组负责向信息中心（InfoShop）提供一份环境评价报告。

13.在项目的决策阶段❶，地区环境部门负责项目有关环境方面的正式审批，包括法律部门所准备的项目法律文件中的相关内容。

项目评估

14.对于 A 类项目，以及拟由 IDA 资助且有独立环境评价报告的 B 类项目，一般情况下，世界银行的项目评估团要在正式收到环境评价报告并经审查后才会起程（见 11~13 段）❷。A 类项目的评估团里应有一个或多个相关领域的环境专家❸。所有项目评估团都将：

①同借款人共同审核环境评价程序及实质性内容；
②解决所发现的问题；
③根据环境评价发现的问题，评估环境管理机构的能力；
④保证环境管理计划资金安排的充足性；
⑤判定环境评价的建议在项目设计和经济分析方面是否给予足够重视。对于 A 类和 B 类项目，如果在项目决策阶段确定的环境约束条件在项目评估和谈判时发生变化，项目工作组应负责征求地区环境部门和法律局的同意。

---

❶对于行业调整贷款项目，应在评估团启程之前满足该项要求。
❷在一些例外情况下，地区副行长在事先征得主席、环境保护局的认可后，可以在 A 类项目环境评价报告收到之前授权评估团先期启程。在此种情况下，只有在评估结束前和谈判开始前收到环境评价报告，且该报告为项目的下一步工作提供了足够的基础条件之时，地区环境部门才能对项目的环境部分予以审批（良好操作 GP 4.01 提供了例外情况的案件）(GP 4.01 已经更名为《环境评价指南》——编者注)。
❸某些 B 类项目的评估团如有环境专家参加将更理想。

部门投资和金融中介贷款

15.世界银行评估团应与借款人一起提出清楚合理的安排,以保证执行部门对拟议子项目的环境评价进行实施或检查❶。评估团尤其要保证所需专业技术的来源,也要保证在最终借款人、金融中介或行业部门以及负责环境管理和法规机构之间的合理职责分工。适当的时候,项目工作组可根据业务政策 OP 4.01（见第 9 段和第 11~12 段）审核 A 类项目和 B 类子项目的环境评价报告。

担保业务

16.担保业务的环境评价根据 OP/BP 4.01 进行。所有 IBRD 担保项目环境评价必须有足够的时间来完成下列任务:①地区环境部门审核环境评价的结论;②项目工作组将发现的问题作为项目评估的一部分内容。在这种担保业务中,项目工作组应确保 A 类项目的环境评价报告在预定的执董会报告日期之前不少于 60 d,B 类项目的环境评价报告在预定的执董会报告日期之前不少于 30 d,提交到信息中心（InfoShop）。

17.环境评价报告的信息披露方面,IDA 担保业务遵循与 IDA 信贷同样的政策框架。如果根据业务需要偏离该政策框架,可以遵循 IBRD 担保业务的有关程序（见第 17 段）。

文件记录

18.项目工作组负责审核借款人的项目执行计划,以保证该计划吸收了环境评价和任何的环境管理计划的结论和建议。在准备提交执行董事会的贷款文件时,项目工作组需要在项目评估文件（PAD）中简要记述:①项目分类的依据;②环境评价的结论和建议,包括所建议具体排放标准及污染预防和治理方法的理由;③是否有与签署的有关国际环境条约和协议的国家义务有关（参见业务政策 OP 4.01,第 3 段）。对于 A 类项目,项目工作组需要在项目评估文件的附件中对环境评价报告进行摘要❷,并要包括下列关键内容:①准备报告的程序;②环境现状条件;③可供考虑的替代措施;④对所选替代措施产生影响的预测,环境管理计划的摘要（主要包括业务政策 OP 4.01-附件 C 中所列的领域）;⑤借款人同受影响群体和当地非政府组织之间的磋商（包括提出的问题及解决方法）。附件中还要记述经协商后与环境相关的贷款条件以及环境条款;必要时,还要记录政府同意颁发许可证的意向以及环境监督的安排。对部门投资和金融中介贷款项目,文件中应包括开展子项目环境评价工作中适用的方法和条件。项目工作组和法律局则保证贷款条件中应包括执行环境管理计划的责任,作为附加条件还包括执行环境管理计划的特殊措施,以便促进对环境管理计划实施进行有效的检查和监控。

检查和评估

19.在项目实施期间,根据项目法律文件及在其他项目文件中规定的环境条款以及对

---

❶为准备和评估子项目,项目工作组向执行机构提供下述复印件:《A 类项目环评报告的内容》（OP 4.01-附件 B）,《环境管理计划》（OP 4.01-附件 C）,以及《污染预防和处理手册》。

❷对于行业调整贷款, A 类项目环境报告摘要作为行长报告的一个技术附件,并通过信息中心对外公布。

借款人的报告要求，项目工作组对项目的环境方面进行检查❶。项目工作组应保证采购工作遵守了项目法律文件中对环境的有关要求。项目工作组也要保证检查团有足够环境方面的技术人员。

20.项目工作组应保证监控系统中吸收了环境方面的条款。项目工作组还要保证借款人在其提供的项目进展报告中，充分叙述对达成共识的环境行动的遵守情况，尤其是缓解、监测和管理措施的施行情况。项目工作组在同地区环境部门和法律局协商的基础上审核这些信息，并评定借款人是否遵守了环境方面的条款。如果借款人的工作不令人满意，项目工作组与地区环境部门和法律部门共同探讨并找出适当的解决方法。项目工作组同借款人讨论如何纠正未遵守之处，并就改善情况进行跟踪。项目工作组要向地区管理部门汇报已采取的行动，并建议需进一步采取的措施。项目执行期间，对项目环境方面的任何变化，包括法律局已通过的有关环境约束条件，项目工作组都需征得地区环境部门的同意。

21.项目工作组要确保借款人的项目操作计划覆盖了环境方面需要开展的行动，包括依照与世界银行的协议，保证环境顾问委员会继续行使其职能。

22.实施完工报告❷要评估：①环境影响，注明这些影响是否在环境评价中被预测；②采取的缓解措施的有效性。

环境局的作用

23.环境局在整个环境评价过程中，向地区提供建议、培训、良好操作推广和业务支持。需要时，环境局向其他地区部门提供环境评价报告、相关材料、案例以及各地区部门或世界银行外的相关经验。环境局开展项目环境审计，以确保世界银行的环境评价政策顺利实施；定期回顾世界银行环境评价的经验，找出优秀实例并加以推广；同时，总结指导该领域的新发展。

资助环境评价

24.需要世界银行资助进行环境评价的潜在借款人，可以寻求项目准备基金❸和信托基金的帮助。

具体应用

涉及大坝、水库及病虫害管理项目环境评价的程序，BP 4.01–附件 B 和 BP 4.01–附件 C 分别作了规定。

---

❶参见 OP/BP 13.05,《项目检查》, 即将出版。
❷参见 OP/BP/GP 13.55,《项目完工报告》。
❸参见 OP/BP 8.10；《项目准备基金》。

世界银行业务手册　　　　　　　　　　　　　　　　　**BP 4.01–附件 A**

世界银行程序

1999 年 1 月

IBRD/IDA 项目的环境数据表

国家＿＿＿＿＿＿＿＿＿＿＿＿＿＿＿　　　项目编号＿＿＿＿＿＿＿＿＿＿＿＿＿

项目名称＿＿＿＿＿＿＿＿＿＿＿＿＿＿＿＿＿＿＿＿＿＿＿＿＿＿＿＿＿＿＿＿＿

评估日期＿＿＿＿＿＿＿＿＿＿＿＿＿　　　IBRD 金额＿＿＿＿＿＿＿＿＿＿＿＿＿

执董会日期＿＿＿＿＿＿＿＿＿＿＿＿　　　IDA 金额＿＿＿＿＿＿＿＿＿＿＿＿＿＿

项目管理处＿＿＿＿＿＿＿＿＿＿＿＿　　　专业部门＿＿＿＿＿＿＿＿＿＿＿＿＿

贷款种类＿＿＿＿＿＿＿＿＿＿＿＿＿　　　状况＿＿＿＿＿＿＿＿＿＿＿＿＿＿＿

世界银行收到环境评价报告的日期＿＿＿　　分派日期＿＿＿＿＿＿＿＿＿＿＿＿＿

项目环境评价分类＿＿＿＿＿＿＿＿＿＿＿＿＿＿

准备（或更新）数据表的日期

＿＿＿＿＿＿＿＿＿＿＿＿＿＿＿＿＿　　注: 请全部填写, 需要时可以 N/A（不适用）或 TBD（待定）表示。

项目主要内容：

项目位置：（除地理位置外，还应包括可能受项目影响区域的主要环境特征，以及有无邻近的保护区、保护点或重要自然栖息地）

主要环境问题：（已确认或怀疑的）

其他环境问题：（项目涉及，但范围较小）

建议的行动：（为缓解上述环境问题）

环评分类的理由：（所选分类的理由，陈述改变先前分类的理由，包括变化是否与替代措施方案相关）

报告日程表：（A 类环境评价报告: 开始日期, 首稿日期, 当前状况。B 类: 是否有独立的环境评价报告? 如有, 何时提供? ）

备注：（其他相关环境研究的情况，列出征求过意见的地方团体和非政府组织，在当地公布环境评价报告的情况，环境评价报告公布的地点，说明借款人是否已同意公布环境评价报告等）

签字：＿＿＿＿＿＿＿＿＿＿＿＿＿（项目经理）

签字：＿＿＿＿＿＿＿＿＿＿＿＿＿（地区环境部门负责人）

世界银行业务手册 　　　　　　　　　　　**BP 4.01–附件 B**

世界银行程序　　　　　　　　　1999 年 1 月

大坝和水库项目的环境评价

1.在项目鉴别阶段和确定环境分类之前，项目工作组要保证借款人选择并聘请独立的、公认的专家或公司进行环境方面的考察，其资格和工作大纲要经世界银行认可。考察内容包括以下几个方面：

（1）鉴别项目潜在的环境影响；

（2）确定环境评价的范围，包括所有移民安置和土著居民；

（3）评估借款人管理环境评价工作的能力；

（4）建议是否需要独立的环境顾问委员会❶。

项目工作组从借款人那里获得上述考察结果，并确保在环境筛选和准备环境评价工作大纲时考虑这些结果。鉴于水坝和水库项目的特点，其在申请使用世界银行贷款时通常准备工作已经做得十分深入，因此项目工作组应同地区环境部门一起，共同决定是否需要进一步的环境评价，以及是否需要一个独立的环境顾问委员会。为此，通常需要进行一次实地考察（参见世界银行程序 BP 4.01《环境评价》，第 6 段）。

2.在项目准备期间，项目工作组对与项目相关的国家宏观经济和行业政策中的环境政策问题进行评估。如果发现有任何问题，可与政府讨论改进的措施。

3.如果借款人建立环境顾问委员会，项目工作组应对其工作大纲和人员短名单进行审核并提出建议。

4.在审核环境评价时，项目工作组和地区环境部门要确保环境评价对需求管理进行考察。在项目评估时，他们要保证项目的设计充分考虑了需求管理和供应方案（如节水和节能、提高效率、系统综合、联供以及替代燃料等）

5.项目工作组要确保借款人在执行机构中设立专门的环境部门。此部门应拥有足够经费和技术专家支持，并负责管理项目中环境方面的问题。

---

❶参见业务政策 OP 4.01《环境评价》第 4 段。

世界银行业务手册　　　　　　　　　　　　　　　　**BP 4.01–附件 C**

世界银行程序　　　　　　　　　　　1999 年 1 月

病虫害管理项目的环境评价

部门审核

1.项目工作组（TT）要确保所有农业和卫生行业的环境评价要评估借款人以下几方面的能力：①管理采购、使用和处置病虫害控制产品的能力；②监测病虫害控制的准确度以及使用杀虫剂的影响的能力；③制订和实施以生态化为基础的病虫害管理计划的能力。

项目环境评价

2.在项目鉴别阶段，项目工作组要评价拟议项目是否会涉及虫害问题。项目如果涉及制造、使用或处置病虫害控制产品，并且达到有重大环境影响❶的程度，则应划为 A 类项目。其他涉及病虫害管理问题的项目，视其环境风险的水平，将被定为 A 类、B 类、C 类或 FI 类❷。如果项目涉及大量剧毒性杀虫剂的使用、运输或布放，那么应开展危害评价❸。

3.项目工作组在主要项目概念文件（PCD）和项目信息文件（PID）中记录环境评价应涉及的任何病虫害管理问题。对于 A 类项目，项目工作组要在《世行和 IDA 拟议项目业务摘要月刊》（MOS）上公布项目：①是否将直接资助病虫害控制产品的采购，或者提供的信贷可能被用来购买病虫害控制产品（以及某些特定的病虫害控制产品是否被排除在资助范围之外）；②所资助的一些货物或服务是否将显著改变以前使用杀虫剂的模式；③是否包含有支持开发和实施病虫害综合管理计划（IPM）的内容，从而减少由于进行病虫害控制和使用杀虫剂造成的环境和健康危害。

4.项目工作组要确保环境评价覆盖与病虫害管理相关的潜在问题，并且考虑适当的替代方案或缓解措施。根据具体情况，环境管理计划❹应包括一个病虫害管理计划。

病虫害管理计划

5.病虫害管理计划是一个综合计划。当有下述重大病虫害管理问题时，要制订该计划：①新的土地开发，或改变一地区原有的耕作方式；②大规模向新地区扩展；③农业生产中增加新作物❺；④改善现有低技术体系；⑤拟引入毒害较大的病虫害控制产品或方法；⑥特殊的环境或健康问题（如邻近保护区或重要水生资源，工人安全）。此外，

---

❶这里所说的环境显著性是指对人类健康的影响（包括有益方面的影响）。

❷环境筛选，参见业务政策 OP 4.01《环境评价》第 8 段。

❸关于定义，参见 OP 4.01，OP 4.01–附件 A。

❹参见 OP 4.01《环境评价》，OP 4.01–附件 C。

❺特别作物有棉花、蔬菜、水果和水稻，这些作物通常要大量使用农药。

如果所资助的病虫害管理内容在项目中占较大比例，则也要专门制订病虫害管理计划❶。

6.病虫害管理计划反映了业务政策 OP4.09《病虫害管理》中的政策。通过病虫害管理计划，可以将潜在的对人类健康和环境的不良影响降到最小，同时可以进一步提高以生态为基础的综合病虫害管理。该计划的制订是以对当地状况的现场评估为基础，由具有综合病虫害管理经验的技术专家开展。管理计划的第一阶段，是对主要虫害问题及其相关情况（生态、农业、公共健康、经济和机构）进行勘查，并且确定广泛的参数。该工作是项目准备的一部分，并将在项目评估时被审查。管理计划的第二阶段是开发具体的实施方案以解决发现的虫害问题，该方案往往作为一个项目内容加以实施。病虫害管理计划应在适当的时候规定病虫害控制产品的筛选程序。在个别情况下，病虫害管理计划只包括病虫害控制产品方面的筛选。

病虫害控制产品的筛选

7.当项目资助病虫害控制产品时，须对病虫害控制产品进行筛选。通过筛选提出病虫害控制产品清单，同时建立相应的机制来保证世界银行仅资助批准后的清单内的产品。没有病虫害管理计划的筛选是不适当的，除非满足以下全部条件：①从健康或环境方面看，病虫害控制产品的数量不显著；②与病虫害控制相关的健康或环境问题不明显；③项目不引入杀虫剂、不引进非本地生物控制措施，或不显著增加杀虫剂的使用水平；④有毒有害产品❷不予资助。

评估

8.根据问题的复杂情况以及对人类健康或环境的风险程度，评估团将包括相应的技术专家。

9.项目工作组应将在环境评价中发现的病虫害管理问题写入项目评估文件（PAD），并应一并记录其他与病虫害管理相关的情况，包括以下几个方面：

（1）批准的可支付的病虫害控制产品清单，或者说明该清单将何时及如何被提出并获得批准。

（2）现有病虫害管理措施、杀虫剂使用情况、用于规范、采购和管理杀虫剂的政策、经济、机构和法律框架；与虫害综合管理计划的协调程度。

（3）拟议的项目活动（或正在同期进行的其他活动，包括世界银行或其他机构支持的项目），这些活动的目的在于解决：①已经发现的问题；②阻碍实施虫害综合管理计划的问题。

（4）有关病虫害管理和杀虫剂使用相关建议机构与机制，包括项目中相应的资金、

---

❶ 为控制疟疾而采购或使用经药物处理过的蚊帐时，或住家内使用世界卫生组织第Ⅲ类杀虫剂喷雾以控制疟疾时，不需要病虫害管理计划。

❷ 有害产品包括世界卫生组织《有害农药分类及分类指南》中的Ⅰa类和Ⅰb类所列的农药（日内瓦：世界卫生组织1994~1995）；或列于联合国《产品清单：消费和/或销售已被禁止、收回、严格限制或未被政策批准的物质》（纽约UN，1994）；有害产品还包括由于环境和危害健康的原因，借款国禁止或严格限制的其他物质（参见借款国农药登记表，如已建立）。世界卫生组织分类和联合国清单的复印件（定期更新）可从世界银行行业图书馆索取。职员需要进一步指导，可咨询农村发展局。

实施、监测和检查的安排，以及当地非政府组织将起的作用。

（5）主管机构开展上述活动的能力。

（6）行业宏观问题或其他有关问题，以及本项目虽未直接解决，但应作为中长期目标的问题。

10.病虫害管理的主要措施将在借款人和世界银行达成的法律协议中反映❶。

检查和评估

11.根据项目评估确定的病虫害管理及农药方面问题的性质复杂程度，检查团将包括相应的技术专家。这一安排将在检查计划中反映。

12.实施完工报告评估涉及病虫害管理的项目内容产生的环境影响，以及借款人有关机构的监控能力。按照病虫害综合管理计划的标准，该报告还要评估项目实施结果是否改善了病虫害管理工作。

具体应用

涉及大坝、水库及病虫害管理项目环境评价的程序，BP 4.01–附件 B 和 BP 4.01–附件 C 分别作了规定。

---

❶可以制订贷款条件以保证项目各部分内容的有效执行，例如：①建立或加强农药立法与监督的体制和能力；②运营和/或建立农药储存或处置设施；③同意在一定时间内逐步淘汰一些不当农药，并且正确处置现有库存；④开始研究或培训项目，为替代不理想的农药作准备。

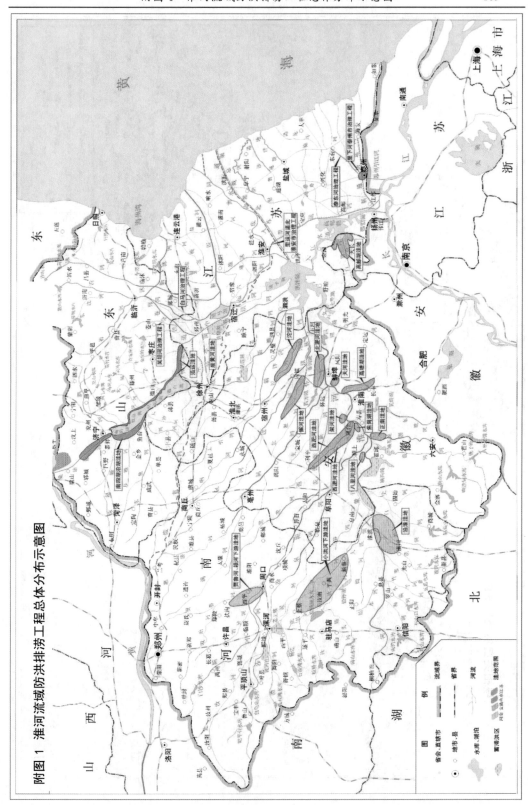

附图 1　淮河流域防洪排涝工程总体分布示意图

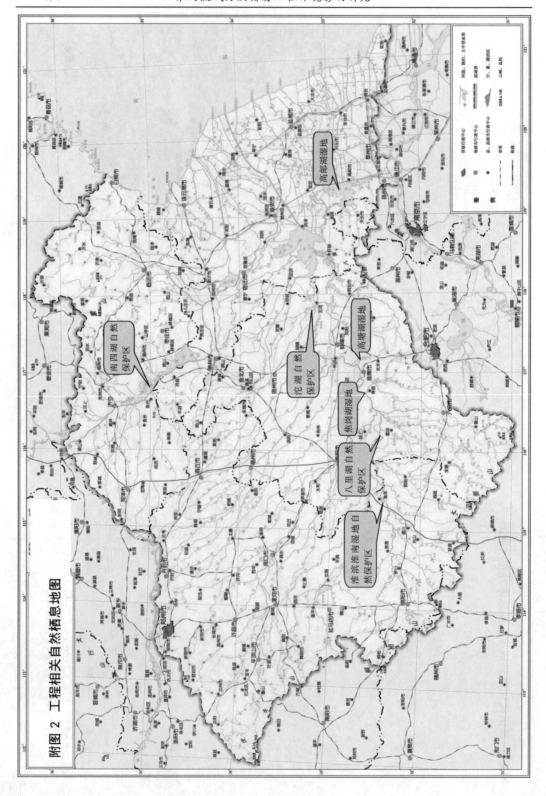

附图 2　工程相关自然栖息地图

附图 3　工程实景图

河南

（a）芦义沟扶沟县城段现状

（b）丰收河现状

（c）杜一沟现状

（d）重建沟现状

（e）小清河现状

（f）淤积严重的河道

河南

（g）年久失修的桥梁

（h）损坏的涵闸现状

（i）年久失修的桥梁

（j）圩区需搬迁居民点

（k）张湾现有提排站实景1

张湾提排站

淮河干流

（l）张湾现有提排站实景2

安徽

（a）焦岗湖现状实景

（b）天河现状实景

（c）架河引河现状实景

（d）高塘湖现状实景

（e）澥河现状实景

（f）沱河现状实景

江苏

（a）淮安渠北洼地里运河现状实景

（b）泰东河现状实景

（c）泰州宫涵河现状实景

（d）现场采样实景

（e）徐州废黄河现状实景

（f）盐城市里下河现状实景

山东

（a）老万福下游左岸码头实景

（b）老赵王河实景图 1

（c）老赵王河实景图 2

（d）老赵王河实景图 3

（e）小沙河实景图 1

（f）小沙河实景图 2

世界银行活动

（a）世界银行环境专项检查团在河南现场

（b）世界银行环境专项检查团在安徽现场

（c）项目座谈会

（d）公众参与座谈

（e）世界银行环境专项检查团技术讨论会

（f）项目评估会

参 考 文 献

[1] 王培.长江流域城市防洪工程环境影响评价[J].水利水电快报,2001,22(20):14-16.

[2] 麻荣永.城市防洪工程的环境影响及对策的研究[J].环境保护,1997(10):22-24.

[3] 任桂霞.城市防洪工程环境影响[J].农业与技术,2006,26(3):123.

[4] 何铁生,王学雷.洞庭湖区防洪治涝堤防工程及其环境影响评价[J].华中师范大学学报:自然科学版,2004,38(1):105-108.

[5] 韩晓红.汾河上游干流河道治理对环境的综合影响[J].山西水利科技,2004(2):10-11.

[6] 卫浩.汾河下游防洪工程环境影响及保护方案分析[J].山西建筑,2007,33(25):361-362.

[7] 庞启秀,徐金环.河口疏浚对环境的影响[J].中国港湾建设,2005(2):8-10.

[8] 刘宪春,徐宪立.黄河下游防洪工程的生态环境影响分析[J].水土保持通报,2005,25(1):78-87.

[9] 董丽,孟祥娟.科洛河防洪工程的环境影响分析及环境保护措施[J].黑龙江水利科技,2011(1):227-228.

[10] 孟凡光,徐美.三江平原防洪治涝工程对区域生态环境的影响评价[J].东北水利水电,2007(8):51-53.

[11] 穆伊舟,周艳丽,陈希媛,等.亚行贷款黄河防洪工程施工环境影响评价[J].人民黄河,2009,31(3):109-110.

[12] 黄玉芳,王成,申景芳,等.淮河流域重点平原洼地治理工程重要环境问题影响研究[J].治淮,2009(12):22-23.

[13] 陈懋平,席凤仪,高超.黄河下游河道整治工程建设环境保护研究[J].人民黄河,2004,26(11):35-36.

[14] 陈增奇,陈伟法.城市防洪工程环境影响评价若干问题探讨[J].水利技术监督,2002(3):36-38.

[15] 董红霞,梁丽桥,王玉晓.黄河下游防洪工程环境影响分析[J].人民黄河,2004,26(1):10-11.

[16] 孟丽,寇敏星,万丹.浅析细河城市段防洪工程建设对环境的影响[J].水利科技与经济,2005,11(4):22-23.

[17] 刘进义.涑水河入黄口治理工程环境影响及保护方案[J].山西建筑,2008,34(26):354-355.

[18] 李勋.论世界银行与环境保护[J].生态经济,2005(1):39-42.

[19] 高鸿业.西方经济学[M].北京:中国人民大学出版社,2001.

[20] 陈宪民,顾婷.论世界银行环境保护法律与政策[J].华东政法学院学报,2002(6):

　　　36-42.

[21] 姜伯克. 国际金融新编[M].上海:复旦大学出版社,2001.

[22] 王越，张赟.黄土高原水土保持世界银行贷款项目的实践与经验[J].中国水土保持，2003(5)：19-21.

[23] 赵琴,董博昶.对世界银行贷款公路项目环境影响评价的几点体会[J].公路交通科技：应用技术版，2007(2)：157-160.

[24] 任欣.对比世界银行与中国环评[J].环境保护，2010(5)：76-78.

[25] 范凯.世行贷款项目环评与我国环评的区别[J].矿业工程，2004(6)：52-54.

[26] 郭继超,施国庆. 世界银行环境政策及其启示[J].河海大学学报，2002(12)：48-51.

[27] 庾晋鹏.世界银行的环境保护政策及其对我国的启示[J].中共山西省委党校学报，2006(10)：98-100.

[28] 曹大勇,刘明,王文刚.世界银行贷款项目环境影响评价技术研究[J].环境保护论坛，2010(1)：695-760.

[29] 李新民,李天威.中西方国家环境影响评价公众参与的对比[J].环境科学，1998，19：57-60.

[30] 涂瑞和.世界银行与环境保护[J].中国环境保护产业，1995(1)：20-21.

[31] 涂瑞和.世界银行与环境保护(续)[J].中国环境保护产业，1995(2)：16-17.